JN086593

大学入学共通テスト準備問題集 数学Ⅱ・B

数研出版編集部 編

本 書 の 構 成

① **構　成**　数学Ⅱ，数学Bの内容を全部で40の項目に分け，1項目見開き2ページで構成した。

② **基本事項**　基礎的かつ重要な事項や公式を項目ごとにまとめた。

③ **基本問題**　基本事項で取り上げた内容が直接使えるような基本問題を穴埋め設問形式で取り扱った。
問題のレベルは，想定される共通テストより平易な問題が主体である。また，解法の手掛かりを ヒント で示した。更に，問題の右には必要と思われる図や補足事項を適宜示した。

④ **T R Y 問 題**　問題のレベルは基本問題と同じ程度であるが，問い方などを想定される共通テストの新しい形式にした問題である。

⑤ **STEP UP 演 習**　想定される共通テストの形式に合わせた問題である。基本事項などを参考にすれば十分解ける問題を扱っているから，基本知識を確認するつもりで力試しをしてみよう。

⑥ **答 の 部**　基本問題とTRY問題，STEP UP演習の順にそれぞれ答を示した。

目　次

基 本 事 項

① 展開の公式

[1] $\begin{cases} (a+b)^3=a^3+3a^2b+3ab^2+b^3 \\ (a-b)^3=a^3-3a^2b+3ab^2-b^3 \end{cases}$

[2] $\begin{cases} (a+b)(a^2-ab+b^2)=a^3+b^3 \\ (a-b)(a^2+ab+b^2)=a^3-b^3 \end{cases}$

② 因数分解の公式

[1] $\begin{cases} a^3+b^3=(a+b)(a^2-ab+b^2) \\ a^3-b^3=(a-b)(a^2+ab+b^2) \end{cases}$

③ 二項定理　$(a+b)^n={}_nC_0a^n+{}_nC_1a^{n-1}b+{}_nC_2a^{n-2}b^2+\cdots\cdots+{}_nC_ra^{n-r}b^r+\cdots\cdots+{}_nC_nb^n$

　展開式の一般項は $\,{}_nC_ra^{n-r}b^r$

④ $(a+b+c)^n$ **の展開式の一般項**　$\dfrac{n!}{p!q!r!}a^pb^qc^r$　ただし，$p+q+r=n$

補　足

☐**1**　次の式を展開せよ。

(1) $(2x+3y)^3=$ ᵃ◻

(2) $(x-2y)^3=$ ⁱ◻

(3) $(x+2y)(x^2-2xy+4y^2)=$ ᵘ◻

(4) $(3x-y)(9x^2+3xy+y^2)=$ ᵉ◻

ヒント 展開の公式を利用

☐**2**　次の式を因数分解せよ。

(1) $27x^3+8y^3=$ ᵃ◻

(2) $64x^3-y^3=$ ⁱ◻

(3) $x^6+7x^3-8=$ ᵘ◻

ヒント (3) まず x^3 の2次式と考えて因数分解する

☐**3**　(1) $(2x^2-y)^6$ の展開式における x^4y^4 の項の係数は ᵃ◻

展開式の一般項は
$\,{}_6C_r(2x^2)^{6-r}(-y)^r$

　　(2) $(a+b+c)^6$ の展開式における ab^2c^3 の項の係数は ⁱ◻

ヒント (1) 一般項 $\,{}_nC_ra^{n-r}b^r$ を計算し，条件を満たす r の値を求める

　　　(2) $a^pb^qc^r$ の項の係数は $\dfrac{6!}{p!q!r!}$　ただし，$p+q+r=6$

□4 因数分解の公式を利用して x^6-64y^6 を次の 2 通りの方法で因数分解してみよう。

方法 ① : $x^6-64y^6=(x^3)^2-(8y^3)^2$ とみて因数分解の公式を利用

方法 ② : $x^6-64y^6=(x^2)^3-(4y^2)^3$ とみて因数分解の公式を利用

まず，方法 ① で因数分解すると

$$x^6-64y^6$$
$$=(x^3)^2-(8y^3)^2$$
$$=(x^3+8y^3)(x^3-8y^3)$$
$$=\boxed{}^{ア}$$

$x^3+8y^3=x^3+(2y)^3,$
$x^3-8y^3=x^3-(2y)^3$
とみて，さらに因数分解をする。

次に，方法 ② で因数分解してみると

$$x^6-64y^6=(x^2)^3-(4y^2)^3$$
$$=(x^2-4y^2)(x^4+4x^2y^2+16y^4)$$
$$=(x+2y)(x-2y)(x^4+4x^2y^2+16y^4)$$

ここで，$x^4+4x^2y^2+16y^4=(x^4+8x^2y^2+16y^4)-\boxed{}^{イ}$

であるから

$$x^4+4x^2y^2+16y^4=(x^2+4y^2)^2-\left(\boxed{}^{ウ}\right)^2$$
$$=\boxed{}^{エ}$$

よって

$$x^6-64y^6$$
$$=\boxed{}^{オ}$$

よって，方法 ① と方法 ② のどちらの方法でも因数分解することができる。

さらに，方法 ① と方法 ② のいずれかを用いて $64x^6-729y^6$ を因数分解すると

$$\boxed{}^{カ}$$

となる。

ヒント $729=3^6$

3

2 整式の割り算，分数式

① 整式の割り算

A と B が同じ1つの文字についての整式で，$B \neq 0$ とするとき，

$A = BQ + R$，R は 0 か，B より次数の低い整式

を満たす整式 Q と R がただ1通りに定まる。

② 分数式

[1] $\dfrac{A}{B} \times \dfrac{C}{D} = \dfrac{AC}{BD}$，$\dfrac{A}{B} \div \dfrac{C}{D} = \dfrac{A}{B} \times \dfrac{D}{C} = \dfrac{AD}{BC}$ [2] $\dfrac{A}{C} + \dfrac{B}{C} = \dfrac{A+B}{C}$，$\dfrac{A}{C} - \dfrac{B}{C} = \dfrac{A-B}{C}$

□**5** (1) 整式 $x^2 + 5x + 8$ を整式 $x+2$ で割った商は ^ア⬚ ，

余りは ^イ⬚ である。

(2) 整式 $x + 2 + 2x^3 + x^2$ を整式 $x^2 + 1 - x$ で割った商は

^ウ⬚ ，余りは ^エ⬚ である。

ヒント (2) x についての降べきの順に整理してから計算する

補 足

□**6** 整式 $3x^2 - x + 3$ を整式 B で割ると，商が $x - 1$，余りが 5 である

とき，$B =$ ⬚ である。

ヒント $A = BQ + R$ から $A - R = BQ$ B は $A - R$ を Q で割った商である

$3x^2 - x + 3$
$= B(x-1) + 5$

□**7** 次の式を計算せよ。

(1) $\dfrac{x^2 - 8x + 15}{x^2 - 3x - 10} \times \dfrac{x^2 + x - 2}{x^2 - 6x + 9} =$ ^ア⬚

(2) $\dfrac{x^2 - 2x - 8}{x^2 + x - 2} \div \dfrac{x^2 - x - 12}{x^2 - 5x + 4} =$ ^イ⬚

ヒント (2) $\dfrac{A}{B} \div \dfrac{C}{D} = \dfrac{A}{B} \times \dfrac{D}{C}$ として，除法は乗法に変形する

□**8** 次の式を計算せよ。

$\dfrac{x + 11}{2x^2 + 7x + 3} - \dfrac{x - 10}{2x^2 - 3x - 2} =$ ⬚

ヒント まず分母を因数分解し，通分する

☑9 次の式を簡単にせよ。

$$1-\cfrac{1}{1-\cfrac{1}{1+x}}=\boxed{}$$

ヒント 分母と分子に同じ式を掛けて，分母に分数式を含まない形に変形する

$\cfrac{1}{1-\cfrac{1}{1+x}}$ の分母と分子

に $1+x$ を掛けると

$$\frac{1+x}{(1+x)-1}$$

TRY 問題

☑10 太郎さんと花子さんが数学の授業の後で，整式の割り算について，次のように話している。

> 太郎：今日の授業で，x の整式 A，B に対して，A を B で割った商が Q，余りが R のとき，$A=BQ+R$ が成り立つことを習ったね。
> 思いついたんだけど，$A=BQ+R$ という式は，B と Q を入れ替えても成り立つ式だから，A を Q で割ると，商が B，余りが R になるんじゃないかな。
>
> 花子：なるほど。例えば，$x^3-2x^2-11x-5$ を x^2-4x-5 で割ってみると……
>
> 太郎：商が $x+2$，余りが $\overset{ア}{\boxed{}}$ になったよ。
>
> 花子：さっきの考えだと，この式は $x^3-2x^2-11x-5$ を $x+2$ で割った商が x^2-4x-5，余りが $\overset{ア}{\boxed{}}$ になるんじゃないかということだよね。
>
> 太郎：ちょっとまって！余りが 0 でない場合，$\overset{イ}{\boxed{}}$ の次数は $\overset{ウ}{\boxed{}}$ の次数より低くなるはずだから，この考えは間違ってたよ。

$$A=BQ+R$$
割る式
商

(1) $\overset{イ}{\boxed{}}$，$\overset{ウ}{\boxed{}}$ に当てはまるものを次の ⓪ ～ ③ のうちから一つずつ選べ。

 ⓪ 割られる式 ① 割る式 ② 商 ③ 余り

(2) $x^3-2x^2-11x-5$ を $x+2$ で割ると，商は $\overset{エ}{\boxed{}}$，余りは $\overset{オ}{\boxed{}}$ である。

ヒント (1) 割られる式は $x^3-2x^2-11x-5$，割る式は $x+2$ である

5

3 恒 等 式

基 本 事 項

① 係数比較法

P, Q を x についての整式とする。

[1] $P=Q$ が恒等式 $\Longleftrightarrow$ P と Q の次数は等しく, 両辺の同じ次数の項の係数は等しい

　(例) $ax^2+bx+c=a'x^2+b'x+c'$ が x についての恒等式 $\Longleftrightarrow$ $a=a'$, $b=b'$, $c=c'$

[2] $P=0$ が恒等式 $\Longleftrightarrow$ P の各項の係数はすべて 0

　(例) $ax^2+bx+c=0$ が x についての恒等式 $\Longleftrightarrow$ $a=b=c=0$

② 数値代入法

P, Q が x についての n 次以下の整式であるとき, 等式 $P=Q$ が $n+1$ 個の異なる x の値に対して成り立つならば, $P=Q$ は恒等式である。

☑**11** (1) 等式 $x^2+ax+b=(cx+1)(x-4)$ が x についての恒等式であるとき, $a={}^{\mathcal{P}}\boxed{}$, $b={}^{\mathcal{イ}}\boxed{}$, $c={}^{\mathcal{ウ}}\boxed{}$ である。

(2) 等式 $a(x-1)(x-2)+b(x-2)(x-3)+c(x-3)(x-1)=4$ が x についての恒等式であるとき, $a={}^{\mathcal{エ}}\boxed{}$, $b={}^{\mathcal{オ}}\boxed{}$, $c={}^{\mathcal{カ}}\boxed{}$ である。

> **補足**
>
> x に 1, 2, 3 を代入すると計算が簡単になる。

ヒント (1) 右辺を展開して係数比較　(2) 数値代入法がはやい

☑**12** (1) a は定数とする。x についての整式 $4x^3+ax^2+7x-5$ を x^2+2x+2 で割ると, 余りが $x-3$ となるとき, $a={}^{\mathcal{P}}\boxed{}$ であり, 商は ${}^{\mathcal{イ}}\boxed{}$ である。

(2) a, b は定数とする。x についての整式 $2x^3+9x^2+ax+b$ を $2x^2-x-1$ で割ると, 余りが $3x+1$ となるとき, $a={}^{\mathcal{ウ}}\boxed{}$, $b={}^{\mathcal{エ}}\boxed{}$ であり, 商は ${}^{\mathcal{オ}}\boxed{}$ である。

ヒント 3次式を2次式で割ったときの商は1次式である

□**13** (1) $\dfrac{3x-2}{(x+1)(x+2)}=\dfrac{a}{x+1}+\dfrac{b}{x+2}$ が x についての恒等式となると

き，$a=\boxed{}^{\text{ア}}$，$b=\boxed{}^{\text{イ}}$ である。

(2) $\dfrac{5x+1}{(x-1)(x^2+1)}=\dfrac{a}{x-1}+\dfrac{bx+c}{x^2+1}$ が x についての恒等式となる

とき，$a=\boxed{}^{\text{ウ}}$，$b=\boxed{}^{\text{エ}}$，$c=\boxed{}^{\text{オ}}$ である。

ヒント まず，分母を払う

□**14** (1) 等式 $(k+2)x+(k+1)y=3k+4$ が，k のどのような値に対

しても成り立つとき，$x=\boxed{}^{\text{ア}}$，$y=\boxed{}^{\text{イ}}$ である。

(2) 任意の実数 x と y に対して，$(x+y)a^2+(x-y)b=5x+y$ が

成り立つとき，$a=\boxed{}^{\text{ウ}}$，$b=\boxed{}^{\text{エ}}$ である。

(3) $a+b=4$ を満たすすべての a，b に対して，$a^2x+by+z=a$

が成り立つとき，$x=\boxed{}^{\text{オ}}$，$y=\boxed{}^{\text{カ}}$，$z=\boxed{}^{\text{キ}}$

である。

ヒント (1) k についての恒等式　(2) x，y についての恒等式
(3) b を消去し，a についての恒等式とする

・**恒等式**
・任意の x に対して
$ax+b=a'x+b'$
$\iff a=a'$，$b=b'$
・任意の x，y に対して
$ax+by=a'x+b'y$
$\iff a=a'$，$b=b'$

TRY 問題

□**15** 恒等式とは，含まれている各文字にどのような値を代入しても，

両辺の値が存在する限り成り立つ等式のことである。

この定義によると，次の 12 個の式A〜Lのうち，含まれている

すべての文字についての恒等式であるものの個数は $\boxed{}$ 個で

ある。ただし，a，b，c，x，y，θ はすべて実数とする。

A：$(a+b)^2=a^2+2ab+b^2$　　　B：$(a-b)^3=a^3-b^3$

C：$x^2+2x=x(x+2)$　　　D：$2a^2+a-1=0$

E：$x^2+1>0$　　　F：$y=x^2+2x+4$

G：$\dfrac{1}{a}+\dfrac{1}{a+1}=\dfrac{2}{2a+1}$　　　H：$\dfrac{1}{b+1}+\dfrac{1}{b-1}=\dfrac{2b}{b^2-1}$

I：$(x+y)^2+(x-y)^2$　　　J：$|x|=x$

K：$\sin^2\theta+\cos^2\theta=1$　　　L：$a^2=b^2+c^2$

ヒント 恒等式の定義としっかり照らし合わせながら検討する

H は，$b=\pm1$ のとき両
辺の値が存在しない。

4 不等式の問題 数学II

① 不等式の基本

[1] $a>b \Longleftrightarrow a-b>0$

[2] 実数 a, b について $a^2 \geqq 0$, $a^2+b^2 \geqq 0$

　等号が成り立つのは，それぞれ $a=0$, $a=b=0$ のときである。

[3] $a>0$, $b>0$ のとき　$a^2>b^2 \Longleftrightarrow a>b$, $a^2 \geqq b^2 \Longleftrightarrow a \geqq b$

② 重要な不等式

[1] $|a| \geqq 0$, $|a| \geqq a$, $|a| \geqq -a$, $|a+b| \leqq |a|+|b|$

　等号が成り立つのは，それぞれ $a=0$, $a \geqq 0$, $a \leqq 0$, $ab \geqq 0$ のときである。

[2] 相加平均と相乗平均の大小関係

　$a>0$, $b>0$ のとき $\dfrac{a+b}{2} \geqq \sqrt{ab}$

　等号が成り立つのは $a=b$ のときである。

☑**16** (1) 不等式 $a^2+ab+b^2 \geqq 0$ において，等号が成り立つのは ^ア[　　　] のときである。

(2) 不等式 $a^2+b^2+c^2 \geqq ab+bc+ca$ において，等号が成り立つのは ^イ[　　　] のときである。

(3) 正の数 a, b について，不等式 $\left(a+\dfrac{2}{b}\right)\left(b+\dfrac{3}{a}\right) \geqq$ ^ウ[　　　] が成り立つ。等号は $ab=$ ^エ[　　　] のとき成り立つ。

補足

(3) まず，左辺を展開。

ヒント (1), (2) 基本事項 ① [2] を利用　(3) (相加平均) $\geqq$ (相乗平均)

☑**17** $a=\sqrt{2}$, $b=1-\sqrt{3}$, $c=\sqrt{6}-\sqrt{3}$ とするとき，a, b, c の大小関係は ^ア[　　] $<$ ^イ[　　] $<$ ^ウ[　　] である。

まず，正の数と負の数に分ける。

ヒント $\sqrt{2}=1.414\cdots$, $\sqrt{3}=1.732\cdots$, $\sqrt{6}=2.449\cdots$ から大小の見当をつける

☑**18** $x>0$, $y>0$, $3x+2y=6$ のとき，$\sqrt{xy} \leqq$ ^ア[　　] であるから，xy は $x=$ ^イ[　　], $y=$ ^ウ[　　] で最大値 ^エ[　　] をとる。

ヒント (相加平均) $\geqq$ (相乗平均)

TRY 問題

□**19** 太郎さんと花子さんが次の問題について話している。

　　　[問題] $a>0$, $b>0$, $a\neq b$ とする。このとき, $a+b$, $2\sqrt{ab}$,

　　　　　$\dfrac{4ab}{a+b}$, $\sqrt{2(a^2+b^2)}$ の大小を比較せよ。

> 太郎：全部一度には比較できないから, 2つずつ調べる必要
>   があるね。
>
> 花子：4つの中から2つずつ取り出して調べるから, 全部で
>   6通りも調べなきゃいけないのね……
>
> 太郎：ちょっとまって！まず, 具体的な a, b の値を代入し
>   て調べてみよう。例えば, $a=1$, $b=3$ としてみると
>
> $a+b=$ ｱ⬚　　　　$2\sqrt{ab}=$ ｲ⬚
>
> $\dfrac{4ab}{a+b}=$ ｳ⬚　　　$\sqrt{2(a^2+b^2)}=$ ｴ⬚
>
>   つまり, $a=1$, $b=3$ のときは
>
>   ｵ⬚ $<$ ｶ⬚ $<$ ｷ⬚ $<$ ｸ⬚ となるね。
>
> 花子：そうか！この結果をもとに大小が予想できるわ。
>
>   この予想を利用すれば ｹ⬚ 通り調べるだけで済む
>
>   ね。((ケ)には当てはまる最小の自然数を入れる)

(1) ｵ⬚, ｶ⬚, ｷ⬚, ｸ⬚ に当てはまるもの
　　を, 次の⓪〜③のうちから一つずつ選べ。

　　⓪ $a+b$　　① $2\sqrt{ab}$　　② $\dfrac{4ab}{a+b}$　　③ $\sqrt{2(a^2+b^2)}$

(2) $\left(\text{ｶ}⬚\right)^2-\left(\text{ｵ}⬚\right)^2$ を計算した結果として正しいものを,

　　次の⓪〜④のうちから一つ選べ。 ｺ⬚

　　⓪ $(a-b)^2$　　　① $2(a-b)^2$　　② $\dfrac{4ab(a-b)^2}{(a+b)^2}$

　　③ $\dfrac{(a-b)^2(a^2+4ab+b^2)}{(a+b)^2}$　　④ $\dfrac{(a^2+b^2)(a^2+4ab+b^2)}{(a+b)^2}$

[ヒント] 予想が立てられたら, 不等号が成り立つか1つずつ調べていけばよい

5 複素数とその計算 数学Ⅱ

 基 本 事 項

① **複素数** (a, b, c, d は実数)

[1] 定義 $a+bi$ (i は虚数単位 $i^2=-1$)

[2] 相等 $a+bi=c+di \Longleftrightarrow a=c$ かつ $b=d$ 特に $a+bi=0 \Longleftrightarrow a=0$ かつ $b=0$

[3] 負の数の平方根 $a>0$ のとき $\sqrt{-a}=\sqrt{a}\,i$ 特に $\sqrt{-1}=i$

② **複素数の四則計算**

$i^2=-1$ とする他は，i を普通の文字のように考えて計算する。

③ **共役な複素数 $a+bi$ と $a-bi$** (a, b は実数)

$(a+bi)+(a-bi)=2a$, $(a+bi)(a-bi)=a^2+b^2$

すなわち，互いに共役な複素数の和，積は，ともに実数である。

□**20** (1) $\sqrt{-72}+\sqrt{50}-\sqrt{18}-\sqrt{-50}=$ $^{\text{ア}}\boxed{}$

(2) $(1+2i)(4+3i)=$ $^{\text{イ}}\boxed{}$

(3) $(1+i)^4=$ $^{\text{ウ}}\boxed{}$ (4) $\dfrac{i}{1-i}+\dfrac{2}{1+i}=$ $^{\text{エ}}\boxed{}$

ヒント $i^2=-1$ に注意して計算

□**21** (1) $(2+3i)x+(3-2i)y=8-i$ を満たす実数 x, y の値は

$x=$ $^{\text{ア}}\boxed{}$, $y=$ $^{\text{イ}}\boxed{}$ である。

(2) $(2+i)x^2+(3+i)x-2(1+i)=0$ を満たす実数 x の値は

$x=$ $^{\text{ウ}}\boxed{}$ である。

ヒント まず，i について整理し，$a+bi$ の形にする

□**22** 2乗して $2i$ となる複素数 $z=a+bi$ (a, b は実数) を求めたい。

$z^2=2i$ から $(a+bi)^2=2i$

ゆえに $^{\text{ア}}\boxed{}=2i$

a, b は実数であるから $^{\text{イ}}\boxed{}=0$, $^{\text{ウ}}\boxed{}=2$

これを解くと $(a, b)=$ $^{\text{エ}}\boxed{}$, $^{\text{オ}}\boxed{}$

したがって，$z=$ $^{\text{カ}}\boxed{}$, $^{\text{キ}}\boxed{}$

ヒント 複素数の相等の性質を利用

補 足

・**分母の実数化**

複素数の除法は，分母と共役な複素数を分母と分子に掛けて，分母を実数にする。

複素数の相等の性質を用いるときは，「x, y は実数であるから」のような断り書きを必ず入れる。

☐**23** 次の問題に対する2つの解答のどちらかには，誤った式変形が含まれている。誤りである式変形とその理由を，下の各解答群のうちからそれぞれ一つずつ選べ。

> 問題 $\sqrt{3} \div \sqrt{-7}$ を計算せよ。

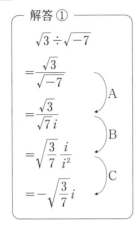

解答①

$$\sqrt{3} \div \sqrt{-7}$$

$$= \frac{\sqrt{3}}{\sqrt{-7}} \left.\vphantom{\int}\right\} A$$

$$= \frac{\sqrt{3}}{\sqrt{7}\,i} \left.\vphantom{\int}\right\} B$$

$$= \sqrt{\frac{3}{7}} \frac{i}{i^2} \left.\vphantom{\int}\right\} C$$

$$= -\sqrt{\frac{3}{7}}\,i$$

解答②

$$\sqrt{3} \div \sqrt{-7}$$

$$= \frac{\sqrt{3}}{\sqrt{-7}} \left.\vphantom{\int}\right\} D$$

$$= \sqrt{-\frac{3}{7}} \left.\vphantom{\int}\right\} E$$

$$= \sqrt{\frac{3}{7}}\,i$$

B では，分子と分母に i を掛けている。

誤りである式変形：ア ☐

⓪ A ① B ② C ③ D ④ E

誤りである理由：イ ☐

⓪ $\dfrac{i}{i}$ は1と等しくないから

① $\dfrac{i}{i^2}$ は $-i$ と等しくないから

② 正の数 a, b に対して $\sqrt{-\dfrac{a}{b}} = \sqrt{\dfrac{a}{b}}\,i$ は成り立たないから

③ 正の数 a に対して $\dfrac{1}{\sqrt{-a}} = \dfrac{1}{\sqrt{a}\,i}$ は成り立たないから

④ 正の数 a, b に対して $\dfrac{\sqrt{a}}{\sqrt{-b}} = \sqrt{-\dfrac{a}{b}}$ は成り立たないから

ヒント 正の数 a に対して $\sqrt{-a} = \sqrt{a}\,i$ である

6 解 の 判 別

2次方程式の解の種類の判別

2次方程式 $ax^2+bx+c=0$ （a, b, c は実数）の判別式を $D=b^2-4ac$ とする。

[1] $D>0 \iff$ 異なる2つの実数解をもつ

[2] $D=0 \iff$ 重解をもつ

特に $D \geqq 0 \iff$ 実数解をもつ

[3] $D<0 \iff$ 異なる2つの虚数解をもつ

□**24** 次の文中の $^{ア}\boxed{}$ ～ $^{カ}\boxed{}$ に当てはまるものを，次の ⓪～⑤

のうちから一つずつ選べ。ただし，同じものを選んでもよい。

(1) 2次方程式 $x^2+5x+5=0$ の判別式を D とすると，

$D\ ^{ア}\boxed{}\ 0$ であるから，この方程式は $^{イ}\boxed{}$ をもつ。

(2) 2次方程式 $4x^2-20x+25=0$ の判別式を D とすると，

$D\ ^{ウ}\boxed{}\ 0$ であるから，この方程式は $^{エ}\boxed{}$ をもつ。

(3) 2次方程式 $x^2+2\sqrt{3}x+4=0$ の判別式を D とすると，

$D\ ^{オ}\boxed{}\ 0$ であるから，この方程式は $^{カ}\boxed{}$ をもつ。

⓪ ＞　　① ＝　　② ＜　　③ 異なる2つの実数解

④ 重解　　⑤ 異なる2つの虚数解

ヒント 判別式 D の正負を調べる

・補足

・**判別式**

$$D=b^2-4ac$$

・**判別式**

$ax^2+2b'x+c=0$

（$a \neq 0$）の判別式は

$$\frac{D}{4}=b'^2-ac$$

を用いるとよい。

□**25** x の2次方程式 $x^2+2ax-2(a-4)=0$ …… ① について

(1) 方程式 ① が重解をもつとき，定数 a の値と重解を求めると

$a=\ ^{ア}\boxed{}$ のとき，重解は $x=\ ^{イ}\boxed{}$

$a=\ ^{ウ}\boxed{}$ のとき，重解は $x=\ ^{エ}\boxed{}$

である。ただし，(ア)＜(ウ)とする。

(2) 方程式 ① が異なる2つの虚数解をもつとき，定数 a の値の

範囲は $^{オ}\boxed{}$ である。

ヒント (1) (判別式)＝0　(2) (判別式)＜0

TRY 問題

□**26** 太郎さんと花子さんが次の問題について話している。

問題 x の方程式 $\dfrac{1}{\sqrt{2}}x^2+ix=0$ の解の種類を判別せよ。

> 太郎：x の 2 次方程式だから判別式 D を計算すると
>
> $$D=i^2-4\cdot\dfrac{1}{\sqrt{2}}\cdot 0=-1$$
>
> 判別式が実数になったから，あとは D の符号を考えれば，この方程式の解の種類を判別できるね。
>
> 花子：ちょっとまって！この方程式は判別式を利用できない 2 次方程式だよ。
>
> 方程式の左辺を因数分解すると
>
> ┌─ア─────────┐ $=0$ となるから，この方程式の解
>
> は $x=$ ┌─イ──┐ ，┌─ウ──┐ となるよ。
>
> つまり，この方程式は ┌─エ──┐ よ。
>
> 太郎：2 次方程式の係数に ┌─オ──┐ が含まれるときは，判別式では解の種類を判別できないんだね。

判別式 $D=b^2-4ac$

┌─エ──┐ ，┌─オ──┐ に当てはまるものを，次の各解答群のうちから一つずつ選べ。

(エ)の解答群： ⓪ 異なる 2 つの実数解をもつ

            ① 異なる 2 つの虚数解をもつ

            ② 1 つの実数解と 1 つの虚数解をもつ

            ③ 重解をもつ

(オ)の解答群： ⓪ 0   ① 無理数   ② 虚数

ヒント 2 次方程式の係数がすべて実数のとき，判別式を利用することができる

7　解と係数の関係

数学Ⅱ

基　本　事　項

2次方程式 $ax^2+bx+c=0$ の2つの解を α, β とする。

① **解と係数の関係**　$\alpha+\beta=-\dfrac{b}{a}$, $\alpha\beta=\dfrac{c}{a}$

② **2次式の因数分解**　$ax^2+bx+c=a(x-\alpha)(x-\beta)$

③ **2数を解とする2次方程式**

　　[1]　2次方程式の作成　2数 α, β を解とする2次方程式の1つは

　　　　　$(x-\alpha)(x-\beta)=0$　すなわち　$x^2-(\alpha+\beta)x+\alpha\beta=0$

　　[2]　和，積が与えられた2数　和が p，積が q である2つの数は，2次方程式

　　　　　$x^2-px+q=0$ の2つの解

☐**27**　2次方程式 $2x^2+x-2=0$ の2つの解を α, β とするとき

$\alpha+\beta=$ ⁷☐,　$\alpha\beta=$ ⁴☐,　$\alpha^2+\beta^2=$ ⁰☐,

$\alpha^3+\beta^3=$ ᵉ☐,　$\dfrac{\beta}{\alpha}+\dfrac{\alpha}{\beta}=$ ⁴☐

ヒント　求める式は α, β の対称式で，$\alpha+\beta$, $\alpha\beta$ で表される

補　足

$\alpha^2+\beta^2=(\alpha+\beta)^2-2\alpha\beta$
$\alpha^3+\beta^3=(\alpha+\beta)^3$
　　　　　$-3\alpha\beta(\alpha+\beta)$

☐**28**　(1)　2次方程式 $x^2-(k+3)x+2k+5=0$ の2つの解の差が1であるとき，定数 k の値は $k=$ ⁷☐

(2)　2次方程式 $x^2+3kx+2k+4=0$ の2つの解のうち，1つの解が他の解の2倍であるような定数 k の値は $k=$ ⁴☐

ヒント　2つの解を(1) α, $\alpha+1$　(2) α, 2α とおく

・2つの解の間の関係
差が p
　⟶ α, $\alpha+p$
比が $p:q$
　⟶ $p\alpha$, $q\alpha$ $(\alpha\neq0)$
とおく。

☐**29**　次の2次式を，複素数の範囲で1次式の積に因数分解せよ。

(1)　$x^2-2x-1=$ ⁷☐

(2)　$2x^2+2x+3=$ ⁴☐

ヒント　解の公式により，（2次式)$=0$ の解を求める

係数が実数である2次式は，複素数の範囲で常に1次式の積に因数分解できる。

14

☑**30** (1) $2x^2-3x+5=0$ の 2 つの解を α, β とするとき，$2\alpha+\beta$，$\alpha+2\beta$ を解とする 2 次方程式の 1 つは

$$2x^2-\overset{ア}{\boxed{}}x+\overset{イ}{\boxed{}}=0$$

(2) 和が 10，積が 6 である 2 つの数は $\overset{ウ}{\boxed{}}$ と $\overset{エ}{\boxed{}}$

(ヒント) 基本事項 ③ 参照

TRY 問題

☑**31** 2 次方程式の解と係数の関係を利用して，連立方程式

$$\begin{cases} x^2+y^2=5 \\ x+xy+y=-3 \end{cases} \quad (x \leqq y)$$ の実数解を求めよう。

$x^2+y^2=5$，$x+xy+y=-3$ において，$x+y=p$，$xy=q$ とし，p，q を用いて表すと，それぞれ

$$\overset{ア}{\boxed{}}=5, \quad \overset{イ}{\boxed{}}=-3$$

q を消去して p のみの式にすると $\overset{ウ}{\boxed{}}=0$

（ただし，p の最高次の係数は 1 とする）

これを解くと $p=\overset{エ}{\boxed{}}$ よって $q=\overset{オ}{\boxed{}}$

したがって，$x+y=\overset{エ}{\boxed{}}$，$xy=\overset{オ}{\boxed{}}$ であるから，

x，y は t の 2 次方程式 $\overset{カ}{\boxed{}}=0$ の解である。

（ただし，t^2 の係数は 1 とする）

これを解くと $t=\overset{キ}{\boxed{}}$，$\overset{ク}{\boxed{}}$

したがって，$x \leqq y$ のとき $x=\overset{ケ}{\boxed{}}$，$y=\overset{コ}{\boxed{}}$

さらに，この方法を用いて連立方程式 $\begin{cases} x^3+y^3=26 \\ x^2y+xy^2=-6 \end{cases} \quad (x \leqq y)$

の実数解を求めると $x=\overset{サ}{\boxed{}}$，$y=\overset{シ}{\boxed{}}$ となる。

解と係数の関係を利用。

(ヒント) $x+y=p$，$x+y=q$ とすると

$x^3+y^3=(x+y)^3-3xy(x+y)=p^3-3pq$，

$x^2y+xy^2=(x+y)xy=pq$

8 剰余の定理と因数定理 数学Ⅱ

基 本 事 項

① **剰余の定理**

[1] 整式 $P(x)$ を1次式 $x-k$ で割ったときの余りは $P(k)$

[2] 整式 $P(x)$ を1次式 $ax+b$ で割ったときの余りは $P\left(-\dfrac{b}{a}\right)$

② **因数定理**

1次式 $x-k$ が整式 $P(x)$ の因数である $\Longleftrightarrow P(k)=0$

参考 因数定理を用いて整式の因数を見つけるには,最高次の項の係数を a,定数項を c とすると,

$\pm\dfrac{|c|\ \text{の正の約数}}{|a|\ \text{の正の約数}}$ を代入して0になるかどうかを調べればよい。

☐**32** (1) 整式 $P(x)=5x^3-4x^2-7x+22$ を $x-3$ で割ったときの余り

は $^{\text{ア}}\boxed{}$ である。

(2) 整式 $P(x)=3x^3+ax^2-2x+1$ を $x+2$ で割ったときの余りが

1であるとき,定数 a の値は,$a=\,^{\text{イ}}\boxed{}$ である。

ヒント (2) $x+2=x-(-2)$ であるから $P(-2)=1$

補 足

整式 $P(x)$ を1次式 $x+k$ で割ったときの余りは $P(-k)$

☐**33** 整式 $P(x)=x^3+ax^2+bx-2$ が $(x-1)(x-2)$ で割り切れると

き,定数 a,b の値は,$a=\,^{\text{ア}}\boxed{}$,$b=\,^{\text{イ}}\boxed{}$ である。

ヒント $(x-1)(x-2)$ で割り切れる $\longrightarrow$ $x-1$ でも $x-2$ でも割り切れる

☐**34** 整式 $P(x)$ を $x+1$ で割ると余りが5,$x-3$ で割ると余りが17

である。$P(x)$ を x^2-2x-3 で割ったときの余りは

$\boxed{}$ である。

ヒント 余りを $ax+b$ とおく

整式を2次式で割ったときの余りは,0か,1次以下の整式であるから $ax+b$ とおける。

☐**35** 太郎さんと花子さんが次の問題について話している。

> 問題 整式 $P(x) = -x^3 - 4x^2 + 7x + 10$ の因数であるものを次の ⓪ ～ ⑦ のうちから三つ選べ。
>
> ⓪ $x-20$ 　　① $x-2$ 　　② $x-1$
>
> ③ $x+4$ 　　④ $x+12$ 　　⑤ $x+1$
>
> ⑥ $x+30$ 　　⑦ $x+5$

太郎：$P(k)=0$ が成り立つことは，$P(x)$ が 1 次式

　　　ア [＿＿＿＿＿] を因数にもつことと同じであると授業で

　　　習ったね。

花子：そうだね。これを イ [＿＿＿＿＿＿] といったね。

　　　（（イ）には「剰余の定理」「因数定理」のいずれかが入る）

太郎：でも，全部の選択肢に対して代入して調べるのは大変だよ。

花子：因数を見つける便利な方法を知ってるよ。

　　　整数 k が $P(k)=0$ を満たすとき，

　　　$-k^3 - 4k^2 + 7k + 10 = 0$ となるね。

　　　これを変形すると $k(k^2 + 4k - 7) = 10$ となって，

　　　$k^2 + 4k - 7$ も整数だから k は 10 の ウ [＿＿＿＿] となるよ。

　　　（（ウ）には「倍数」「約数」のいずれかが入る）

太郎：ということは，この考え方を利用すれば，⓪ ～ ⑦ の選択肢のうち，エ [＿＿] 個に絞ることができるね。

花子：残った選択肢について計算すると，答えは

　　　オ [＿＿＿＿＿] となるね。

ヒント 残った選択肢について，$P(k)$ を計算して値が 0 になるか調べる

9 高次方程式 数学II

    基 本 事 項

① **高次方程式の解法**

　[1] 方程式 $P(x)=0$ の解法：$P(x)$ を因数分解し，次数の低い方程式を導いて解く。

　[2] 高次式 $P(x)$ を因数分解するには，公式やおきかえ，因数定理を利用する。

② **係数が実数である方程式の虚数解**

　係数が実数である方程式が虚数解 $\alpha=a+bi$ （a, b は実数）をもつならば，α と共役な複素数 $\overline{\alpha}=a-bi$ もこの方程式の解である。

□**36** 次の方程式を解け。

補　足

(1) $x^3+2x^2-9x-18=0$ の左辺を因数分解すると

　　$^{ア}\boxed{}=0$ となるから $x=^{イ}\boxed{}$

(2) $2x^3-4x^2+x+1=0$ の左辺を因数分解すると

　　$^{ウ}\boxed{}=0$ となるから $x=^{エ}\boxed{}$

(3) $x(x+1)(x+2)-2\cdot3\cdot4=0$ の左辺を因数分解すると

(3) 因数定理。式の形から代入する値がわかる。

　　$^{オ}\boxed{}=0$ となるから $x=^{カ}\boxed{}$

(4) $(x^2+x)^2-8(x^2+x)+12=0$ …… ① について

　　$x^2+x=t$ とおくと $t^2-8t+12=0$ から $t=^{キ}\boxed{}$

　　よって，方程式 ① の解は $x=^{ク}\boxed{}$ である。

　ヒント 因数分解などにより，1 次方程式・2 次方程式に帰着させて解く

□**37** 1 の 3 乗根のうち，虚数であるものの 1 つを ω とする。次の式の値を求めよ。

(1) $\omega^9+\omega^6+1=^{ア}\boxed{}$

(2) $\omega^{200}+\omega^{100}=^{イ}\boxed{}$

(3) $(1+\omega^2)(1+\omega^4)=^{ウ}\boxed{}$

(4) $\dfrac{1}{\omega}+\dfrac{1}{\omega^2}=^{エ}\boxed{}$

　ヒント ω は 3 次方程式 $x^3=1$ の虚数解である

☑**38** 3次方程式 $x^3+ax^2+bx-15=0$ が $1+2i$ を解にもつとき，実数 a, b の値は $a=\boxed{}^{ア}$, $b=\boxed{}^{イ}$ であり，この方程式の他の解は $\boxed{}^{ウ}$, $\boxed{}^{エ}$ である。

ヒント $x=\alpha$ が $P(x)=0$ の解 $\longrightarrow P(\alpha)=0$

TRY 問題

☑**39** 太郎さんと花子さんが次の問題について話している。

問題 3次方程式 $x^3-(a+2)x+2(a-2)=0$ の 3 つの解のうち 2 つの解が等しいとき，定数 a の値を求めよ。

太郎：$x=2$ を代入すると，（左辺）$=\boxed{}^{ア}$ となるから，

左辺は $\boxed{}^{イ}$ を因数にもつことがわかるね。

そして方程式は

$\left(\boxed{}^{イ}\right)\left(\boxed{}^{ウ}\right)=0$ と変形できるね。

花子：$\boxed{}^{ウ}=0$ が重解をもつような a の値を求めると，$a=\boxed{}^{エ}$ となったよ。

太郎：$a=\boxed{}^{エ}$ をもとの方程式に代入して確認すると，ちゃんと 3 つの解のうち 2 つの解が等しくなっているね。これが答えでよさそうだよ。

花子：あれ！答えを見てみたら，a の値は 2 つあったよ。

太郎：そうか，$\boxed{}^{ウ}=0$ が $\boxed{}^{オ}$ と $\boxed{}^{オ}$ 以外の数を解にもつ場合も条件を満たすよ！

正しい答えは $a=\boxed{}^{エ}$, $\boxed{}^{カ}$ の 2 つだね。

ヒント 3次方程式 $x^3-(a+2)x+2(a-2)=0$ の解は，$x=2$ と 2 次方程式 $\boxed{}^{ウ}=0$ の解である

10 点と直線(1)

数学Ⅱ

基 本 事 項

① **距離と分点**　2点 $A(x_1, y_1)$, $B(x_2, y_2)$ について

[1] 2点間の距離　$AB=\sqrt{(x_2-x_1)^2+(y_2-y_1)^2}$

[2] 内分点，外分点

線分 AB を $m:n$ に内分する点の座標は　$\left(\dfrac{nx_1+mx_2}{m+n}, \dfrac{ny_1+my_2}{m+n}\right)$

特に，線分 AB の中点の座標は　$\left(\dfrac{x_1+x_2}{2}, \dfrac{y_1+y_2}{2}\right)$

線分 AB を $m:n$ に外分する点の座標は　$\left(\dfrac{-nx_1+mx_2}{m-n}, \dfrac{-ny_1+my_2}{m-n}\right)$

[3] $C(x_3, y_3)$ とすると，△ABC の重心の座標は　$\left(\dfrac{x_1+x_2+x_3}{3}, \dfrac{y_1+y_2+y_3}{3}\right)$

② **直線の方程式**

[1] 点 (x_1, y_1) を通り，(i) 傾きが m の直線　$y-y_1=m(x-x_1)$　(ii) x 軸に垂直な直線　$x=x_1$

[2] 異なる2点 (x_1, y_1), (x_2, y_2) を通る直線

$x_1 \neq x_2$ のとき　$y-y_1=\dfrac{y_2-y_1}{x_2-x_1}(x-x_1)$,　$x_1=x_2$ のとき　$x=x_1$

☐**40**　3点 $A(4, -1)$, $B(-2, 2)$, $C(5, 2)$ がある。

補　足

(1) 線分 AB を $2:1$ に内分する点 D の座標は 〔ア　　　　　　〕

であり，線分 AB を $2:3$ に外分する点 E の座標は

〔イ　　　　　　〕である。

(2) 2点 A, C から等距離にある x 軸上の点 P の座標は

〔ウ　　　　　　〕である。

ヒント (2) 点 P の座標は $(x, 0)$ とおける

☐**41**　3点 $A(-1, 1)$, $B(4, 6)$, $C(a, 10)$ がある。

(1) 点 A を通り，傾き2の直線の方程式は 〔ア　　　　　　〕

また，2点 A, B を通る直線の方程式は 〔イ　　　　　　〕

(2) 3点 A, B, C が一直線上にあるとき，定数 a の値は

$a=$ 〔ウ　　　〕である。

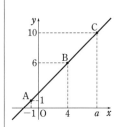

ヒント (1) 基本事項 ② [1], [2]　(2) 点 C は直線 AB 上にある

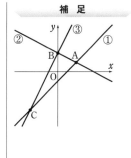

☐**42** 平面上の3直線 $x-y-1=0$ …… ①，$x+2y-4=0$ …… ②，

$2x-y+2=0$ …… ③ が与えられている。直線①と②，②と③，

③と①の交点を，それぞれ A，B，C とするとき

(1) 点 A，B，C の座標はそれぞれ A^ア[　　　　　]，

　　B^イ[　　　　　]，C^ウ[　　　　　] である。

(2) 三角形 ABC の重心 G の座標は ^エ[　　　　　] である。

ヒント (1) ①と②，②と③，③と①の方程式を連立して解く

(2) 基本事項 ① [3] 参照

TRY 問題

☐**43** 線分の内分点・外分点について，コンピュータソフトを使って，線分 OA に対する内分点や外分点を表示させる。

このソフトでは，右の図のように入力画面の太枠部分を入力すると，表示画面に対応する点 P を表示させることができる。

最初に，線分 OA を $m:n$ に外分する点 P を表示させた。

（ただし，m，n は $m>2n$ を満たす正の整数とする）

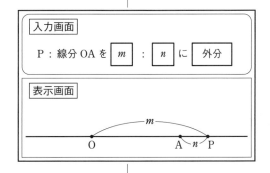

入力画面の太枠部分を(1)~(4)のようにそれぞれ変化させたとき，表示画面において点 P が最初の位置からどのように変化するか，次の⓪~②のうちから一つずつ選べ。ただし，同じものを選んでもよい。

　　⓪　左に移動する　　①　右に移動する　　②　移動しない

(1) 外分を内分に変化させ，他は変化させない。^ア[　　]

(2) m を n に，n を m に変化させ，他は変化させない。

　　^イ[　　]

(3) n を $2n$ に変化させ，他は変化させない。^ウ[　　]

(4) m を $m+1$ に変化させ，他は変化させない。^エ[　　]

ヒント (3), (4) 3点 O，A，P が数直線上にあると考えて，点 O，A の座標をそれぞれ，0，a ($a>0$) として点 P の座標を m，n，a を用いて表す

11 点と直線⑵

数学 II

① 2直線の平行・垂直

[1] 2直線 $y=m_1x+n_1$ と $y=m_2x+n_2$ について

平行条件 $m_1=m_2$ 垂直条件 $m_1m_2=-1$

[2] 点 $(x_1,\ y_1)$ を通り，直線 $ax+by+c=0$ に

平行な直線 $a(x-x_1)+b(y-y_1)=0$ 垂直な直線 $b(x-x_1)-a(y-y_1)=0$

② 2直線の交点を通る直線の方程式

2直線 $a_1x+b_1y+c_1=0,\ a_2x+b_2y+c_2=0$ の交点を通る直線の方程式は

$$a_1x+b_1y+c_1+k(a_2x+b_2y+c_2)=0\ \ (k\ は定数)$$

ただし，直線 $a_2x+b_2y+c_2=0$ は除かれる。

③ 点と直線の距離

点 $P(x_1,\ y_1)$ と直線 $ax+by+c=0$ の距離 d は $d=\dfrac{|ax_1+by_1+c|}{\sqrt{a^2+b^2}}$

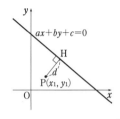

□**44** 2直線 $mx+y=1$ ……①，$(m-1)x-2y=3$ ……② が次の条件を満たすように，定数 m の値を定めよ。

(1) ①，② が垂直に交わるとき $m=$ ^ア⬚，^イ⬚

(2) ①，② が平行で一致しないとき $m=$ ^ウ⬚

ヒント (2) 求めた m の値に対し，2直線が一致しないことを確認する

補　足

(1) 2直線①，②の傾きを $m_1,\ m_2$ とすると
$m_1m_2=-1$

(2) $m_1=m_2$

□**45** (1) 点 $A(1,\ 2)$ に関して，点 $P(a,\ b)$ と対称な点 Q の座標は ^ア⬚ である。

(2) 直線 $\ell:x+y+1=0$ に関して，点 $P(2,\ 3)$ と対称な点 Q の座標は ^イ⬚ である。

ヒント (2) 線分 PQ の中点が直線 ℓ 上にあり，$PQ\perp\ell$ である

(2)

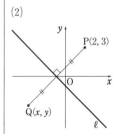

□**46** 直線 $kx+(k+1)y-k-2=0$ は，どんな k の値に対しても定点 ⬚ を通る。

ヒント 「どんな k の値に対しても……」⟶ k についての恒等式と考える

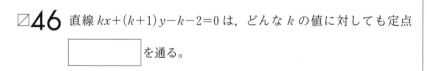

22

☑**47** 2直線 $x+y+1=0$，$3x+2y-3=0$ の交点 P を通る直線のうち

(1) 点 $(3,2)$ を通る直線の方程式は $^{ア}\boxed{}$ である。

(2) 直線 $2x-y+4=0$ に垂直な直線の方程式は $^{イ}\boxed{}$ である。

ヒント $x+y+1+k(3x+2y-3)=0$ とおいて，条件を満たす k の値を求める

☑**48** 3点 A$(-4,3)$，B$(-2,-1)$，C$(3,4)$ を頂点とする三角形 ABC について

(1) 直線 BC の方程式は $^{ア}\boxed{}$ である。

(2) 点 A と直線 BC の距離は $^{イ}\boxed{}$ である。

(3) 三角形 ABC の面積は $^{ウ}\boxed{}$ である。

ヒント 三角形の高さは，頂点と底辺の距離で表される

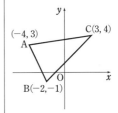

(3) △ABC の底辺を辺 BC とし，(2)の結果を利用する。

TRY 問題

☑**49** 太郎さんと花子さんが直線の方程式について，次のように話している。ただし，会話中に出てくる a，b，p，q，r は定数で $p\neq0$ または $q\neq0$ であるとする。

> 太郎：座標平面上のすべての直線の方程式は $y=ax+b$ の形で表されるね。
>
> 花子：ちょっとまって！この形だと $^{ア}\boxed{}$ 直線を表せないよ。すべての直線を表すためには，$px+qy+r=0$ の形にする必要があるよ。
>
> 太郎：なるほど。この表し方なら，$^{イ}\boxed{}$ とすれば，$y=ax+b$ の形では表せなかった直線も表せるね。

$^{ア}\boxed{}$，$^{イ}\boxed{}$ に当てはまるものを，次の各解答群のうちから一つずつ選べ。

(ア)の解答群：⓪ x 軸に平行である　① y 軸に平行である

　　　　　　　② 傾きが 0 である

(イ)の解答群：⓪ $p=0$　① $q=0$　② $r=0$

ヒント $y=ax+b$ の形では，傾きがない直線を表すことができない

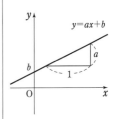

12 円の方程式

数学 II

基 本 事 項

① 円の方程式

[1] 標準形　中心が点 (a, b), 半径が r の円の方程式　$(x-a)^2+(y-b)^2=r^2$

特に, 中心が原点, 半径が r の円の方程式　$x^2+y^2=r^2$

[2] 一般形　$x^2+y^2+lx+my+n=0$

② 円の方程式の決定

[1] 中心の座標と半径を標準形へ代入

[2] 3 点を通る　⟶　一般形に代入して連立方程式を解く

[3] 2 点 P, Q を直径の両端とする円　⟶　中心が線分 PQ の中点, 半径 $=\dfrac{PQ}{2}$ であることを利用

☑ **50** (1) 中心が原点, 半径が 3 の円の方程式は ⁷ [　　　　] である。

(2) 中心が点 $(-1, 2)$, 半径が 5 の円の方程式は

ⁱ [　　　　] である。

(3) 点 $(5, 4)$ を中心とし, 点 $(1, 1)$ を通る円の方程式は

ᵘ [　　　　] である。

補 足

中心の座標や半径がわかっているとき,

$(x-a)^2+(y-b)^2=r^2$

とおいた方が計算がらく。

ヒント (3) 円の半径を r とおくと, 円の方程式は $(x-5)^2+(y-4)^2=r^2$ と表される

☑ **51** (1) 3 点 L$(-1, 6)$, M$(-1, 0)$, N$(3, 4)$ を通る円の方程式は

⁷ [　　　　] である。

(2) 2 点 P$(3, 0)$, Q$(-1, 4)$ を直径の両端とする円の方程式は

ⁱ [　　　　] である。

ヒント (1) 円の方程式の一般形を利用　(2) 線分 PQ の中点が円の中心

(1)

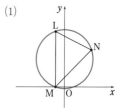

(2)

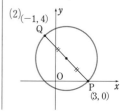

☑**52** (1) 円 $x^2+y^2-2kx-4ky+2k^2=0$ （k は定数）の中心が直線

$y=-2x+12$ 上にあるとき，$k=$ ^ア□ である。

(2) 中心が直線 $2x-y-8=0$ 上にあり，2 点 $(0,\ 2)$，$(3,\ 3)$ を

通る円の方程式は ^イ□ である。

ヒント (2) 中心は $(a,\ 2a-8)$ とおける

☑**53** 方程式 $x^2+y^2+2ax-4y+2a^2+3a=0$ が円を表すとき

(1) a のとりうる値の範囲は ^ア□ である。

(2) 円の中心の座標は ^イ□ ，半径は

^ウ□ である。

(3) a が (1) で求めた範囲を動くとき，円の半径は $a=$ ^エ□ で

最大値 ^オ□ をとる。

ヒント (1) 半径＞0

TRY 問題

☑**54** 太郎さんと花子さんが次の問題について話している。

|問題| 点 $(2,\ -4)$ を通り，x 軸と y 軸の両方に接する円の方
程式を求めよ。

太郎：点 $(2,\ -4)$ を通り，x 軸と y 軸の両方に接するから，

どちらも中心は第 ^ア□ 象限にあることがわかるね。

花子：さらに，中心は直線 ^イ□ 上にあることもわかる

から，半径を r とすると中心の座標は ^ウ□

とおけるね。

太郎：ということは，求める円の方程式は r を用いて

^エ□ と表せるね。

花子：点 $(2,\ -4)$ を通るから，答えは

^オ□ ，□ ^カだね。

ヒント 図をかいて考える

補足

(1) 円の方程式を標準形
に変形する。

(2) 円の方程式を
$(x-a)^2+\{y-(2a-8)\}^2=r^2$
とおき，2 点の座標を
代入する。

13 円 と 直 線
数学II

基 本 事 項

① 円と直線の位置関係

円 $x^2+y^2=r^2$ と直線 $y=mx+n$ について，y を消去した x の2次

方程式 $x^2+(mx+n)^2=r^2$ すなわち

$$(1+m^2)x^2+2mnx+n^2-r^2=0$$

の判別式を D，円の中心と直線の距離を d とする。

円と直線が

[1] $D>0 \Longleftrightarrow 0 \leqq d<r \Longleftrightarrow$ 異なる2点で交わる

[2] $D=0 \Longleftrightarrow d=r \Longleftrightarrow$ 1点で接する

[3] $D<0 \Longleftrightarrow d>r \Longleftrightarrow$ 共有点をもたない

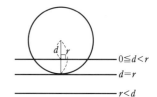

② 円の接線

[1] 円と直線の方程式から得られる x（または y）の2次方程式が重解をもつ $\Longleftrightarrow D=0$

[2] （円の中心と接線の距離）＝（円の半径）

[3] 円 $x^2+y^2=r^2$ 上の点 $(x_1,\ y_1)$ における接線の方程式は

$$x_1x+y_1y=r^2$$

③ 円が直線から切り取る線分（弦）の長さ

[1] 円の中心と直線の距離を利用。

右の図において $l=2\sqrt{r^2-d^2}$

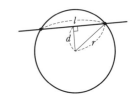

[2] 解と係数の関係を利用（本書 $p.14$ 参照）。

④ 2つの円の交点を通る円または直線の方程式

2つの円 $x^2+y^2+a_1x+b_1y+c_1=0$，$x^2+y^2+a_2x+b_2y+c_2=0$

の交点を通る円または直線の方程式は

$$x^2+y^2+a_1x+b_1y+c_1+k(x^2+y^2+a_2x+b_2y+c_2)=0 \quad (k \text{ は定数})$$

ただし，$x^2+y^2+a_2x+b_2y+c_2=0$ を除く。

□**55** 円 $x^2+y^2=25$ において

補 足

(1) 円上の点 $(3,\ 4)$ における接線の方程式は ${}^{ア}\boxed{}$ で

ある。

(2) 傾きが2である接線の方程式は

${}^{イ}\boxed{}$ と ${}^{ウ}\boxed{}$ であり，接点の座標は，そ

れぞれ ${}^{エ}\boxed{}$ ，${}^{オ}\boxed{}$ である。

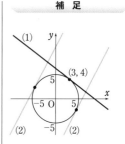

ヒント (1) 基本事項 ② [3]　(2) $y=2x+n$ とおき，円の方程式に代入

☑**56** 点 $(1, 3)$ から，円 $x^2+y^2=5$ に引いた 2 本の接線の方程式は

補　足

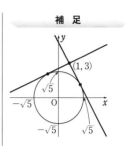

ア[＿＿＿＿＿＿] と イ[＿＿＿＿＿＿] であり，2 つの接点の座標は，

それぞれ ウ[＿＿＿＿＿] ，エ[＿＿＿＿＿] である。

> ヒント 接点の座標を (x_1, y_1) とおいて公式を利用

☑**57** (1) 円 $x^2+y^2=9$ が直線 $y=x+2$ から切り取る線分の中点の座標

は ア[＿＿＿＿＿] であり，線分の長さは イ[＿＿＿＿] である。

(2) 円 $x^2+y^2=r^2$ $(r>0)$ が直線 $y=x+1$ から切り取る線分の長

さが $\sqrt{14}$ であるとき，$r=$ ウ[＿＿＿] である。

(2)
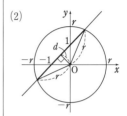

> ヒント (2) 円の中心と直線の距離を d として，三平方の定理を利用

☑**58** 2 つの円 $x^2+y^2=4$ ……①，$(x-1)^2+(y-1)^2=4$ ……② の 2

つの交点を通る直線の方程式は ア[＿＿＿＿＿＿] である。

また，2 つの円①，②の 2 つの交点および原点を通る円の方程

式は イ[＿＿＿＿＿] である。

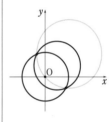

> ヒント 基本事項④参照

TRY 問題

☑**59** 円と直線の共有点の個数を求めるとき，次の 2 通りの方法がある。

　　　　方法①：2 次方程式の判別式を利用

　　　　方法②：点と直線の距離の公式を利用

方法①と方法②のいずれかを用いて，次の方程式で表される円
と直線の共有点の個数を求めよ。

(1) 円 $\left(x-\dfrac{11}{6}\right)^2+\left(y+\dfrac{9}{8}\right)^2=\dfrac{1}{25}$，直線 $6x+8y-1=0$ ア[＿＿＿] 個

(2) 円 $x^2-39x+y^2-15=0$，直線 $y=4x+4$ イ[＿＿＿] 個

> ヒント 方程式の形から方法①と方法②を使い分ける

14 軌　跡

 基 本 事 項

① **軌跡を求める手順**

[1] 軌跡上の任意の点の座標を $(x,\ y)$ として軌跡の条件を $x,\ y$ の間の関係式で表す。

[2] 軌跡の方程式を導き，その方程式の表す図形を求める。

[3] その図形上の任意の点が条件を満たしていることを確かめる。

② **媒介変数と軌跡**　$x=f(t),\ y=g(t)$

[1] t の値を1つ定めると点 $(x,\ y)$ が定まり，t の変化につれて，点 $(x,\ y)$ は1つの曲線を描く。

[2] $x=f(t),\ y=g(t)$ から t が消去できると，$x,\ y$ だけの方程式が得られる。

（例）　$x=t,\ y=2t+1 \longrightarrow y=2x+1$ ［直線］

　　　　$x=t+1,\ y=t^2 \longrightarrow y=(x-1)^2$ ［放物線］

□**60** 2定点 A$(-3,\ 0)$，B$(1,\ 0)$ からの距離の比が $3:1$ である点 P

の軌跡は，ア $\boxed{}$ $=0$ であるから，中心が点

イ $\boxed{}$，半径が ウ $\boxed{}$ の円である。

ヒント アポロニウスの円

□**61** 放物線 $y=x^2-2ax+1$ において，実数 a の値が変化するとき，

この放物線の頂点は曲線 $\boxed{}$ 上を動く。

ヒント 頂点の x 座標，y 座標を a で表し，a を消去する

□**62** 点 Q が円 $x^2+(y-6)^2=9$ 上を動くとき，原点 O と Q を結ぶ線

分を $1:2$ に内分する点 P の軌跡の方程式は $\boxed{}$ であ

る。

ヒント Q$(s,\ t)$ とすると $s^2+(t-6)^2=9$

□**63** 2直線 $a(x+1)+y=0$，$x-ay-1=0$ はそれぞれ定点

ア $\boxed{}$，イ $\boxed{}$ を通り，2直線のなす角は

ウ $\boxed{}°$ であるから，2直線の交点 P は中心が点

エ $\boxed{}$，半径が オ $\boxed{}$ の円上にある。

ヒント 2直線は直交する

補　足

・**アポロニウスの円**

2点 A，B からの距離の比が $m:n\ (m\neq n)$ である点 P の軌跡は次のような円である。

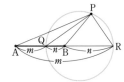

線分 AB を

$m:n$ に内分する点 Q

$m:n$ に外分する点 R

として線分 QR を直径とする円

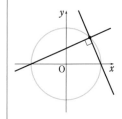

TRY 問題

□**64** 太郎さんと花子さんが次の問題について話している。

[問題] xy 平面上に原点 $O(0, 0)$ を中心とする半径 1 の円 C と点 $A(1, 0)$ がある。円 C 上を動く点 P に対して，3 点 O，A，P が三角形を作るとき，その三角形の重心を G とする。点 G の軌跡は，中心が点 □，半径が □ の円 C' である。ただし，2 点 □，□ は除く。

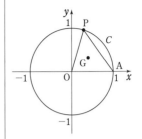

> 太郎：$P(s, t)$ とすると，△OAP の重心の座標は
> $\left({}^{ア}\boxed{},\ {}^{イ}\boxed{}\right)$ と表せるね。
>
> 花子：$G(x, y)$ とすれば，$x={}^{ア}\boxed{}$，$y={}^{イ}\boxed{}$ だから $s={}^{ウ}\boxed{}$，$t={}^{エ}\boxed{}$ ……① となるね。
>
> 太郎：点 P は円 C 上にあるから ${}^{オ}\boxed{}$ が成り立ち，① を代入すれば，点 G は方程式 ${}^{カ}\boxed{}$ で表される図形上にあることがわかるよ。これは中心が点 ${}^{キ}\boxed{}$，半径が ${}^{ク}\boxed{}$ の円を表すね。
>
> 花子：でも，この円から除く点があるみたいね。どうして点 G は円 C' 上をすべて動くことにならないんだろう。
>
> 太郎：あっ！図をかいて考えてみると，点 P が<u>こんな位置にあるとき</u>は除く必要があるよ。
>
> 花子：本当だ！ということは，点 G の軌跡はさっきの円 C' から，2 点 ${}^{ケ}\boxed{}$，${}^{コ}\boxed{}$ を除いたものになるね。

円 C 上のさまざまな点 P について，△OAP を考える。

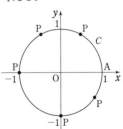

波下線部について具体的に述べた文として適当なものを，次の ⓪ ～ ③ のうちから一つ選べ。${}^{サ}\boxed{}$

⓪ 点 O からの距離と点 A からの距離の比が 2：1 となる位置

① 2 点 O，A から等距離となる位置

② △OAP が直角三角形となる位置

③ 直線 OA 上となる位置

ヒント 三角形の重心の座標については $p.20$ の基本事項 ① [3] を参照

29

15 領 域 数学Ⅱ

① 不等式の表す領域

[1] $\begin{cases} y>f(x) \text{ の表す領域 }\longrightarrow \text{ 曲線 } y=f(x) \text{ の上側の部分} \\ y<f(x) \text{ の表す領域 }\longrightarrow \text{ 曲線 } y=f(x) \text{ の下側の部分} \end{cases}$

[2] $\begin{cases} (x-a)^2+(y-b)^2<r^2 \text{ の表す領域 }\longrightarrow \text{ 円 } (x-a)^2+(y-b)^2=r^2 \text{ の内部} \\ (x-a)^2+(y-b)^2>r^2 \text{ の表す領域 }\longrightarrow \text{ 円 } (x-a)^2+(y-b)^2=r^2 \text{ の外部} \end{cases}$

② 領域における最大・最小

（最大・最小を求める式）$=k$ とおいて，このグラフが領域と共有点をもつような k の最大・最小を調べる。

□**65** 次のような不等式で表される領域⓪〜③がある。

⓪ $x>0$ かつ $y>0$　　　① $x+y>0$

② $x^2+y^2>0$　　　③ $x+y>0$ かつ $xy>0$

(1) ①〜③のうち⓪と同じ領域であるのは $\boxed{}^{\text{ア}}$ である。

(2) 他のすべての領域を内部に含む領域は $\boxed{}^{\text{イ}}$ である。

補 足

$xy>0$
$\iff (x>0 \text{ かつ } y>0)$
　または
　$(x<0 \text{ かつ } y<0)$

ヒント $x^2+y^2>0$ が成り立たないのは $x=y=0$ のときのみである

□**66** 次の不等式の表す領域を右の図より番号で選べ。

境界線は，(1) は含まず，(2) は含む。

(1) $x^2-y^2>0$ は $\boxed{}^{\text{ア}}$ と $\boxed{}^{\text{イ}}$

(2) $(x^2-y)(x^2+y^2-4)\leqq 0$ は

$\boxed{}^{\text{ウ}}$ と $\boxed{}^{\text{エ}}$

(1) 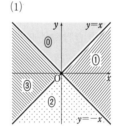　(2)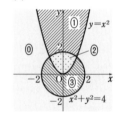

ヒント $AB>0 \iff A>0,\ B>0$ または $A<0,\ B<0$

□**67** $x,\ y$ が $2x+y\leqq 4,\ x+2y\leqq 3,\ x\geqq -1,\ y\geqq -1$ を満たすとき，

$x+y$ の最大値は $\boxed{}^{\text{ア}}$，最小値は $\boxed{}^{\text{イ}}$ である。

また，最大となるとき $x=\boxed{}^{\text{ウ}}$，$y=\boxed{}^{\text{エ}}$，

最小となるとき $x=\boxed{}^{\text{オ}}$，$y=\boxed{}^{\text{カ}}$ である。

ヒント $x+y=k$ とおく。これは傾き -1，y 切片 k の直線を表す

☐**68** 太郎さんと花子さんが次の問題について話している。

問題 実数 x, y に対して

(A)：$x^2+y^2-4x+6y+9 \leqq 0$ ならば $x+4y \leqq 4$

の真偽を不等式の表す領域を図示することで調べよ。

また，この命題(A)の逆の真偽も調べよ。

> 太郎：$x^2+y^2-4x+6y+9 \leqq 0$ と $x+4y \leqq 4$ の表す領域を 1
>
> つの座標平面に図示すると，$\overset{\text{ア}}{\boxed{}}$ のようになるね。
>
> 花子：この図から，命題(A)は $\overset{\text{イ}}{\boxed{}}$ であることがわかる
>
> ね。((イ)には「真」「偽」のいずれかが入る)
>
> 太郎：次に命題(A)の逆の真偽を考えよう。
>
> さっきと同じように不等式の表す領域から，逆は偽と
>
> いうことがわかるよ。

(1) $\overset{\text{ア}}{\boxed{}}$ について，$x^2+y^2-4x+6y+9 \leqq 0$ が表す領域 P（青
い部分）と，$x+4y \leqq 4$ が表す領域 Q（斜線部分）を正しく図
示したものを，次の⓪～③のうちから一つ選べ。ただし，ど
の図も境界線を含むものとする。

⓪ 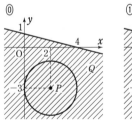　① 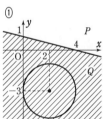　② 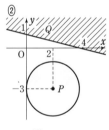　③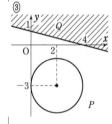

(2) 右の図の点⓪～④のうち，その座標
(x, y) が命題(A)の逆の反例となっ
ているものを二つ選べ。$\overset{\text{ウ}}{\boxed{}}$

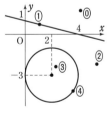

ヒント (2)「$x+4y \leqq 4$ ならば $x^2+y^2-4x+6y+9 \leqq 0$」の反例となるものを選
ぶ

2つの条件 p, q につい
て，条件 p を満たすも
の全体の集合を P，条件
q を満たすもの全体の集
合を Q とすると

「p ならば q が真である」
$\Longleftrightarrow$「$P \subset Q$ が成り立
つ」

$x^2+y^2-4x+6y+9 \leqq 0$
$\Longleftrightarrow (x-2)^2+(y+3)^2 \leqq 4$
$x+4y \leqq 4$
$\Longleftrightarrow y \leqq -\dfrac{1}{4}x+1$

16 三角関数の性質とグラフ　数学II

① 三角関数の相互関係

[1] $\tan\theta=\dfrac{\sin\theta}{\cos\theta}$　　[2] $\sin^2\theta+\cos^2\theta=1$　　[3] $1+\tan^2\theta=\dfrac{1}{\cos^2\theta}$

② 三角関数の性質　　[1]の n は整数，[3]，[4]では複号同順

[1] $\begin{cases} \sin(\theta+2n\pi)=\sin\theta \\ \cos(\theta+2n\pi)=\cos\theta \\ \tan(\theta+2n\pi)=\tan\theta \end{cases}$　[2] $\begin{cases} \sin(-\theta)=-\sin\theta \\ \cos(-\theta)=\cos\theta \\ \tan(-\theta)=-\tan\theta \end{cases}$

[3] $\begin{cases} \sin(\pi\pm\theta)=\mp\sin\theta \\ \cos(\pi\pm\theta)=-\cos\theta \\ \tan(\pi\pm\theta)=\pm\tan\theta \end{cases}$　[4] $\begin{cases} \sin\left(\dfrac{\pi}{2}\pm\theta\right)=\cos\theta \\ \cos\left(\dfrac{\pi}{2}\pm\theta\right)=\mp\sin\theta \\ \tan\left(\dfrac{\pi}{2}\pm\theta\right)=\mp\dfrac{1}{\tan\theta} \end{cases}$

③ 周期関数　　[1] $f(x+p)=f(x)$ $[p\neq0]$ を満たす関数。

普通，最小の正の数 p が周期。

[2] $f(x)$ の周期が p なら $f(kx)$ の周期は $\dfrac{p}{|k|}$ $(k\neq0)$

④ 三角関数のグラフ

[1] $y=\sin\theta$　周期 2π，$-1\leqq y\leqq1$，原点に関して対称

[2] $y=\cos\theta$　周期 2π，$-1\leqq y\leqq1$，y 軸に関して対称

[3] $y=\tan\theta$　周期 π，y はすべての実数値をとる。原点に関して対称。漸近線は直線 $\theta=\dfrac{\pi}{2}+n\pi$

□**69** $\pi<\theta<\dfrac{3}{2}\pi$ とする。$\sin\theta-\cos\theta=\dfrac{1}{2}$ のとき，

$\sin\theta\cos\theta=$ ${}^{\mathrm{ア}}\boxed{}$，　$\sin\theta+\cos\theta=$ ${}^{\mathrm{イ}}\boxed{}$，

$\sin^3\theta+\cos^3\theta=$ ${}^{\mathrm{ウ}}\boxed{}$ である。

 $\sin^3\theta+\cos^3\theta$ は $\sin\theta$，$\cos\theta$ の対称式

補 足

主な対称式

x^2+y^2

$=(x+y)^2-2xy$

x^3+y^3

$=(x+y)^3-3xy(x+y)$

$=(x+y)(x^2-xy+y^2)$

□**70** (1) $\sin\dfrac{21}{4}\pi\cos\dfrac{15}{4}\pi+\tan\dfrac{17}{4}\pi=$ ${}^{\mathrm{ア}}\boxed{}$

(2) $\sin(\pi-\theta)\cos\left(\dfrac{\pi}{2}-\theta\right)-\cos(\pi+\theta)\sin\left(\dfrac{\pi}{2}+\theta\right)=$ ${}^{\mathrm{イ}}\boxed{}$

ヒント (1) 基本事項 ② [1]　(2) 基本事項 ② [3][4]

□**71** (1) 関数 $y=2\sin3\theta$ の周期は $^{\boxed{ア}}$ ，y の最大値は $^{\boxed{イ}}$ ，

最小値は $^{\boxed{ウ}}$ である。

(2) $y=\cos2\theta$ のグラフ（右の図）において $a=^{\boxed{エ}}$ ，$b=^{\boxed{オ}}$ である。

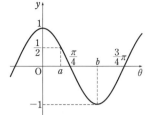

(1) $k>0$ のとき，$\sin k\theta$ の周期は $\dfrac{2\pi}{k}$

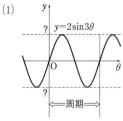

□**72** 関数 $f(\theta)=\sqrt{2}\cos\left(2\theta+\dfrac{\pi}{3}\right)$ において，$y=f(\theta)$ のグラフは，

$y=\cos2\theta$ のグラフを θ 軸方向に $^{\boxed{ア}}$ だけ平行移動し，θ 軸をもとにして y 軸方向に $^{\boxed{イ}}$ 倍に拡大したものである。

一般に $y=f(x)$ のグラフに対し
$y=f(x-p)+q$：
x 軸方向に p，y 軸方向に q だけ平行移動
$y=af(x)$：
x 軸をもとにして y 軸方向に a 倍に拡大

$f(\theta)=\sqrt{2}\cos2\left(\theta+\dfrac{\pi}{6}\right)$ として考える

TRY 問題

□**73** 次の (1)～(4) の三角関数のグラフとして最も適当なものを，下の ⓪～⑤ のうちから一つずつ選べ。ただし，同じものを選んでもよい。また，図の点線は $y=\cos\theta$ のグラフである。

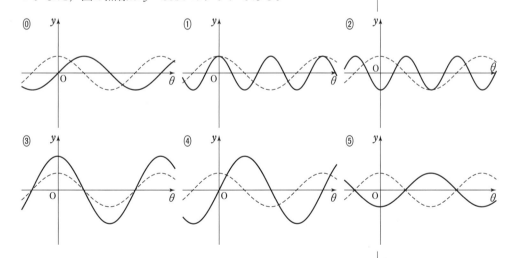

(1) $y=\cos2\theta$ $^{\boxed{ア}}$　　(2) $y=2\cos\left(\theta-\dfrac{\pi}{2}\right)$ $^{\boxed{イ}}$

(3) $y=2\cos\theta$ $^{\boxed{ウ}}$　　(4) $y=2\cos\left(\theta+\dfrac{3}{2}\pi\right)$ $^{\boxed{エ}}$

平行移動，対称移動，周期，最大値などに注目する

17 三角関数と方程式・不等式　数学II

基本事項

① 三角関数を含む方程式

[1] $\sin\theta=a$ ── 直線 $y=a$ と円の交点に注目する。

[2] $\cos\theta=a$ ── 直線 $x=a$ と円の交点に注目する。

[3] $\tan\theta=a$ ── 点 T$(1,\ a)$ をとり，直線 OT と円の交点に注目する。

② 三角関数を含む不等式

[1] 不等号を等号におきかえて，その方程式の解を求める。

[2] 単位円またはグラフを利用して，不等式の解の範囲を定める。

③ 三角関数の最大・最小

[1] $\sin\theta=t$ などとおくことにより，t についての関数の最大・最小の問題に帰着させる。ただし，t のとりうる値の範囲に注意。

[2] 三角関数の合成（$p.\ 36$ 参照）を利用。

---

74 $0\leqq\theta<2\pi$ のとき，次の方程式，不等式を解け。

補　足

(1) $2\sin\theta=1$

$\theta=$ ア ☐

(2) $\sqrt{2}\cos\theta+1=0$

$\theta=$ イ ☐

(3) $\tan\theta=-\sqrt{3}$

$\theta=$ ウ ☐

(4) $2\sin\theta+\sqrt{3}<0$

エ ☐

(5) $1-2\cos\theta>0$

オ ☐

(6) $1-\sqrt{3}\tan\theta\leqq0$

カ ☐

(6) $\tan\theta$ については，$\theta\neq\dfrac{\pi}{2}$, $\theta\neq\dfrac{3}{2}\pi$ に注意する。

ヒント 単位円またはグラフを利用

---

75 (1) 方程式 $2\cos^2\theta+3\sin\theta=0$ $(0\leqq\theta<2\pi)$ の解は

$\theta=$ ア ☐ である。

(2) 方程式 $\sqrt{3}\tan^2\theta-2\tan\theta-\sqrt{3}=0$ $(0\leqq\theta<2\pi)$ の解は

$\theta=$ イ ☐ である。

(2) $\tan\theta$ の 2 次式を因数分解する。

(3) 不等式 $\cos\theta+2\sin^2\theta<1$ $(0\leqq\theta<2\pi)$ を満たす θ の値の範囲は ウ ☐ である。

ヒント (1), (3)は $\sin^2\theta+\cos^2\theta=1$ を利用して，1 種類の三角関数で表す

また，$-1\leqq\sin\theta\leqq1$，$-1\leqq\cos\theta\leqq1$ に注意

□**76** $0 \leq \theta < 2\pi$ のとき，方程式 $\sin\left(2\theta - \dfrac{\pi}{6}\right) = \dfrac{1}{2}$ を解く。

補　足

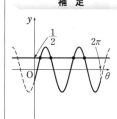

$2\theta - \dfrac{\pi}{6} = t$ とおくと，$^{ア}\boxed{} \leq t < {}^{イ}\boxed{}$ であるから，

$\sin t = \dfrac{1}{2}$ を解くと，t の値は小さい順に

$t = {}^{ウ}\boxed{}$ ，$^{エ}\boxed{}$ ，$^{オ}\boxed{}$ ，$^{カ}\boxed{}$ である。

よって，θ の値は小さい順に

$\theta = {}^{キ}\boxed{}$ ，$^{ク}\boxed{}$ ，$^{ケ}\boxed{}$ ，$^{コ}\boxed{}$ である。

ヒント $2\theta - \dfrac{\pi}{6} = t \iff \theta = \dfrac{t}{2} + \dfrac{\pi}{12}$

TRY 問題

□**77** 太郎さんと花子さんが次の問題について話している。

問題 $0 \leq \theta \leq \dfrac{\pi}{2}$ のとき，関数 $y = 3\cos^2\theta + 8\sin\theta$ の最大値と最小値を求めよ。

太郎：右辺は $t = {}^{ア}\boxed{}$ とおけば，t の2次式

$^{イ}\boxed{}$ とみることができるよ。

（(ア)には「$\sin\theta$」「$\cos\theta$」のいずれかが入る）

花子：$y = {}^{イ}\boxed{}$ のグラフは，軸が直線 $t = {}^{ウ}\boxed{}$

で上に凸の放物線だね。

太郎：ということは，頂点の y 座標が最大値で，最小値はなしでいいかな。

花子：ちょっとまって！ t のとりうる値の範囲は

$^{エ}\boxed{}$ だから，正しくは $t = {}^{オ}\boxed{}$ で最大

値をとり，$t = {}^{カ}\boxed{}$ で最小値をとるよ。

$0 \leq \theta \leq \dfrac{\pi}{2}$ のとき，$y = 3\cos^2\theta + 8\sin\theta$ は，$\theta = {}^{キ}\boxed{}$ で最大値

$^{ク}\boxed{}$ をとり，$\theta = {}^{ケ}\boxed{}$ で最小値 $^{コ}\boxed{}$ をとる。

ヒント $\sin^2\theta + \cos^2\theta = 1$ を利用して，1種類の三角関数で表す

18 加 法 定 理

数学II

基 本 事 項

① **加法定理** 複号同順とする。

[1] $\sin(\alpha\pm\beta)=\sin\alpha\cos\beta\pm\cos\alpha\sin\beta$

[2] $\cos(\alpha\pm\beta)=\cos\alpha\cos\beta\mp\sin\alpha\sin\beta$

[3] $\tan(\alpha\pm\beta)=\dfrac{\tan\alpha\pm\tan\beta}{1\mp\tan\alpha\tan\beta}$

② **2倍角，半角の公式**

[1] 2倍角の公式 $\sin 2\alpha=2\sin\alpha\cos\alpha$

$\cos 2\alpha=\cos^2\alpha-\sin^2\alpha=1-2\sin^2\alpha=2\cos^2\alpha-1$

$\tan 2\alpha=\dfrac{2\tan\alpha}{1-\tan^2\alpha}$

[2] 半角の公式 $\sin^2\dfrac{\alpha}{2}=\dfrac{1-\cos\alpha}{2}$, $\cos^2\dfrac{\alpha}{2}=\dfrac{1+\cos\alpha}{2}$, $\tan^2\dfrac{\alpha}{2}=\dfrac{1-\cos\alpha}{1+\cos\alpha}$

③ **三角関数の合成** $a\neq0$ または $b\neq0$ とする。

$a\sin\theta+b\cos\theta=\sqrt{a^2+b^2}\sin(\theta+\alpha)$

ただし $\sin\alpha=\dfrac{b}{\sqrt{a^2+b^2}}$, $\cos\alpha=\dfrac{a}{\sqrt{a^2+b^2}}$

□**78** (1) $\sin\alpha=\dfrac{3}{5}$ $\left(0<\alpha<\dfrac{\pi}{2}\right)$, $\cos\beta=-\dfrac{4}{5}$ $\left(\dfrac{\pi}{2}<\beta<\pi\right)$ のとき,

$\sin(\alpha+\beta)=$ ⁷$\boxed{}$, $\cos(\alpha-\beta)=$ ⁱ$\boxed{}$ である。

(2) α, β はともに鋭角とする。$\tan\alpha=\dfrac{1}{2}$, $\tan\beta=\dfrac{1}{3}$ のとき,

$\alpha+\beta=$ ⁿ$\boxed{}$ である。

補 足

(1) $\cos\alpha>0$, $\sin\beta>0$

(2) $0<\alpha+\beta<\pi$

ヒント (1) まず, $\cos\alpha$, $\sin\beta$ の値を求める

(2) $\tan(\alpha+\beta)$ の値を求める

□**79** $0\leqq\theta<2\pi$ のとき，次の方程式，不等式を解け。

(1) $\sin 2\theta+\cos\theta=0$ $\qquad\theta=$ ⁷$\boxed{}$

(2) $\cos 2\theta>1+3\cos\theta$ $\qquad$ ⁱ$\boxed{}$

(3) $\sin\theta-\sqrt{3}\cos\theta>1$ $\qquad$ ⁿ$\boxed{}$

ヒント (1), (2) 2倍角の公式 (3) 三角関数の合成

☑**80** (1) 関数 $y=2\sin\theta-\cos2\theta-1$ $(0\leqq\theta<2\pi)$ は $\theta=$ ^ア□□ で最

大値 ^イ□□ をとり, $\theta=$ ^ウ□□, ^エ□□ で最小値

^オ□□ をとる。

(2) 関数 $y=\sqrt{3}\sin\theta-\cos\theta$ $(0\leqq\theta\leqq\pi)$ は $\theta=$ ^カ□□ で最大値

^キ□□ をとり, $\theta=$ ^ク□□ で最小値 ^ケ□□ をとる。

ヒント (1) 2倍角の公式 (2) 三角関数の合成

☑**81** 2直線 $y=x$ と $y=3x$ のなす角を θ $\left(0<\theta<\dfrac{\pi}{2}\right)$ とするとき,

$\tan\theta=$ □□ である。

ヒント 2直線 $y=x$, $y=3x$ が x 軸の正の向きとのなす角を, それぞれ α, β とすると $\theta=\beta-\alpha$

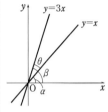

$\tan\alpha=1$, $\tan\beta=3$

TRY 問題

☑**82** 太郎さんと花子さんが次の問題について話している。

問題 $-2\sin\theta+2\sqrt{3}\cos\left(\theta-\dfrac{\pi}{3}\right)$ を $r\sin(\theta+\alpha)$ の形に変形せ

よ。ただし, $r>0$, $-\pi<\alpha\leqq\pi$ とする。

太郎：右の図から

$-2\sin\theta+2\sqrt{3}\cos\left(\theta-\dfrac{\pi}{3}\right)$ は

$4\sin\left(\theta+\dfrac{2}{3}\pi\right)$ と変形できるね。

花子：でも, ^ア□□ から, その答えは

間違っているよ。正しくは ^イ□□ だよ。

^ア□□ に当てはまるものを, 次の ⓪ ～ ② のうちから一つ選べ。

⓪ 太郎さんの答えは $r>0$, $-\pi<\alpha\leqq\pi$ を満たしていない

① $a\sin\theta+b\cos\theta'$ $(\theta\neq\theta')$ の形では合成できない

② もとの式の $\sin\theta$ の係数が -1 以上 1 以下でないと合成できない

ヒント 加法定理を用いて, $\cos\left(\theta-\dfrac{\pi}{3}\right)$ を展開する

37

19　指数・対数の計算

数学II

基　本　事　項

① 指数の拡張

[1] 定義　$a>0$ で，m と n が正の整数，r が正の有理数のとき

$$a^0=1,\quad a^{\frac{m}{n}}=\sqrt[n]{a^m}=(\sqrt[n]{a})^m,\quad a^{-r}=\frac{1}{a^r}$$

[2] 法則　$a>0$，$b>0$ で，r と s が有理数のとき

$$a^r a^s=a^{r+s},\quad (a^r)^s=a^{rs},\quad (ab)^r=a^r b^r,\quad \frac{a^r}{a^s}=a^{r-s},\quad \left(\frac{a}{b}\right)^r=\frac{a^r}{b^r}$$

② 対数の性質　$a>0$，$a\neq1$，$M>0$，$N>0$，k は実数とする。

[1] 定義　$a^p=M\Longleftrightarrow p=\log_a M$　特に　$\log_a a=1$，$\log_a 1=0$，$\log_a \dfrac{1}{a}=-1$

[2] 性質　$\log_a MN=\log_a M+\log_a N$，$\log_a \dfrac{M}{N}=\log_a M-\log_a N$，$\log_a M^k=k\log_a M$

[3] 底の変換公式　$\log_a b=\dfrac{\log_c b}{\log_c a}$　（a，b，c は 1 と異なる正の数）

□**83** (1) $\sqrt[3]{54}\times\sqrt[3]{4}=$ ᵃ☐　　(2) $\left\{\left(\dfrac{8}{27}\right)^{\frac{5}{6}}\right\}^{-\frac{2}{5}}=$ ⁱ☐

(3) $\dfrac{8}{3}\sqrt[6]{9}+\sqrt[3]{24}+\sqrt[3]{\dfrac{1}{9}}=$ ᵘ☐

ヒント (3) $\sqrt[mn]{a}=\sqrt[m]{\sqrt[n]{a}}$ を利用

補　足

(3) $\sqrt[6]{9}=\sqrt[3]{\sqrt{9}}$

$\sqrt[3]{\dfrac{1}{9}}=\sqrt[3]{\dfrac{3}{3^3}}=\dfrac{\sqrt[3]{3}}{3}$

□**84** (1) $a>0$，$b>0$ とするとき，次の式を簡単にせよ。

$$(a^{\frac{1}{2}}-b^{\frac{1}{2}})(a^{\frac{1}{2}}+b^{\frac{1}{2}})(a+b)=\text{ᵃ}☐$$

$$(a^{3x}+a^{-3x})\div(a^x+a^{-x})=\text{ⁱ}☐$$

(2) $2^x+2^{-x}=3$ のとき，$4^x+4^{-x}=$ ᵘ☐，$8^x+8^{-x}=$ ᵉ☐

ヒント (1) (イ) $a^x=p$，$a^{-x}=q$ とおくと　（与式）$=(p^3+q^3)\div(p+q)$

(1) (ア) 左から順に展開する。

(2) $(2^x+2^{-x})^2$
　　$=4^x+4^{-x}+2$
$8^x+8^{-x}=(2^x)^3+(2^{-x})^3$
a^3+b^3
　　$=(a+b)^3-3ab(a+b)$

□**85** (1) $\log_{10}16+\log_{10}5-3\log_{10}2=$ ᵃ☐

(2) $\log_2\sqrt{12}-\dfrac{1}{2}\log_2 18+\log_2 6\dfrac{1}{2}=$ ⁱ☐

ヒント $\log_a MN=\log_a M+\log_a N$，$\log_a \dfrac{M}{N}=\log_a M-\log_a N$

対数の性質を利用して計算する。

86

(1) $(\log_2 3 + \log_4 9)(\log_3 8 - \log_9 2) = \boxed{}^{ア}$

(2) $\log_{10} 2 = a$, $\log_{10} 3 = b$ とする。次の値を a, b を用いて表せ。

$\log_{10} 5 = \boxed{}^{イ}$, $\log_{10} 72 = \boxed{}^{ウ}$, $\log_2 3 = \boxed{}^{エ}$

ヒント (1) 底の変換　(2) 対数の性質，底の変換

補　足

(1) 底を 2 にそろえる。

(2) $\log_{10} 5 = \log_{10} \dfrac{10}{2}$ と変形する。

87

(1) $3^x = 5^y = \sqrt{15}$ のとき，$\dfrac{1}{x} + \dfrac{1}{y} = \boxed{}^{ア}$ である。

(2) $\log_a x = 3$, $\log_b x = 8$, $\log_c x = 24$ のとき，$\log_{abc} x = \boxed{}^{イ}$ である。

ヒント (1) まず，x，y を求める　(2) $a^3 = b^8 = c^{24} = x$

(1) 対数の定義を用いて x，y を対数で表す。

(2) $(abc)^{24}$ を x で表す。

88

次の各組の数の大小を比較して，小さい順に並べよ。

(1) 2，$\sqrt[3]{4}$，$\sqrt[5]{64}$ について　$\boxed{}^{ア} < \boxed{}^{イ} < \boxed{}^{ウ}$

(2) $\sqrt{3}$，$\sqrt[3]{5}$，$\sqrt[4]{10}$ について　$\boxed{}^{エ} < \boxed{}^{オ} < \boxed{}^{カ}$

(3) $3\log_4 3$，$\log_2 9$，3 について　$\boxed{}^{キ} < \boxed{}^{ク} < \boxed{}^{ケ}$

ヒント (1), (3) 底をそろえて比較　(2) 何乗かして比較

$a > 1$ のとき

・$p < q \Longleftrightarrow a^p < a^q$

・$0 < p < q \Longleftrightarrow \log_a p < \log_a q$

$0 < a < 1$ のとき

・$p < q \Longleftrightarrow a^p > a^q$

・$0 < p < q \Longleftrightarrow \log_a p > \log_a q$

TRY 問題

89

a を 1 でない正の実数とする。(1)～(4)のそれぞれの式について，正しいものを，次の⓪～③のうちから一つずつ選べ。ただし，同じものを選んでもよい。

(1) $\sqrt{a} \times \sqrt[3]{a} = \sqrt[6]{a}$　$\boxed{}^{ア}$

(2) $2^{2a} \div 2^2 = 2^a$　$\boxed{}^{イ}$

(3) $\log_2 a + \log_2 3 = \log_2 (a+3)$　$\boxed{}^{ウ}$

(4) $\log_{\sqrt{3}} a = \log_3 a^2$　$\boxed{}^{エ}$

⓪　式を満たす a の値は存在しない

①　式を満たす a の値はちょうど 1 つである

②　式を満たす a の値はちょうど 2 つである

③　どのような a の値を代入しても成り立つ式である

ヒント 基本事項①，②[2]，[3] 参照　(4) 底をそろえる

20 指数・対数の種々の問題(1)　数学II

基 本 事 項

① **指数方程式・不等式**　$a>0$, $a \neq 1$, b は定数とする。

　[1] 方程式　$a^x = a^b$ の解は　$x = b$

　[2] 不等式　$a^x > a^b$ の解は　　$a^x < a^b$ の解は

　　　$a > 1$ のとき　$x > b$　　　　$x < b$

　　　$0 < a < 1$ のとき　$x < b$　　$x > b$

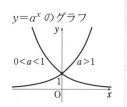

② **対数方程式・不等式**　$a > 0$, $a \neq 1$, b は正の定数とする。

　[1] 方程式　$\log_a x = \log_a b$ の解は　$x = b$

　[2] 不等式　$\log_a x > \log_a b$ の解は　$\log_a x < \log_a b$ の解は

　　　$a > 1$ のとき　$x > b$　　　　　$0 < x < b$

　　　$0 < a < 1$ のとき　$0 < x < b$　　　$x > b$

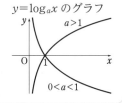

□**90** (1) $25^x = \dfrac{1}{5}$ を満たす x の値は，$x = \boxed{}^{ア}$ である。

(2) $4^x - 3 \cdot 2^x + 2 = 0$ の解は，小さい順に

　　$x = \boxed{}^{イ}$，$\boxed{}^{ウ}$ である。

(3) $\left(\dfrac{1}{9}\right)^x - \dfrac{1}{3^x} - 6 > 0$ を満たす x の値の範囲を求めたい。

　　$\left(\dfrac{1}{3}\right)^x = t$ とおくと，与えられた不等式は $\boxed{}^{エ}$

　　と表されるから，t の値の範囲は $\boxed{}^{オ}$ である。

　　よって，求める x の値の範囲は $\boxed{}^{カ}$ である。

補 足

(3) $a^x = t$ のおきかえ
　　$\longrightarrow$ $a^x > 0$ に注意。
　また，指数不等式では
　底と1の大小に注意す
　る。

ヒント (1) まず，底をそろえる　　(2), (3) おきかえ

□**91** (1) $\log_2 x + \log_2 (x-2) = 3$ を満たす x の値は $\boxed{}^{ア}$ である。

(2) $\log_{\frac{1}{3}} (7-x) > 2\log_{\frac{1}{3}} (x-1)$ を満たす x の値の範囲は

　　$\boxed{}^{イ}$ である。

(3) $\left(\log_{10} x\right)^2 - \log_{10} x^3 + 2 > 0$ を満たす x の値の範囲は

　　$\boxed{}^{ウ}$ である。

・**対数方程式・不等式**
　真数条件：
　　（真数）>0
　底の条件：
　　（底）>0, （底）$\neq 1$
　に注意。

ヒント まず真数が正の条件を求める　　(3) $\log_{10} x = t$ とおく

TRY 問題

☑**92** (1) 次の ☐ 内に適する番号を入れよ。ただし，同じものを選んでもよい。

   (i) $y=5^x$ のグラフと $y=\left(\dfrac{1}{5}\right)^{-x}$ のグラフは ^ア☐。

   (ii) $y=5^x$ のグラフと $y=-\left(\dfrac{1}{5}\right)^{x}$ のグラフは ^イ☐。

   (iii) $y=5^x$ のグラフと $y=\log_5 x$ のグラフは ^ウ☐。

   (iv) $y=\log_5 x$ のグラフと $y=\log_{\frac{1}{5}} x$ のグラフは ^エ☐。

    ⓪ 同一のものである

    ① x 軸に関して対称である

    ② y 軸に関して対称である

    ③ 原点に関して対称である

    ④ 直線 $y=x$ に関して対称である

(2) 次の (i)〜(iv) の対数関数のグラフとして最も適当なものを，下の ⓪〜⑤ のうちから一つずつ選べ。ただし，同じものを選んでもよい。また，図の点線は $y=\log_3 x$ のグラフである。

   (i) $y=\log_3 2x$ ^オ☐   (ii) $y=\log_3 \dfrac{x}{2}$ ^カ☐

   (iii) $y=\log_9 x$ ^キ☐   (iv) $y=\log_3 \dfrac{1}{x}$ ^ク☐

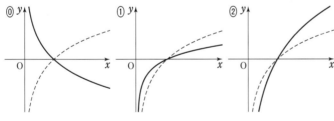

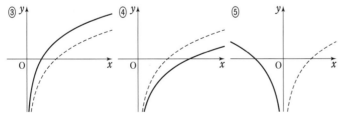

ヒント (1) 一般に $y=f(x)$ のグラフを x 軸，y 軸，原点に関して対称移動すると，それぞれ $y=-f(x)$, $y=f(-x)$, $y=-f(-x)$ となる

21 指数・対数の種々の問題(2)　数学Ⅱ

① **常用対数** $x = a \times 10^n$ $(1 \leqq a < 10,\ n$ は整数$)$ とすると $\log_{10} x = n + \log_{10} a$

② **桁数，小数首位**

  [1] $N \geqq 1,\ N$ の整数部分が n 桁

$$\Longleftrightarrow 10^{n-1} \leqq N < 10^n$$

$$\Longleftrightarrow n-1 \leqq \log_{10} N < n$$

  [2] $0 < N < 1,\ N$ は小数第 n 位に初めて 0 でない数字が現れる

$$\Longleftrightarrow \frac{1}{10^n} \leqq N < \frac{1}{10^{n-1}}$$

$$\Longleftrightarrow -n \leqq \log_{10} N < -n+1$$

☑**93** $0 \leqq x \leqq 2$ のとき，$y = 9^x - 2 \cdot 3^{x+1} + 1$ の最大値・最小値を求めたい。$3^x = t$ とおくと $y = {}^{\mathcal{P}}\boxed{}$ と表される。

${}^{\mathcal{イ}}\boxed{} \leqq t \leqq {}^{\mathcal{ウ}}\boxed{}$ であるから，y は

$t = {}^{\mathcal{エ}}\boxed{}$ すなわち $x = {}^{\mathcal{オ}}\boxed{}$ で最大値 ${}^{\mathcal{カ}}\boxed{}$

$t = {}^{\mathcal{キ}}\boxed{}$ すなわち $x = {}^{\mathcal{ク}}\boxed{}$ で最小値 ${}^{\mathcal{ケ}}\boxed{}$

をとる。

ヒント t のとりうる値の範囲に注意して最大値・最小値を求める

補 足

・**指数関数の最大・最小**

$a^x = t$ のおきかえにより，t の関数の最大・最小の問題に帰着させる。

☑**94** $y = 3^{2x} + 3^{-2x} - 2(3^x + 3^{-x}) + 1$ の最小値を求めたい。

$t = 3^x + 3^{-x}$ とおくと $y = {}^{\mathcal{ア}}\boxed{}$ と表される。

$t \geqq {}^{\mathcal{イ}}\boxed{}$ であるから，y は

$t = {}^{\mathcal{ウ}}\boxed{}$ すなわち $x = {}^{\mathcal{エ}}\boxed{}$ で最小値 ${}^{\mathcal{オ}}\boxed{}$ をとる。

ヒント t のとりうる値の範囲に注意して最小値を求める

□**95** $x \geqq 10$, $y \geqq 10$, $xy = 10^3$ のとき，$10 \leqq x \leqq \boxed{}^{ア}$ であり，

$(\log_{10}x)(\log_{10}y) = -(\log_{10}x)^2 + \boxed{}^{イ}\log_{10}x$ である。

よって，$10 \leqq x \leqq \boxed{}^{ア}$ において，$(\log_{10}x)(\log_{10}y)$ は

$x = \boxed{}^{ウ}$，$y = \boxed{}^{エ}$ で最大値 $\boxed{}^{オ}$ をとる。

ヒント $\log_{10}x = t$ とおくと，与式は t の 2 次関数である

補 足

・**対数関数の最大・最小**

$\log_a x = t$ のおきかえにより，t の関数の最大・最小の問題に帰着させる。

TRY 問題

□**96** 太郎さんと花子さんが次の問題について話している。

問題 2^{50}，5^{20} がそれぞれ何桁の整数であるか求めよ。必要ならば，$\log_{10}2 = 0.3010$ を用いてもよい。

太郎：桁数を調べるときは常用対数を利用すればいいね。

花子：常用対数は底が 10 の対数のことだったね。

太郎：2^{50} の常用対数をとって，$\log_{10}2 = 0.3010$ として計算すると $\log_{10}2^{50} = \boxed{}^{ア}$ となるよ。

（（ア）は小数第 3 位まで記述せよ）

花子：$\boxed{}^{イ} < \boxed{}^{ア} < \boxed{}^{イ} + 1$ だから，2^{50} の桁数が $\boxed{}^{ウ}$ 桁ってわかったね。

（（イ）には整数の値が入る）

太郎：同じように，5^{20} も桁数を考えてみよう。

花子：でも，$\log_{10}5$ の値がわからないよ。

太郎：大丈夫だよ。$\log_{10}5$ は $\log_{10}2$ を用いて<u>このように表せるから</u>，5^{20} も桁数を求めることができるよ。

(1) 波下線部について，$\log_{10}5$ を $\log_{10}2$ を用いて表したものとして，正しいものを次の⓪～④のうちから一つ選べ。$\boxed{}^{エ}$

⓪ $\dfrac{5}{2}\log_{10}2$ ① $(\log_{10}2)^5$ ② $5\log_{10}2$

③ $3 + \log_{10}2$ ④ $1 - \log_{10}2$

(2) 5^{20} は $\boxed{}^{オ}$ 桁の数である。

ヒント $\log_{10}2^{50} = 50\log_{10}2$

43

22　導関数と接線　　数学Ⅱ

① **平均変化率と微分係数**　$A(a, f(a))$, $B(b, f(b))$, $a \neq b$ とする。

[1] 平均変化率　$m = \dfrac{f(b)-f(a)}{b-a}$　m は直線 AB の傾き

[2] 微分係数　$f'(a) = \lim\limits_{b \to a} \dfrac{f(b)-f(a)}{b-a} = \lim\limits_{h \to 0} \dfrac{f(a+h)-f(a)}{h}$　　$f'(a)$ は点Aにおける接線の傾き

② **導関数**

[1] 定義　$f'(x) = \lim\limits_{h \to 0} \dfrac{f(x+h)-f(x)}{h}$

[2] 導関数の公式　(i) $(x^n)' = nx^{n-1}$ (n は正の整数)　　c が定数のとき　$(c)' = 0$

(ii) k, l を定数とするとき

$\{kf(x)\}' = kf'(x)$, $\{f(x)+g(x)\}' = f'(x)+g'(x)$

$\{kf(x)+lg(x)\}' = kf'(x)+lg'(x)$

③ **接線の方程式**　曲線 $y=f(x)$ 上の点 $(a, f(a))$ における接線の方程式は

$y - f(a) = f'(a)(x-a)$　[傾きは $f'(a)$]

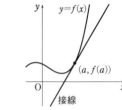

☐**97** (1) $f(x) = 2x^2 - x + 1$ について，$-1 \leqq x \leqq 3$ における平均変化率

は $^{ア}\boxed{}$，$x=2$ における微分係数は $^{イ}\boxed{}$ である。

(2) $f(x) = x^3 + ax + b$ (a, b は定数) の $x=2$ から $x=11$ までの

平均変化率が $f'(c)$ ($2 < c < 11$) に等しいとき，$c = ^{ウ}\boxed{}$

補　足

(1) (イ)

$f'(2) = \lim\limits_{h \to 0} \dfrac{f(2+h)-f(2)}{h}$

ヒント (1) 定義に従って計算する

☐**98** x の 2 次関数 $f(x)$ が，$f(0)=1$, $f(1)=0$, $f'(1)=1$ を満たすと

き $f(x) = ^{ア}\boxed{}$ であり，$f'(2) = ^{イ}\boxed{}$ である。

ヒント $f(x) = ax^2 + bx + c$ ($a \neq 0$) とおく

☐**99** 曲線 $y = x^3 + 3x^2$ 上の点 $(-3, 0)$ における接線 ℓ の傾きは

$^{ア}\boxed{}$ であり，接線 ℓ の方程式は $^{イ}\boxed{}$ である。また，

この曲線上の点 $\left(^{ウ}\boxed{}, ^{エ}\boxed{} \right)$ における接線は ℓ と平行

である。

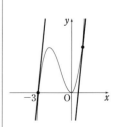

ヒント 曲線 $y=f(x)$ 上の点 $(a, f(a))$ における接線の傾きは $f'(a)$

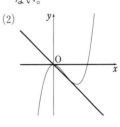
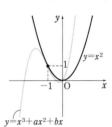

☐**100** (1) 点 A $(1, -2)$ を通り，曲線 $y=x^2+1$ に引いた接線の方程式
は $^{ア}\boxed{}$ と $^{イ}\boxed{}$ である。

(2) 曲線 $y=x^3-2x^2$ の接線で，原点を通るものの方程式は
$^{ウ}\boxed{}$ と $^{エ}\boxed{}$ である。

ヒント (1) 曲線上の点 (a, a^2+1) における接線が点 A $(1, -2)$ を通る

☐**101** 曲線 $y=x^3+ax^2+bx$ と放物線 $y=x^2$ は点 $(-1, 1)$ を共有点に
もち，かつ，この点で共通な接線 ℓ をもつ。このとき，
$a=$ $^{ア}\boxed{}$ ，$b=$ $^{イ}\boxed{}$ ，ℓ の方程式は $^{ウ}\boxed{}$ である。

ヒント 2つの曲線 $y=f(x)$ と $y=g(x)$ が $x=p$ で共通な接線をもつ
$\iff f(p)=g(p)$，$f'(p)=g'(p)$

TRY 問題

☐**102** 太郎さんと花子さんが次の問題について話している。

問題 導関数の定義にしたがって，関数 $f(x)=x^3$ の導関数
$f'(x)$ を求めよ。

太郎：導関数の公式を使えば，答えは $f'(x)=$ $^{ア}\boxed{}$ とす
ぐにわかるね。

花子：関数 $f(x)$ の導関数 $f'(x)$ の定義は

$$f'(x)=\lim_{h\to 0}\frac{f\left(^{イ}\boxed{}\right)-f\left(^{ウ}\boxed{}\right)}{^{エ}\boxed{}}$$

だから，この定義にしたがって，計算していくと

$$f'(x)=\lim_{h\to 0}\frac{^{オ}\boxed{}^3-^{カ}\boxed{}^3}{^{キ}\boxed{}}$$

$$=\lim_{h\to 0}\frac{^{ク}\boxed{}}{^{キ}\boxed{}}=\lim_{h\to 0}\left(^{ケ}\boxed{}\right)=^{ア}\boxed{}$$

となるね。

ヒント 一般に，関数 $f(x)$ において，x のとる各値 a に対して微分係数
$f'(a)$ を対応させた関数を，もとの関数 $f(x)$ の導関数という

補 足

(1) A は曲線上の点では
ない。

(2)

$y=x^2$

$y=x^3+ax^2+bx$

45

基本事項

＊＊＊関数 $f(x)$ は整式で表されたものとする。

① **関数の増減**

[1] 常に $f'(x)>0$ である区間では，$f(x)$ は単調に増加する。

[2] 常に $f'(x)<0$ である区間では，$f(x)$ は単調に減少する。

[3] 常に $f'(x)=0$ である区間では，$f(x)$ は定数である。

注意 $f(x)$ が1次以上の整式のときは

$f(x)$ は単調に増加 $\iff f'(x)\geqq0$，$f(x)$ は単調に減少 $\iff f'(x)\leqq0$

② **極大・極小** 関数 $f(x)$ が $x=a$ の前後で

[1] 増加から減少に変わるとき $f(x)$ は $x=a$ で極大で，極大値 $f(a)$

[2] 減少から増加に変わるとき $f(x)$ は $x=a$ で極小で，極小値 $f(a)$

[3] 関数 $f(x)$ が $x=a$ で極値をとる $\implies f'(a)=0$

［ただし，逆は成り立たない］

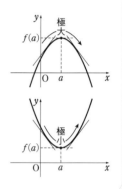

□**103** 関数 $y=x^3-3x^2+2$ の増減を調べると

$x\leqq$ ^ア ，^イ ≦ x で単調に増加し，

^ウ 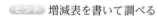 ≦ $x\leqq$ ^エ で単調に減少するから

$x=$ ^オ で極大値 ^カ

$x=$ ^キ で極小値 ^ク をとる。

補足

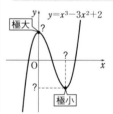

$y=x^3-3x^2+2$

極大 ? 極小 ?

ヒント 増減表を書いて調べる

□**104** 右の図は，x の関数 $y=ax^3+bx^2+cx+d$ のグラフである。次の式の符号を調べ，枠内に ＞，＜，＝ のいずれかを入れよ。

d ^ア 0，$a+b+c+d$ ^イ 0，

c ^ウ 0，$3a+2b+c$ ^エ 0，

$3a-2b+c$ ^オ 0，$3a+4b+4c$ ^カ 0

$f(0)$，$f(1)$，
$f'(0)$，$f'(1)$，
$f'(-1)$，$f'\left(\dfrac{1}{2}\right)$ の符号

ヒント $y=f(x)$ として，$f(x)$ または $f'(x)$ に適当な数値を代入する。$f(x)$ が，増加または減少のいずれかの状態にあるかなどに注目

☑**105** (1) 関数 $f(x)=x^3+ax^2+bx+12$ が $x=-3$ と $x=1$ で極値をとるとき，定数 a，b の値は，$a=\boxed{}^{ア}$，$b=\boxed{}^{イ}$ であり，$f(x)$ の極小値は $\boxed{}^{ウ}$ である。

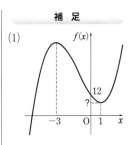

(1)

(2) 関数 $f(x)=ax^3+bx^2+cx$ は $x=3$ で極大値をとり，$x=-1$ で極小値をとる。また，極大値と極小値の差 $f(3)-f(-1)$ は 32 である。このとき，定数 a，b，c の値は

$a=\boxed{}^{エ}$，$b=\boxed{}^{オ}$，$c=\boxed{}^{カ}$ である。

ヒント $f(x)$ が $x=\alpha$ で極値をとる $\Longrightarrow f'(\alpha)=0$

☑**106** x の関数 $y=2x^3-3(a+1)x^2+6ax$ について

(1) $y'=0$ を満たす x の値は，$x=\boxed{}^{ア}$，$\boxed{}^{イ}$ である。

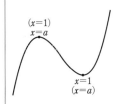

$(x=1)$
$x=a$

$x=1$
$(x=a)$

(2) 極小値をもつとき，$a\neq\boxed{}^{ウ}$ であり

$a<\boxed{}^{ウ}$ のとき，極小値は $\boxed{}^{エ}$

$\boxed{}^{ウ}<a$ のとき，極小値は $\boxed{}^{オ}$ である。

(3) 極小値が 0 になるとき $a=\boxed{}^{カ}$，$\boxed{}^{キ}$ である。

ヒント $y'=0$ の 2 つの解の大小関係を考える

TRY 問題

☑**107** (1) 3 次関数 $f(x)$ が極値をもつための必要十分条件として，正しいものを，次の⓪〜④のうちから二つ選べ。$\boxed{}^{ア}$

 ⓪ 2 次方程式 $f'(x)=0$ の判別式の値が正である

 ① 2 次方程式 $f'(x)=0$ の判別式の値が 0 以下である

 ② $f'(t)=0$ となる実数 t が存在する

 ③ 関数 $y=f'(x)$ のグラフが x 軸と 2 点で交わる

 ④ 関数 $y=f(x)$ のグラフが x 軸と 3 点で交わる

(2) $f(x)=x^3-3ax^2+3x-1$ とする。関数 $f(x)$ が極値をもつときの定数 a の値の範囲は $\boxed{}^{イ}$ である。

ヒント (2) 2 次方程式 $f'(x)=0$ の判別式を考える

関数の最大・最小

区間 $a \leqq x \leqq b$ における関数 $f(x)$ の最大値・最小値は

[1] まず，$a \leqq x \leqq b$ における $f(x)$ の増減表を作って極値を求める。

[2] 次に，極値と区間の両端の値 $f(a)$，$f(b)$ とを比較して決定する。

注意 極大値，極小値は，必ずしも最大値，最小値ではない。

また，与えられた区間が $a < x < b$ や $x \geqq a$ などの場合は，最大値や最小値がないこともある。

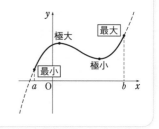

□**108** $-2 \leqq x \leqq 3$ における $f(x) = x^3 - 3x + 1$ の最大値，最小値を求めたい。この区間において，$f(x)$ は

$$x = \boxed{}^{ア} \text{ で極大値} \boxed{}^{イ}$$

$$x = \boxed{}^{ウ} \text{ で極小値} \boxed{}^{エ} \text{ をとる。}$$

また，$f(-2) = \boxed{}^{オ}$，$f(3) = \boxed{}^{カ}$ であるから，

$$x = \boxed{}^{キ} \text{ で最大値} \boxed{}^{ク}$$

$$x = \boxed{}^{ケ}，\boxed{}^{コ} \text{ で最小値} \boxed{}^{サ} \text{ をとる。}$$

ただし，(ケ) < (コ) とする。

補 足

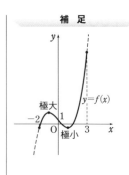

ヒント 極値と区間の両端の値を比較

□**109** 関数 $y = 4\sin^3\theta - 9\cos^2\theta - 12\sin\theta + 9$ $\left(0 \leqq \theta \leqq \dfrac{\pi}{2}\right)$ の最大値と最小値を求めたい。

$\sin\theta = x$ とおいて，y を x の式で表すと $y = \boxed{}^{ア}$

また，$0 \leqq \theta \leqq \dfrac{\pi}{2}$ のとき，x のとりうる値の範囲は $\boxed{}^{イ}$

(イ) の範囲における y の値の増減を調べることにより，y は

$$x = \boxed{}^{ウ} \text{ すなわち } \theta = \boxed{}^{エ} \text{ で最大値} \boxed{}^{オ}，$$

$$x = \boxed{}^{カ} \text{ すなわち } \theta = \boxed{}^{キ} \text{ で最小値} \boxed{}^{ク} \text{ をとる。}$$

ヒント おきかえたものの定義域内で増減を調べる

グラフの概形

0 ≦ x ≦ 1 の部分

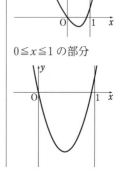

☑**110** $x+2y=3$，$x\geqq0$，$y\geqq0$ のとき，x^2y の最大値，最小値を求める。

(1) x のとりうる値の範囲は $^{ア}\boxed{}$ である。

(2) $y=^{イ}\boxed{}$ を x^2y に代入すると　$x^2y=^{ウ}\boxed{}$

ゆえに，$(x,\ y)=^{エ}\boxed{}$ で最大値 $^{オ}\boxed{}$，

$(x,\ y)=^{カ}\boxed{}$，$^{キ}\boxed{}$ で最小値

$^{ク}\boxed{}$ をとる。

ヒント 条件式から 1 文字を消去する。変域に注意

TRY 問題

☑**111** $\dfrac{8}{3}<a<4$ とする。関数 $f(x)=x^3-5x^2+7x-3$ の $0\leqq x\leqq a$ にお

ける最大値と最小値を求めたい。$f'(x)=^{ア}\boxed{}$ で，

$f'(x)=0$ とすると $x=^{イ}\boxed{}$，$^{ウ}\boxed{}$ である。ただし，

$(イ)<(ウ)$ とする。よって，増減表は次のようになる。

x	0	$\cdots$	$^{イ}\boxed{}$	$\cdots$	$^{ウ}\boxed{}$	$\cdots$	a
$f'(x)$		$+$	0	$-$	0	$+$	
$f(x)$	-3	$\nearrow$	$^{エ}\boxed{}$	$\searrow$	$^{オ}\boxed{}$	$\nearrow$	$f(a)$

(1) 上の増減表からただ 1 つに定まるものとして，正しくないものを，次の⓪〜③のうちから一つ選べ。$^{カ}\boxed{}$

⓪　極大値とそのときの x の値

①　極小値とそのときの x の値

②　最大値とそのときの x の値

③　最小値とそのときの x の値

(2) 関数 $f(x)$ の $0\leqq x\leqq a$ における最大値と最小値は

$\dfrac{8}{3}<a<^{キ}\boxed{}$ のとき，最大値 $^{ク}\boxed{}$，最小値 $^{ケ}\boxed{}$

$^{キ}\boxed{}\leqq a<4$ のとき，最大値 $^{コ}\boxed{}$，最小値 $^{サ}\boxed{}$

（$x=a$ のときの値が空欄に当てはまる場合は $f(a)$ と入れよ）

ヒント グラフをイメージして考える

25 不定積分・定積分

数学II

基 本 事 項

① 不定積分

$F'(x)=f(x)$ のとき $\displaystyle\int f(x)\,dx=F(x)+C$ （C は積分定数）

[1] $\displaystyle\int x^n dx=\frac{x^{n+1}}{n+1}+C$ （n は 0 または正の整数，C は積分定数）

[2] $\displaystyle\int \{kf(x)+lg(x)\}\,dx=k\int f(x)\,dx+l\int g(x)\,dx$ （k, l は定数）

② 定積分

$F'(x)=f(x)$ であるとき $\displaystyle\int_a^b f(x)\,dx=\Big[F(x)\Big]_a^b=F(b)-F(a)$

[1] $\displaystyle\int_a^b \{kf(x)+lg(x)\}\,dx=k\int_a^b f(x)\,dx+l\int_a^b g(x)\,dx$ （k, l は定数）

[2] $\displaystyle\int_a^a f(x)\,dx=0$　　[3] $\displaystyle\int_b^a f(x)\,dx=-\int_a^b f(x)\,dx$

[4] $\displaystyle\int_a^b f(x)\,dx=\int_a^c f(x)\,dx+\int_c^b f(x)\,dx$

[5] $f(x)$ が偶関数のとき $\displaystyle\int_{-a}^a f(x)\,dx=2\int_0^a f(x)\,dx$　$f(x)$ が奇関数のとき $\displaystyle\int_{-a}^a f(x)\,dx=0$

☐**112** 次の不定積分を求めよ。

(1) $\displaystyle\int (x-2)(x-3)\,dx=$ ⁷[　　　　]

(2) $\displaystyle\int (3-2t)(3t-2)\,dt=$ ⁱ[　　　　]

(3) $\displaystyle\int (2x+3)^2 dx=$ ⁹[　　　　]

補　足
積分定数 C を忘れずに
つける。

ヒント (2) dt とあるから，t についての積分　　(3) まず展開する

☐**113** 曲線 $y=f(x)$ は点 $(1,\ 2)$ を通り，この曲線上の点 $(x,\ f(x))$
における接線の傾きは $3x^2-2x+1$ で表されるという。

このとき，$f'(x)=$ ⁷[　　　　] であるから，C を積分定数と

して $f(x)=$ ⁱ[　　　　] $+C$ と表される。

$y=f(x)$ が点 $(1,\ 2)$ を通ることから　$C=$ ⁹[　　]

ゆえに，$f(x)=$ ㆓[　　　　] である。

$F'(x)=f(x)$

積分 $\downarrow$　$\uparrow$ 微分

$F(x)+C=\displaystyle\int f(x)\,dx$

ヒント 通る点の条件から，積分定数を決定する

☐**114** 次の定積分を求めよ。

(1) $\displaystyle\int_1^3 (3x^2 - x + 1)\,dx = $ ^ア☐

(2) $\displaystyle\int_{-2}^2 (x^3 + 6x^2 - 2x + 1)\,dx = $ ^イ☐

ヒント (2) 偶関数と奇関数に分けて考える

☐**115** 次の定積分を求めよ。

(1) $\displaystyle\int_{-1}^2 (3x^3 + x + 1)\,dx - \int_{-1}^2 (x^3 + 2x + 4)\,dx = $ ^ア☐

(2) $\displaystyle\int_{-3}^{-1} (x^2 + x - 6)\,dx + \int_{-1}^2 (x^2 + x - 6)\,dx = $ ^イ☐

ヒント (1) 基本事項 ② [1]　　(2) 基本事項 ② [4] を参照

☐**116** (1) $f(x) = \begin{cases} 2x^2 & (0 \leq x \leq 1) \\ 3 - x^2 & (1 \leq x \leq 3) \end{cases}$ のとき $\displaystyle\int_0^3 f(x)\,dx = $ ^ア☐

(2) $\displaystyle\int_{-1}^3 |x^2 + x - 6|\,dx = $ ^イ☐

ヒント 積分区間を分割して，定積分を求める
　　(2) 絶対値の定義に従って，| | をはずして考える

(2)
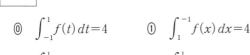

☐**117** $f(-1) = 0$, $f'(-2) = 0$, $\displaystyle\int_{-1}^2 f(x)\,dx = 18$ を満たす 2 次関数 $f(x)$

は，$f(x) = $ ^ア☐ である。

ヒント $f(x) = ax^2 + bx + c$ $(a \neq 0)$ とおく

TRY 問題

☐**118** 関数 $f(x)$ は $\displaystyle\int_{-1}^1 f(x)\,dx = 4$ を満たしているとする。このとき，

次の ⓪ 〜 ⑤ の等式のうち，誤りであるものを二つ選べ。

☐

⓪ $\displaystyle\int_{-1}^1 f(t)\,dt = 4$　　① $\displaystyle\int_1^{-1} f(x)\,dx = 4$

② $\displaystyle\int_{-1}^1 2f(x)\,dx = 8$　　③ $\displaystyle\int_{-1}^1 \{f(x) + x\}\,dx = 4$

④ $\displaystyle\int_1^1 f(x)\,dx = 0$　　⑤ $\displaystyle\int_{-1}^0 f(x)\,dx + \int_0^1 f(x)\,dx = 0$

ヒント 変数を表す文字が違うだけの定積分の値は等しい

26 定積分で表された関数 数学Ⅱ

基本事項

① **定積分と微分法の関係** $\dfrac{d}{dx}\displaystyle\int_a^x f(t)\,dt=f(x)$ （a は定数）

② **定積分で表された関数** $a,\ b$ は定数とする。

$f(x)=g(x)+\displaystyle\int_a^b f(t)\,dt$ のように，$\displaystyle\int_a^b f(t)\,dt$ を含む関数では

$\displaystyle\int_a^b f(t)\,dt=A$ （定数）とおいて $f(x)=g(x)+A$

$\displaystyle\int_a^b \{g(t)+A\}\,dt=A$ から，A の値を求め $f(x)$ を決定する。

☑**119** $f(x)=\displaystyle\int_0^1 (x^2-4xt-3t^2)\,dt$ の最小値について考える。

$$\int_0^1 (x^2-4xt-3t^2)\,dt=\boxed{\phantom{\text{ア}}}^{\text{ア}}$$

であるから，$f(x)$ は $x=\boxed{\phantom{\text{イ}}}^{\text{イ}}$ で最小値 $\boxed{\phantom{\text{ウ}}}^{\text{ウ}}$ をとる。

> ヒント dt であるから，t について積分する

補足
t 以外の文字 x は定数とみて積分する。

☑**120** (1) 関数 $f(x)$ が等式 $f(x)=2x+\displaystyle\int_0^2 f(t)\,dt$ を満たすとき，

$\displaystyle\int_0^2 f(t)\,dt=a$ とおき，a の値を求めると $a=\boxed{\phantom{\text{ア}}}^{\text{ア}}$

よって，$f(x)=\boxed{\phantom{\text{イ}}}^{\text{イ}}$ である。

(2) $f(x)=3\displaystyle\int_{-1}^1 xf(t)\,dt+\displaystyle\int_{-1}^1 tf(t)\,dt+3$ を満たす関数 $f(x)$ を求めたい。

与式は，$f(x)=3x\displaystyle\int_{-1}^1 f(t)\,dt+\displaystyle\int_{-1}^1 tf(t)\,dt+3$ と変形できる。

このとき $\displaystyle\int_{-1}^1 f(t)\,dt=a$，$\displaystyle\int_{-1}^1 tf(t)\,dt=b$ とおき，$a,\ b$ の値

を求めると $a=\boxed{\phantom{\text{ウ}}}^{\text{ウ}}$，$b=\boxed{\phantom{\text{エ}}}^{\text{エ}}$

したがって，$f(x)=\boxed{\phantom{\text{オ}}}^{\text{オ}}$ である。

> ヒント (2) x は積分定数 t と無関係であるから，定数として扱う

(1) $f(x)=2x+a$ から
$\displaystyle\int_0^2 (2t+a)\,dt=a$

(2) $f(x)=3ax+(b+3)$
$a=\displaystyle\int_{-1}^1 \{3at+(b+3)\}\,dt$
$b=\displaystyle\int_{-1}^1 \{3at^2+(b+3)\,t\}\,dt$

☑**121** (1) 関数 $f(x)=\displaystyle\int_0^x (t^2-2t-3)\,dt$ について $f'(x)=$ ^ア⬚

$f(x)$ を x の整式で表すと $f(x)=$ ^イ⬚

よって，$x=$ ^ウ⬚ で極大値 ^エ⬚ ，

$x=$ ^オ⬚ で極小値 ^カ⬚ をとる。

(2) $\displaystyle\int_x^a f(t)\,dt=x^2-2x$ が成り立つとき $f(x)=$ ^キ⬚

であり，定数 a の値は $a=$ ^ク⬚ ， ^ケ⬚ である。

ヒント (2) 両辺を x で微分する

補 足
(1) $f(x)$ は与えられた定
積分を計算して求める。

(2) $\displaystyle\int_x^a f(t)\,dt$
$=-\displaystyle\int_a^x f(t)\,dt$ に注意

☑**122** $f(x)=\displaystyle\int_0^2 |t-x|\,dt$ について

$x\leqq 0$ のとき $f(x)=$ ^ア⬚

$0\leqq x\leqq 2$ のとき $f(x)=$ ^イ⬚

$2\leqq x$ のとき $f(x)=$ ^ウ⬚

である。

よって，$f(x)$ は $x=$ ^エ⬚ で最小値 ^オ⬚ をとる。

また，$\displaystyle\int_{-1}^3 f(x)\,dx=$ ^カ⬚ である。

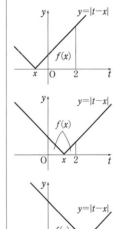

ヒント $f(x)$ は，$0\leqq t\leqq 2$ において $y=|t-x|$ のグラフと t 軸に挟まれた部分の面積を表す

TRY 問題

☑**123** 関数 $f(x)=3x^2-6x$ に対して，関数 $g(x)$ を

$g(x)=\displaystyle\int_0^1 f(t)\,dt+\int_0^x f(t)\,dt$ で定める。

(1) 関数 $g(x)$ の導関数 $g'(x)$ として正しいものを，次の⓪〜③
のうちから一つ選べ。 ^ア⬚

 ⓪ $g'(x)=\displaystyle\int_0^1 f(t)\,dt$ ① $g'(x)=f(x)$

 ② $g'(x)=f'(x)$ ③ $g'(x)=f(x)+f'(x)$

(2) $g(x)$ は $x=$ ^イ⬚ で極大値 ^ウ⬚ をとる。

ヒント $\displaystyle\int_0^1 f(t)\,dt$ と $\displaystyle\int_0^x f(t)\,dt$ は定積分の上端が異なる

27 面 積

   基 本 事 項

① 面積

図の斜線部分の面積 S は，次の定積分で表される。ただし，$a < c < b$ とする。

[1]

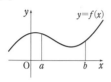

常に $f(x) \geqq 0$

$$S = \int_a^b f(x)\,dx$$

[2]

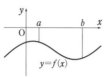

常に $f(x) \leqq 0$

$$S = -\int_a^b f(x)\,dx$$

[3]

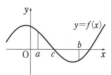

$$S = \int_a^c f(x)\,dx - \int_c^b f(x)\,dx$$

② 2曲線の間の面積

区間 $a \leqq x \leqq b$ において $f(x) \geqq g(x)$ のとき，
2つの曲線 $y = f(x)$，$y = g(x)$ および 2 直線
$x = a$，$x = b$ で囲まれた図形の面積 S は

$$S = \int_a^b \{f(x) - g(x)\}\,dx \quad [図1参照]$$

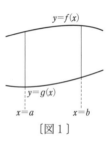

[図1]

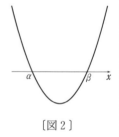

[図2]

③ 放物線と面積 　$\alpha < \beta$ とする。

放物線 $y = a(x - \alpha)(x - \beta)$ と x 軸で囲まれた図形

の面積 S は　$S = \dfrac{|a|}{6}(\beta - \alpha)^3$ ［図2参照］ $\left[\displaystyle\int_\alpha^\beta (x - \alpha)(x - \beta)\,dx = -\dfrac{1}{6}(\beta - \alpha)^3\right]$

☐**124** (1) 曲線 $y = x^2 - 2x - 3$ と x 軸で囲まれた図形の面積は ^ア☐

である。

(2) 曲線 $y = x^3 + x^2 - 2x$ と x 軸で囲まれた 2 つの部分の面積の和

は ^イ☐ である。

ヒント まず，曲線と x 軸の交点の x 座標を求める

補 足

曲線と x 軸の上下関係
に注意する。

☐**125** (1) 曲線 $y = x^2 - 4x + 5$ と直線 $y = 2x - 3$ で囲まれた図形の面積は

^ア☐ である。

(2) 2 曲線 $y = x^2 - 6x + 4$ と $y = -(x - 2)^2$ で囲まれた図形の面積

は ^イ☐ である。

ヒント 交点の x 座標を求める。グラフの上下関係に注意

(2)

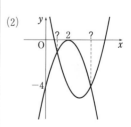

☐**126** 放物線 $y=x^2+1$ に点 $\mathrm{P}(1, -2)$ から 2 本の接線を引くとき，

接線の方程式は，接線の傾きが小さい順に

^ア☐ と ^イ☐ であり，

接点の座標はそれぞれ ^ウ☐ ，^エ☐ である。

また，この放物線と 2 本の接線に囲まれた図形の面積は ^オ☐

である。

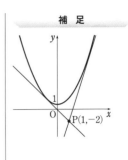

ヒント 接点の x 座標を α，β $(\alpha<\beta)$ とすると，$\alpha\leqq x\leqq 1$，$1\leqq x\leqq\beta$ で，積分する式が異なることに注意

☐**127** 放物線 $C：y=4x-x^2$ と直線 $\ell：y=mx$ がある。C と ℓ が接する

とき $m=$ ^ア☐ である。以下，$0<m<$ ^ア☐ とする。

C と x 軸で囲まれた部分の面積を S_1 とすると $S_1=$ ^イ☐ であ

る。また，C と ℓ で囲まれた部分の面積を S_2 とすると，

$S_1=8S_2$ になった。このとき，$m=$ ^ウ☐ である。

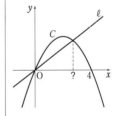

ヒント $\displaystyle\int_\alpha^\beta (x-\alpha)(x-\beta)\,dx=-\dfrac{1}{6}(\beta-\alpha)^3$ を利用する

TRY 問題

☐**128** 右の図のように，放物線 $y=f(x)$ が x 軸

と 2 点 $(a, 0)$，$(b, 0)$ $(0<a<b)$ で交わ

っている。放物線と x 軸，y 軸で囲まれた

図形の面積を S，放物線と x 軸で囲まれた

図形の面積を T とする。このとき，次の

定積分の値を S，T を用いて表せ。

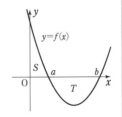

(1) $\displaystyle\int_0^b f(x)\,dx=$ ^ア☐

(2) $\displaystyle\int_a^0 f(x)\,dx=$ ^イ☐

(3) $\displaystyle\int_0^b |f(x)|\,dx=$ ^ウ☐

ヒント 基本事項 ① 参照

28　ベクトルの演算

数学B

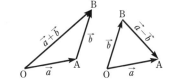

基　本　事　項

① **ベクトルの加法・減法・実数倍**

[1] 加法　$\vec{a}+\vec{b}$　$\overrightarrow{OA}+\overrightarrow{AB}=\overrightarrow{OB}$

[2] 減法　$\vec{a}-\vec{b}$　$\overrightarrow{OA}-\overrightarrow{OB}=\overrightarrow{BA}$

[3] 実数倍　$k\vec{a}$

　大きさは $|\vec{a}|$ の $|k|$ 倍

　向きは　$k>0$　なら $\vec{a}$ と同じ，$k<0$　なら $\vec{a}$ と反対

　特に，$k=0$　ならば　$0\vec{a}=\vec{0}$　（零ベクトル）

② **ベクトルの演算法則**

[1] 交換法則　$\vec{a}+\vec{b}=\vec{b}+\vec{a}$

[2] 結合法則　$(\vec{a}+\vec{b})+\vec{c}=\vec{a}+(\vec{b}+\vec{c})$

[3] $\vec{0}$ の法則　$\vec{a}+\vec{0}=\vec{0}+\vec{a}=\vec{a}$

[4] 逆ベクトル　$\vec{a}+(-\vec{a})=(-\vec{a})+\vec{a}=\vec{0}$

[5] k, l は実数　$k(l\vec{a})=(kl)\vec{a}$　　$(k+l)\vec{a}=k\vec{a}+l\vec{a}$　　$k(\vec{a}+\vec{b})=k\vec{a}+k\vec{b}$

補　足

□**129** (1) $(\vec{a}+2\vec{b})+(-3\vec{a}+\vec{b})=$ ᵃ☐

(2) $2(\vec{a}+\vec{b})+3(\vec{a}-2\vec{b})=$ ⁱ☐

(3) $2\left(\vec{a}-\dfrac{\vec{b}}{4}\right)+\dfrac{1}{2}(\vec{b}-4\vec{a})=$ ᵘ☐

ヒント 文字式の計算と同じ要領

□**130** (1) $3\vec{x}-\vec{a}=2(\vec{x}-2\vec{b})$ を満たすベクトル $\vec{x}$ を $\vec{a}$, $\vec{b}$ で表すと

$\vec{x}=$ ᵃ☐

(2) $3\vec{x}-2\vec{y}=\vec{a}$, $\vec{x}+\vec{y}=\vec{a}-\vec{b}$ を満たすベクトル $\vec{x}$, $\vec{y}$ を $\vec{a}$, $\vec{b}$

で表すと $\vec{x}=$ ⁱ☐ , $\vec{y}=$ ᵘ☐

ヒント 方程式を解く要領で変形する

☑**131** 右下の図のような正六角形 ABCDEF において，$\overrightarrow{AB}=\vec{a}$，$\overrightarrow{AF}=\vec{b}$ とするとき，次のベクトルを $\vec{a}$，$\vec{b}$ を用いて表せ。

(1) $\overrightarrow{AG}=$ ^ア

(2) $\overrightarrow{BF}=$ ^イ

(3) $\overrightarrow{FD}=$ ^ウ

(4) $\overrightarrow{DB}=$ ^エ

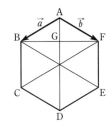

AD，BE，CF の交点を O とすると四角形 ABOF は平行四辺形である。

ヒント 互いに等しいベクトルを見つける。または，$\overrightarrow{AB}=\square\overrightarrow{B}-\square\overrightarrow{A}$ などを用いてベクトルを分解する

TRY 問題

☑**132** 下の図の $\vec{x}$，$\vec{y}$ について，次の ☐ に当てはまるベクトルを，下の図の $\vec{a}\sim\vec{e}$ のうちから一つずつ選べ。ただし，同じものを選んでもよい。

$\vec{x}=$ ^ア ☐ $+$ ^イ ☐

$\vec{x}=$ ^ウ ☐ $-$ ^エ ☐

$\vec{y}=$ ^オ ☐ $+$ ^カ ☐

$\vec{y}=$ ^キ ☐ $-$ ^ク ☐

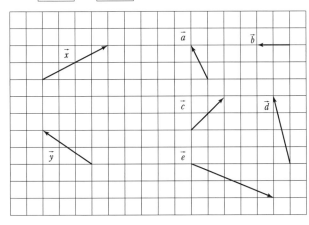

ヒント 引き算は選択肢のベクトルの始点をそろえて考える

29 ベクトルの成分

基本事項

基本性質 $\vec{e_1}=(1,\ 0),\ \vec{e_2}=(0,\ 1),\ k,\ l$ は実数とする。

[1] $\vec{a}=a_1\vec{e_1}+a_2\vec{e_2}\Longleftrightarrow\vec{a}=(a_1,\ a_2)$

大きさ $|\vec{a}|=\sqrt{a_1{}^2+a_2{}^2}$

[2] $\vec{a}=(a_1,\ a_2),\ \vec{b}=(b_1,\ b_2)$ のとき

$\vec{a}=\vec{b}\Longleftrightarrow a_1=b_1,\ a_2=b_2$

[3] $k\vec{a}+l\vec{b}=(ka_1+lb_1,\ ka_2+lb_2)$

[4] $\mathrm{A}(a_1,\ a_2),\ \mathrm{B}(b_1,\ b_2)$ のとき

$\overrightarrow{\mathrm{AB}}=(b_1-a_1,\ b_2-a_2),\ |\overrightarrow{\mathrm{AB}}|=\sqrt{(b_1-a_1)^2+(b_2-a_2)^2}$

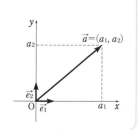

☐**133** $\vec{a}=(-2,\ 3),\ \vec{b}=(1,\ -2)$ のとき，次のベクトルを

$s\vec{a}+t\vec{b}$ （$s,\ t$ は実数）の形に表すと

(1) $\vec{p}=(3,\ 5)$ について $\vec{p}={}^{ア}\boxed{}$

(2) $\vec{q}=(-4,\ 3)$ について $\vec{q}={}^{イ}\boxed{}$

ヒント 両辺の各成分を比較して $s,\ t$ の値を定める

☐**134** 3点 $\mathrm{A}(-2,\ 3),\ \mathrm{B}(2,\ -3),\ \mathrm{C}(4,\ 1)$ があるとき，これらの

点を3つの頂点とする平行四辺形の残りの頂点Dの座標は，

$\mathrm{D}(x,\ y)$ とすると

$(x,\ y)={}^{ア}\boxed{},\ {}^{イ}\boxed{},\ {}^{ウ}\boxed{}$

の3通りある。

ヒント $\overrightarrow{\mathrm{AB}}=\overrightarrow{\mathrm{DC}}\Longleftrightarrow$ 平行四辺形 ABCD

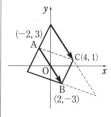

☐**135** $\vec{a}=(3,\ 1),\ \vec{b}=(-3,\ 2)$ のとき，次のベクトルを成分表示せよ。

(1) $2\vec{a}+\vec{b}$ と同じ向きの単位ベクトル $\left({}^{ア}\boxed{},\ {}^{イ}\boxed{}\right)$

(2) $\vec{a}-3\vec{b}$ と反対向きの単位ベクトル $\left({}^{ウ}\boxed{},\ {}^{エ}\boxed{}\right)$

ヒント 単位ベクトルは絶対値が1のベクトルである

☐ **136** 2つのベクトル $\vec{a}=(2,\ 1)$, $\vec{b}=(0,\ 2)$ に対して

$\vec{p}=\vec{a}+t\vec{b}$ (t は実数) とする。

(1) $|\vec{p}|=\sqrt{13}$ のとき，t の値は $t=\overset{ア}{\boxed{}}$, $\overset{イ}{\boxed{}}$

(2) $|\vec{p}|^2$ を最小にする t の値は $|\vec{p}|$ も最小にするから，

$t=\overset{ウ}{\boxed{}}$ のとき，$|\vec{p}|$ の最小値は $\overset{エ}{\boxed{}}$ である。

ヒント $\vec{p}=(x,\ y)$ に対して，$|\vec{p}|=\sqrt{x^2+y^2}$

(1) 条件式を2乗して t の
2次方程式を解く。

(2) $|\vec{p}|^2$ は t の2次関数
である。

TRY 問題

☐ **137** 太郎さんと花子さんが数学の授業の後，次のように話している。

> 太郎：平面上のベクトルは，$\vec{0}$ でない2つのベクトルを使っ
> て，ただ1通りに表すことができるんだね。
>
> 花子：じゃあ問題です！ $\vec{p}=(3,\ -2)$ を $\vec{a}=(9,\ -6)$,
> $\vec{b}=(-6,\ 4)$ を使って表すとどうなるでしょう？
>
> 太郎：$\vec{p}=\vec{a}+\vec{b}$ でしょ。$\vec{a}$ と $\vec{b}$ を足せば $\vec{p}$ になるってすぐ
> に気付いたよ。
>
> 花子：あれっ，私の用意していた答えは $\vec{p}=-\vec{a}-2\vec{b}$ だった
> んだけど，おかしいな。
>
> 太郎：あっ！ $\vec{a}$ と $\vec{b}$ が $\overset{ア}{\boxed{}}$ になってるよ！
>
> （$\overset{ア}{\boxed{}}$ には「平行」「垂直」のいずれかが入る）
>
> $\vec{a}$ と $\vec{b}$ が $\overset{ア}{\boxed{}}$ のときは，$\vec{p}$ を2通り以上で表す
> ことができたり，表すことができなかったりするって
> 授業で習ったよ。

波下線部について，$\vec{a}=(9,\ -6)$, $\vec{b}=(-6,\ 4)$ のとき，s, t を
実数として $s\vec{a}+t\vec{b}$ の形で表すことができない $\vec{p}$ を，次の⓪〜③
のうちから一つ選べ。$\overset{イ}{\boxed{}}$

　　⓪ $\vec{p}=(12,\ -8)$ 　① $\vec{p}=(6,\ -4)$

　　② $\vec{p}=(3,\ 2)$ 　　③ $\vec{p}=(-3,\ 2)$

ヒント $\vec{b}=-\dfrac{2}{3}\vec{a}$ である

基 本 事 項

① ベクトルの内積

定義　$\vec{a} \neq \vec{0}$, $\vec{b} \neq \vec{0}$ のとき, $\vec{a}$, $\vec{b}$ のなす角を θ $(0° \leq \theta \leq 180°)$ とすると

$$\vec{a} \cdot \vec{b} = |\vec{a}||\vec{b}|\cos\theta$$

$\vec{a} = \vec{0}$ または $\vec{b} = \vec{0}$ のとき $\vec{a} \cdot \vec{b} = 0$

② 内積と成分　$\vec{a} = (a_1,\ a_2)$, $\vec{b} = (b_1,\ b_2)$ とする。

[1] $\vec{a} \cdot \vec{b} = a_1 b_1 + a_2 b_2$　　[2] $|\vec{a}|^2 = \vec{a} \cdot \vec{a} = a_1{}^2 + a_2{}^2$

[3] $\vec{a} \neq \vec{0}$, $\vec{b} \neq \vec{0}$ のとき, $\vec{a}$ と $\vec{b}$ のなす角 θ　$\cos\theta = \dfrac{\vec{a} \cdot \vec{b}}{|\vec{a}||\vec{b}|} = \dfrac{a_1 b_1 + a_2 b_2}{\sqrt{a_1{}^2 + a_2{}^2}\sqrt{b_1{}^2 + b_2{}^2}}$　$(0° \leq \theta \leq 180°)$

③ 平行・垂直条件　$\vec{a} \neq \vec{0}$, $\vec{b} \neq \vec{0}$, $\vec{a} = (a_1,\ a_2)$, $\vec{b} = (b_1,\ b_2)$ とする。

[1] 平行条件　$\vec{a} /\!/ \vec{b} \Longleftrightarrow \vec{b} = k\vec{a}$ $(k$ は実数$)$ $\Longleftrightarrow a_1 b_2 - a_2 b_1 = 0$

[2] 垂直条件　$\vec{a} \perp \vec{b} \Longleftrightarrow \vec{a} \cdot \vec{b} = 0 \Longleftrightarrow a_1 b_1 + a_2 b_2 = 0$

注意 単に $\vec{a} \cdot \vec{b} = 0$ ならば $\vec{a} \perp \vec{b}$ または $\vec{a} = \vec{0}$ または $\vec{b} = \vec{0}$

④ 内積の性質

[1] $\vec{a} \cdot \vec{b} = \vec{b} \cdot \vec{a}$, $\vec{a} \cdot \vec{a} = |\vec{a}|^2$

[2] $(\vec{a} + \vec{b}) \cdot \vec{c} = \vec{a} \cdot \vec{c} + \vec{b} \cdot \vec{c}$　$\vec{a} \cdot (\vec{b} + \vec{c}) = \vec{a} \cdot \vec{b} + \vec{a} \cdot \vec{c}$　（分配法則）

[3] $(k\vec{a}) \cdot \vec{b} = \vec{a} \cdot (k\vec{b}) = k(\vec{a} \cdot \vec{b})$ $(k$ は実数$)$

☐**138** 次の2つのベクトルの内積と, そのなす角 θ を求めよ。

(1) $\vec{a} = (3,\ 1)$, $\vec{b} = (-3,\ 9)$ のとき

$\vec{a} \cdot \vec{b} = {}^{ア}\boxed{}$, $\theta = {}^{イ}\boxed{}$

(2) $\vec{a} = (7,\ 3)$, $\vec{b} = (5,\ -2)$ のとき

$\vec{a} \cdot \vec{b} = {}^{ウ}\boxed{}$, $\theta = {}^{エ}\boxed{}$

ヒント $\vec{a} = (a_1,\ a_2)$, $\vec{b} = (b_1,\ b_2)$ のとき $\vec{a} \cdot \vec{b} = a_1 b_1 + a_2 b_2$

☐**139** (1) 2つのベクトル $\vec{a} = (-1,\ 2)$, $\vec{b} = (1,\ x)$ に対して,

$2\vec{a} + 3\vec{b}$ と $\vec{a} - 2\vec{b}$ が平行であるとき $x = {}^{ア}\boxed{}$

(2) ベクトル $\vec{a} = (3,\ -1)$ に垂直な単位ベクトルは

$\left({}^{イ}\boxed{},\ {}^{ウ}\boxed{} \right)$ と $\left({}^{エ}\boxed{},\ {}^{オ}\boxed{} \right)$ である。

ただし, （イ）＞（エ）とする。

ヒント $\vec{a} \neq \vec{0}$, $\vec{b} \neq \vec{0}$ に対し

$\vec{a} /\!/ \vec{b} \Longleftrightarrow \vec{a} = k\vec{b}$ $(k$ は実数$)$　　$\vec{a} \perp \vec{b} \Longleftrightarrow \vec{a} \cdot \vec{b} = 0$

補 足

(2) $\cos\theta$ を求めて θ を求める。

(1) $2\vec{a} + 3\vec{b} = k(\vec{a} - 2\vec{b})$ となる実数 k が存在する。

(2) 求める単位ベクトルを $\vec{e} = (x,\ y)$ とし, $\vec{a} \perp \vec{e}$ と $|\vec{e}| = 1$ から x, y を求める。

☑**140** (1) $|\vec{a}|=3$, $|\vec{b}|=2$, $\vec{a}\cdot\vec{b}=3$ のとき, $|\vec{a}-\vec{b}|=$ ^ア□

(2) $|\vec{a}|=3$, $|\vec{b}|=1$, $|\vec{a}+\vec{b}|=\sqrt{13}$ のとき, $\vec{a}$ と $\vec{b}$ のなす角を θ

とすると, $\theta=$ ^イ□ である。

ヒント $|p\vec{a}+q\vec{b}|^2=p^2|\vec{a}|^2+2pq\vec{a}\cdot\vec{b}+q^2|\vec{b}|^2$

補　足

性質 $|\vec{a}|^2=\vec{a}\cdot\vec{a}$ を利用する。

☑**141** △OAB において, $\overrightarrow{OA}=\vec{a}$, $\overrightarrow{OB}=\vec{b}$ とする。

$|\vec{a}+\vec{b}|=2\sqrt{3}$, $|\vec{a}-\vec{b}|=2$, $(\vec{a}+\vec{b})\cdot(\vec{a}-\vec{b})=2$ であるとき

(1) $|\vec{a}|=$ ^ア□, $|\vec{b}|=$ ^イ□ である。

(2) ∠AOB$=\theta$ とすると, $\cos\theta=$ ^ウ□ である。

(3) △OAB の面積は ^エ□ である。

ヒント (1) 3 つの式から $|\vec{a}|^2$, $|\vec{b}|^2$ の式を導く　(2) $\vec{a}\cdot\vec{b}$ を求める。

$\triangle OAB=\dfrac{1}{2}|\vec{a}||\vec{b}|\sin\theta$

☑**142** $|\vec{a}|=2$, $|\vec{b}|=3$, $\vec{a}\cdot\vec{b}=4$ のとき, $|\vec{a}+t\vec{b}|$ を最小にする実数 t

の値は $t=$ ^ア□ で, 最小値は ^イ□ である。

ヒント $|\vec{a}+t\vec{b}|^2$ を t で表す。

$|\vec{a}+t\vec{b}|^2$ は t の 2 次関数である。

TRY 問題

☑**143** △OAB において, OA$=\sqrt{2}$, OB$=\sqrt{3}$, $\overrightarrow{OA}\cdot\overrightarrow{OB}=1$ である

とする。また, 垂心を H とする。$\overrightarrow{OA}=\vec{a}$, $\overrightarrow{OB}=\vec{b}$, $\overrightarrow{OH}=s\vec{a}+t\vec{b}$ と

するとき, 実数 s, t の値を求めたい。

(1) $\overrightarrow{AH}$, $\overrightarrow{BH}$ を, それぞれ s, t, $\vec{a}$, $\vec{b}$ を用いて表すと

$\overrightarrow{AH}=$ ^ア□ , $\overrightarrow{BH}=$ ^イ□

(2) s, t の間に成り立つ関係式として正しいものを, 次の

⓪～⑤ のうちから二つ選べ。 ^ウ□

⓪ $2s+t-1=0$ 　　① $s-2t-1=0$

② $2s+t-2=0$ 　　③ $s+3t-3=0$

④ $s+3t-1=0$ 　　⑤ $s-2t+2=0$

(3) (2)から, $s=$ ^エ□ , $t=$ ^オ□ である。

ヒント (2) 垂直なベクトルを見つけて内積を計算する

31 ベクトルと平面図形

数学 B

基 本 事 項

① **分点と位置ベクトル** A($\vec{a}$), B($\vec{b}$), C($\vec{c}$) とする。

[1] 線分 AB を $m:n$ に内分, 外分する点を, それぞれ P($\vec{p}$), Q($\vec{q}$) とすると

$$\vec{p}=\frac{n\vec{a}+m\vec{b}}{m+n}, \quad \vec{q}=\frac{-n\vec{a}+m\vec{b}}{m-n}$$

[2] 三角形 ABC の重心を G($\vec{g}$) とすると $\quad \vec{g}=\dfrac{\vec{a}+\vec{b}+\vec{c}}{3}$

② **共線条件と共点条件**

[1] 共線条件 P が直線 AB 上にある $\iff$ $\overrightarrow{AP}=k\overrightarrow{AB}$ となる実数 k がある

$\iff$ $\overrightarrow{OP}=(1-k)\overrightarrow{OA}+k\overrightarrow{OB}$ となる実数 k がある

[2] 共点条件 $\overrightarrow{OP}=\overrightarrow{OQ} \iff$ 2 点 P, Q は一致する。

③ **ベクトルの表現** $\vec{a}\neq\vec{0}, \vec{b}\neq\vec{0}, \vec{a}\nparallel\vec{b}$ とする。また, s, t, s', t' は実数とする。

[1] 平面上の任意のベクトル $\vec{p}$ は $\vec{p}=s\vec{a}+t\vec{b}$ の形にただ 1 通りに表すことができる。

[2] $s\vec{a}+t\vec{b}=s'\vec{a}+t'\vec{b} \iff s=s', t=t'$ 特に $s\vec{a}+t\vec{b}=0 \iff s=t=0$

☐ **144** (1) A($\vec{a}$), B($\vec{b}$) とするとき, 線分 AB を $1:3$ に内分する点 P

の位置ベクトルは $^{ア}\boxed{}\vec{a}+{}^{イ}\boxed{}\vec{b}$,

線分 AB を $5:2$ に外分する点 Q の位置ベクトルは

$^{ウ}\boxed{}\vec{a}+{}^{エ}\boxed{}\vec{b}$ で表される。

(2) △ABC において, 辺 AB の中点を M, 辺 AC を $1:2$ に内
分する点を N とし, 更に線分 MN を $3:2$ に内分する点を P
とする。$\overrightarrow{AB}=\vec{b}$, $\overrightarrow{AC}=\vec{c}$ とするとき, $\overrightarrow{AP}$ は,

$\overrightarrow{AP}={}^{オ}\boxed{}\vec{b}+{}^{カ}\boxed{}\vec{c}$ で表される。

ヒント (1) 点 Q は, 線分 AB の B を越える延長上にある

☐ **145** AB=2, BC=4, CA=3 である△ABC の内心を I とし, 線分
AI の延長と辺 BC との交点を D とする。$\overrightarrow{AB}=\vec{b}$, $\overrightarrow{AC}=\vec{c}$ とす
るとき, 次のベクトルを $\vec{b}$, $\vec{c}$ を用いて表せ。

(1) $\overrightarrow{AD}={}^{ア}\boxed{}\vec{b}+{}^{イ}\boxed{}\vec{c}$

(2) $\overrightarrow{AI}={}^{ウ}\boxed{}\vec{b}+{}^{エ}\boxed{}\vec{c}$

ヒント 角の二等分線の性質を利用 (2) BI は ∠B の二等分線

補 足

・**線分 AB の分点 P**

$m:n$ に内分

$m:n$ に外分

$m>n$ ならば

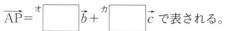

$m<n$ ならば

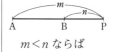

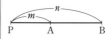

(1) 角の二等分線の性質

BD : DC = AB : AC

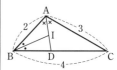

☑**146** 平面上に点 O, A, B が次の条件を満たしている。

$$\overrightarrow{\mathrm{OA}}\cdot\overrightarrow{\mathrm{OB}}=0, \quad |\overrightarrow{\mathrm{OA}}|=|\overrightarrow{\mathrm{OB}}|=1$$

また，点 P は実数 s, t を用いて $\overrightarrow{\mathrm{OP}}=s\overrightarrow{\mathrm{OA}}+t\overrightarrow{\mathrm{OB}}$

と表される点である。

(1) $s+t=1$, $s\geqq 0$, $t\geqq 0$ のとき点 P が描く線分の長さは

ア□である。

(2) $s+t\leqq 1$, $s\geqq 0$, $t\geqq 0$ のとき点 P が存在する範囲の面積は

イ□である。

ヒント (2) $s+t\leqq 1$, $s\geqq 0$, $t\geqq 0$ のとき点 P は△OAB の周および内部にある

補 足

$\overrightarrow{\mathrm{OP}}=s\overrightarrow{\mathrm{OA}}+t\overrightarrow{\mathrm{OB}}$,
$s+t=1$ を満たす点 P は，
直線 AB 上にある。

TRY 問題

☑**147** △ABC において $\overrightarrow{\mathrm{PA}}+2\overrightarrow{\mathrm{PB}}+3\overrightarrow{\mathrm{PC}}=\vec{0}$ ……（＊）が成り立つと

き，次の 2 通りの方法で点 P の位置を調べてみよう。

方法①：（＊）において，A を始点にして考える

方法②：（＊）において，B を始点にして考える

まず，方法① について，始点が A となるように（＊）を変形する

と　$\overrightarrow{\mathrm{AP}}=$ ア□$\left(\right.$イ□$\overrightarrow{\mathrm{AB}}+$ウ□$\overrightarrow{\mathrm{AC}}\right)$

（ただし，イ□$+$ウ□$=1$）

したがって，辺 BC を エ□：オ□に内分する点を D と

すると，点 P は線分 AD を カ□：キ□に内分する点で

ある。

次に，方法② について，始点が B となるように（＊）を変形する

と　$\overrightarrow{\mathrm{BP}}=\dfrac{2}{3}\left(\dfrac{1}{4}\overrightarrow{\mathrm{BA}}+\dfrac{3}{4}\overrightarrow{\mathrm{BC}}\right)$

したがって，辺 ク□を 3：1 に内分する点を E とすると，点

P は線分 ケ□を 2：1 に内分する点である。

ヒント □△$=$○△$-$○□ を利用して始点をそろえる

32 空間座標と空間ベクトルの成分 数学B

基本事項

① 空間座標

[1] x 軸, y 軸, z 軸上の点は, それぞれ $(a, 0, 0)$, $(0, b, 0)$, $(0, 0, c)$ と表される。

[2] xy 平面, yz 平面, zx 平面上の点は, それぞれ $(a, b, 0)$, $(0, b, c)$, $(a, 0, c)$ と表される。

② 空間ベクトルの成分　$\vec{e_1}=(1, 0, 0)$, $\vec{e_2}=(0, 1, 0)$, $\vec{e_3}=(0, 0, 1)$ とする。

[1] $\vec{a}=(a_1, a_2, a_3) \Longleftrightarrow \vec{a}=a_1\vec{e_1}+a_2\vec{e_2}+a_3\vec{e_3}$

[2] 相等　$(a_1, a_2, a_3)=(b_1, b_2, b_3) \Longleftrightarrow a_1=b_1, a_2=b_2, a_3=b_3$

[3] ベクトル　$\vec{a}=(a_1, a_2, a_3)$ の大きさ $|\vec{a}|=\sqrt{a_1{}^2+a_2{}^2+a_3{}^2}$

[4] $k(a_1, a_2, a_3)+l(b_1, b_2, b_3)=(ka_1+lb_1, ka_2+lb_2, ka_3+lb_3)$　k, l は実数

注意　平面ベクトルに対し, z 成分が増えただけである。

□**148** (ア) xy 平面　(イ) 原点　(ウ) y 軸　(エ) 点 $(2, 1, 2)$

に関して, 点 $(3, -2, 1)$ と対称な点の座標は, それぞれ

ア ☐, イ ☐, ウ ☐, エ ☐ である。

補足

(エ) 点 A に関して対称な 2 点を P, Q とすると, 線分 PQ の中点が A である。

ヒント (ア) xy 平面に関して対称 ⟶ z 座標の符号が変わる

□**149** $\vec{a}=(3, 2, 1)$, $\vec{b}=(5, 2, 0)$, $\vec{c}=(1, 3, 1)$ のとき, 次のベクトルを $s\vec{a}+t\vec{b}+u\vec{c}$ (s, t, u は実数) の形に表すと

(1) $\vec{p}=(12, 3, 0)$ について　$\vec{p}=$ ア ☐

(2) $\vec{q}=(9, 2, -2)$ について　$\vec{q}=$ イ ☐

$s\vec{a}+t\vec{b}+u\vec{c}$ の成分を求め, ベクトルの相等から s, t, u を決定する。

ヒント $p.58$ 問題 133 と要領は同じ

□**150** (1) $\vec{a}=(-1, -5, 1)$, $\vec{b}=(2, 4, 1)$ に対して, $\vec{x}=\vec{a}+t\vec{b}$ とするとき, $|\vec{x}|=3\sqrt{10}$ となるような実数 t の値は,

$t=$ ア ☐, イ ☐ である。

(2) $\vec{a}=(2, 5, -3)$, $\vec{b}=(-1, -2, 2)$ のとき, $\vec{x}=\vec{a}+t\vec{b}$

(t は実数) の大きさが最小となるのは, $t=$ ウ ☐ のとき

で, その最小値は エ ☐ である。

(2) $|\vec{x}|^2$ の最小値を考える。

ヒント まず, $\vec{x}$ を成分で表す

☑151 太郎さんと花子さんが次の問題について話している。

問題 座標空間の異なる 4 点 A (1, 0, 0), B (0, 1, 0),
C (0, 0, 2), D (1, 1, 2) がある。

(i) 3 点 A, B, C でできる図形を答えよ。

(ii) 4 点 A, B, C, D でできる図形を答えよ。

太郎：(i) から考えてみよう。線分の長さを求めてみると

$|\overrightarrow{AB}| = $ ⁷□, $|\overrightarrow{BC}| = $ ⁴□, $|\overrightarrow{CA}| = $ ⁷□

だね。3 点 A, B, C は一直線上にないから，(i) の

答えは ᵋ□ になるね。

花子：じゃあ，(ii) も考えてみよう。点 D を含む線分の長さ
を求めたら，$|\overrightarrow{AB}| = |\overrightarrow{CD}|$, $|\overrightarrow{AD}| = |\overrightarrow{BC}|$ となったよ。
ということは，4 点 A, B, C, D でできる図形は平
行四辺形になるね。

　　でも，平行四辺形の対角線はそれぞれの中点で交わるは
ずだけど，この 4 点はこれを満たしていないよ。

花子：そうか！ということは，ᵒ□ から，できる図形は

平行四辺形じゃなくて，ᵏ□ だよ。

線分 AC の中点の座標は

$\left(\dfrac{1}{2}, \ 0, \ 1\right)$

線分 BD の中点の座標は

$\left(\dfrac{1}{2}, \ 1, \ 1\right)$

となり，一致しない。

(1) ᵋ□ に当てはまるものを，次の ⓪〜② のうちから一つ選
べ。

⓪ 二等辺三角形　　① 直角三角形　　② 正三角形

(2) ᵒ□ に当てはまるものとして適当なものを，次の ⓪〜③
のうちから一つ選べ。

⓪ 4 点のうち 3 点が一直線上にある

① 4 点が一直線上にある

② 4 点が同一平面上にない

③ 点 D が △ABC の内部にある

(3) ᵏ□ に当てはまるものを，次の ⓪〜③ のうちから一つ選べ。

⓪ 直線　　① 三角形　　② 四角形　　③ 四面体

ヒント $\vec{x} = (p, \ q, \ r)$ のとき $|\vec{x}| = \sqrt{p^2 + q^2 + r^2}$

33　空間ベクトルの内積

 数学B

基本事項

① **空間ベクトルの内積**

定義　$\vec{a},\ \vec{b}\ (\vec{a} \neq \vec{0},\ \vec{b} \neq \vec{0})$ のなす角を $\theta\ (0° \leqq \theta \leqq 180°)$ とすると　$\vec{a} \cdot \vec{b} = |\vec{a}||\vec{b}|\cos\theta$

　　　　$\vec{a} = \vec{0}$ または $\vec{b} = \vec{0}$ のとき　$\vec{a} \cdot \vec{b} = 0$

② **内積と成分**　$\vec{a} = (a_1,\ a_2,\ a_3),\ \vec{b} = (b_1,\ b_2,\ b_3)$ とする。

[1] $\vec{a} \cdot \vec{b} = a_1 b_1 + a_2 b_2 + a_3 b_3$

[2] $\vec{a} \neq \vec{0},\ \vec{b} \neq \vec{0}$ のとき，$\vec{a},\ \vec{b}$ のなす角を θ とすると

　　$\cos\theta = \dfrac{\vec{a} \cdot \vec{b}}{|\vec{a}||\vec{b}|} = \dfrac{a_1 b_1 + a_2 b_2 + a_3 b_3}{\sqrt{a_1{}^2 + a_2{}^2 + a_3{}^2}\sqrt{b_1{}^2 + b_2{}^2 + b_3{}^2}}$

[3] 垂直条件　$\vec{a} \perp \vec{b} \Longleftrightarrow \vec{a} \cdot \vec{b} = 0 \Longleftrightarrow a_1 b_1 + a_2 b_2 + a_3 b_3 = 0$

注意　平面ベクトルに対し，z 成分が増えただけである。

□**152** (1) $\vec{a} = (2,\ 2,\ -2),\ \vec{b} = (2,\ -2,\ -1)$ に対して，$t\vec{a} + \vec{b}$ と

　$\vec{a} - t\vec{b}$ が垂直であるとき，$t = {}^{ア}\boxed{},\ {}^{イ}\boxed{}$ である。

(2) $\vec{a} = (1,\ 2,\ 3),\ \vec{b} = (2,\ 3,\ 4)$ の両方に垂直で，大きさが 6

　のベクトルは ${}^{ウ}\boxed{}$ と ${}^{エ}\boxed{}$ である。

(3) $\vec{a} = (1,\ 0,\ -1),\ \vec{b} = (2,\ 2,\ -1)$ に対し，$\vec{c} = \vec{a} + t\vec{b}$ とする。

　$\vec{a}$ と $\vec{c}$ のなす角と，$\vec{b}$ と $\vec{c}$ のなす角が等しくなるような実数

　t の値は，$t = {}^{オ}\boxed{}$ である。

ヒント　(1) 垂直条件利用　(3) $\dfrac{\vec{a} \cdot \vec{c}}{|\vec{a}||\vec{c}|} = \dfrac{\vec{b} \cdot \vec{c}}{|\vec{b}||\vec{c}|}$

□**153** 3点 $A(1,\ 0,\ 0),\ B(0,\ 3,\ 0),\ C(0,\ 0,\ 2)$ がある。

(1) $\overrightarrow{AB} \cdot \overrightarrow{AC} = {}^{ア}\boxed{}$ である。

(2) $\triangle ABC$ の面積は ${}^{イ}\boxed{}$ である。

(3) 原点を O とする。4点 O, A, B, C を頂点とする四面体の

　体積は ${}^{ウ}\boxed{}$ であるから，O から $\triangle ABC$ に引いた垂線 OH

　の長さは ${}^{エ}\boxed{}$ である。

ヒント　(3) 垂線 OH の長さ $\longrightarrow$ $\triangle ABC$ を底面とする四面体の高さ。前半で
　求めた四面体の体積と (2) を利用

補足

(2) 求めるベクトルを
$\vec{c} = (x,\ y,\ z)$ として
条件を $x,\ y,\ z$ の式で
表す。

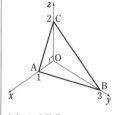

(2) $\triangle ABC$
$= \dfrac{1}{2}|\overrightarrow{AB}||\overrightarrow{AC}|\sin A$
(1) の結果から $\cos A$
を求める。

TRY 問題

☑**154** 太郎さんと花子さんが次の問題について話している。

$\boxed{問題}$ O を原点とする座標空間の異なる 4 点 A，B，C，D に
関して，図形 ABCD がひし形であるための条件を求め
よ。

> 太郎：ひし形は 4 つの辺の長さが等しい四角形だから
> $$|\overrightarrow{AB}|=|\overrightarrow{BC}|=|\overrightarrow{CD}|=|\overrightarrow{DA}| \quad \cdots\cdots(*)$$
> となればいいんじゃないかな。
> 花子：この条件では，<u>ひし形にならない例が作れるよ。</u>
> 太郎：難しいな。そしたら，ひし形であるためには平行四辺
> 形である必要があるから，まず図形 ABCD が平行四
> 辺形になるための条件を考えてみよう。

(1) 波下線部について，条件(*)を満たすが，ひし形にならない
例として，適切なものを次の⓪～②のうちから一つ選べ。

  ⓪　正方形 ABCD　　①　正四面体 ABCD

  ②　台形 ABCD

(2) 図形 ABCD が平行四辺形となるための条件は，次の⓪～③
のうち$\overset{イ}{\boxed{}}$または$\overset{ウ}{\boxed{}}$である。

  ⓪　$\overrightarrow{AD}=\overrightarrow{BC}$　　　　①　$\overrightarrow{BC}=\overrightarrow{AB}+\overrightarrow{AD}$

  ②　$\overrightarrow{AB}=\overrightarrow{BD}$　　　　③　$\overrightarrow{AC}=\overrightarrow{AB}+\overrightarrow{AD}$

(3) 図形 ABCD が(2)の条件を満たすとき，すなわち図形 ABCD
が平行四辺形であるとき，ひし形となるための条件は，次の
⓪～③のうち$\overset{エ}{\boxed{}}$または$\overset{オ}{\boxed{}}$である。

  ⓪　$\overrightarrow{AC}\cdot\overrightarrow{BC}=0$　　　①　$|\overrightarrow{AB}|=|\overrightarrow{CD}|$

  ②　$\overrightarrow{AC}\cdot\overrightarrow{BD}=0$　　　③　$|\overrightarrow{AB}|=|\overrightarrow{AD}|$

ヒント $|\overrightarrow{\bigcirc\triangle}|=|\overrightarrow{\square\diamondsuit}|$ はベクトルの大きさが等しいことを表し，$\overrightarrow{\bigcirc\triangle}=\overrightarrow{\square\diamondsuit}$
はベクトルの向きが同じで大きさが等しいことを表す

34 ベクトルと空間図形　　数学B

基本事項

① 分点と位置ベクトル　$A(\vec{a})$, $B(\vec{b})$, $C(\vec{c})$ とする。

[1] 線分 AB を $m:n$ に内分，外分する点を，それぞれ $P(\vec{p})$, $Q(\vec{q})$ とすると

$$\vec{p}=\frac{n\vec{a}+m\vec{b}}{m+n}, \quad \vec{q}=\frac{-n\vec{a}+m\vec{b}}{m-n}$$

特に，線分 AB の中点を $M(\vec{m})$ とすると　$\vec{m}=\dfrac{\vec{a}+\vec{b}}{2}$

[2] △ABC の重心を $G(\vec{g})$ とすると　$\vec{g}=\dfrac{\vec{a}+\vec{b}+\vec{c}}{3}$

② ベクトルの表現　$\vec{a}$, $\vec{b}$, $\vec{c}$ は同じ平面上にないものとし，s, t, u, s', t', u' は実数とする。

[1] 任意のベクトル $\vec{p}$ は $\vec{p}=s\vec{a}+t\vec{b}+u\vec{c}$ の形にただ1通りに表すことができる。

[2] $s\vec{a}+t\vec{b}+u\vec{c}=s'\vec{a}+t'\vec{b}+u'\vec{c} \Longleftrightarrow s=s', \ t=t', \ u=u'$

特に　$s\vec{a}+t\vec{b}+u\vec{c}=\vec{0} \Longleftrightarrow s=t=u=0$

③ 共線条件・共面条件

[1] 共線条件　点 P が直線 AB 上にある　$\Longleftrightarrow \overrightarrow{AP}=k\overrightarrow{AB}$ となる実数 k がある

[2] 共面条件　点 P が平面 ABC 上にある $\Longleftrightarrow \overrightarrow{CP}=s\overrightarrow{CA}+t\overrightarrow{CB}$ となる実数 s, t がある
$\Longleftrightarrow \overrightarrow{OP}=s\overrightarrow{OA}+t\overrightarrow{OB}+u\overrightarrow{OC}$, $s+t+u=1$ となる実数 s, t, u がある

☐**155** 四面体 OABC において，辺 AB を $2:3$ に内分する点を Q とし，線分 CQ を $2:1$ に内分する点を P とすると

$$\overrightarrow{OQ}=\boxed{}^{ア}\overrightarrow{OA}+\boxed{}^{イ}\overrightarrow{OB}$$

$$\overrightarrow{OP}=\boxed{}^{ウ}\overrightarrow{OA}+\boxed{}^{エ}\overrightarrow{OB}+\boxed{}^{オ}\overrightarrow{OC}$$

補足

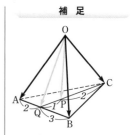

> ヒント P は平面 ABC 上の点 ⟶ （ウ）＋（エ）＋（オ）＝1

☐**156** (1) 3点 $A(a, \ -2, \ 4)$, $B(3, \ b, \ -8)$, $C(4, \ 4, \ -14)$ が同じ直線上にある。

このとき，a, b の値は $a=\boxed{}^{ア}$, $b=\boxed{}^{イ}$ である。

(2) 3点 $A(4, \ 2, \ 3)$, $B(5, \ 2, \ 5)$, $C(3, \ 1, \ 2)$ が定める平面上に点 $P(-2, \ -1, \ p)$ がある。このとき，$p=\boxed{}^{ウ}$ である。

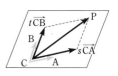

> ヒント (1) $\overrightarrow{AC}=k\overrightarrow{AB}$ となる実数 k がある
> (2) $\overrightarrow{CP}=s\overrightarrow{CA}+t\overrightarrow{CB}$ となる実数 s, t がある

☑**157** 四面体 OABC の辺 OA の中点を M, 三角形 ABC の重心を G とし, $\overrightarrow{OA}=\vec{a}$, $\overrightarrow{OB}=\vec{b}$, $\overrightarrow{OC}=\vec{c}$, $\overrightarrow{OM}=\vec{m}$ とするとき

(1) $\overrightarrow{MB}$, $\overrightarrow{MC}$ を $\vec{a}$, $\vec{b}$, $\vec{c}$ を用いて表すと

$$\overrightarrow{MB}={}^{\text{ア}}\boxed{}, \quad \overrightarrow{MC}={}^{\text{イ}}\boxed{}$$

(2) △MBC と線分 OG の交点を P とするとき,

3 点 O, P, G は同じ直線上にあるから, k を実数として

$$\overrightarrow{OP}=k\overrightarrow{OG}={}^{\text{ウ}}\boxed{}\vec{a}+{}^{\text{エ}}\boxed{}\vec{b}+{}^{\text{オ}}\boxed{}\vec{c} \text{ と表される。}$$

ここで, $\vec{m}={}^{\text{カ}}\boxed{}\vec{a}$ であるから

$$\overrightarrow{OP}={}^{\text{キ}}\boxed{}\vec{m}+{}^{\text{ク}}\boxed{}\vec{b}+{}^{\text{ケ}}\boxed{}\vec{c} \text{ と表される。}$$

点 P は平面 MBC 上にあるから

$${}^{\text{コ}}\boxed{}+{}^{\text{サ}}\boxed{}+{}^{\text{シ}}\boxed{}=1$$

ゆえに $k={}^{\text{ス}}\boxed{}$

よって $\overrightarrow{OP}={}^{\text{セ}}\boxed{}\vec{a}+{}^{\text{ソ}}\boxed{}\vec{b}+{}^{\text{タ}}\boxed{}\vec{c}$

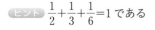 点 P が直線 OG 上にあることと, 平面 MBC 上にあることを利用

TRY 問題

☑**158** 四面体 OABC において, $\overrightarrow{OA}=\vec{a}$, $\overrightarrow{OB}=\vec{b}$, $\overrightarrow{OC}=\vec{c}$ とする。点 P が次の(1)~(4)の条件を満たすとき, 点 P の位置として適切なものを, 下の⓪~④のうちから一つずつ選べ。ただし, 同じものを選んでもよい。

(1) $\overrightarrow{OP}=\dfrac{1}{2}\vec{a}+\dfrac{1}{3}\vec{b}$ ${}^{\text{ア}}\boxed{}$

(2) $\overrightarrow{OP}=\dfrac{1}{2}\vec{a}+\dfrac{1}{3}\vec{b}+\dfrac{1}{6}\vec{c}$ ${}^{\text{イ}}\boxed{}$

(3) $\overrightarrow{OP}=\dfrac{1}{2}\vec{a}+\dfrac{1}{3}\vec{b}+\dfrac{1}{3}\vec{c}$ ${}^{\text{ウ}}\boxed{}$

(4) $\overrightarrow{OP}=\dfrac{1}{2}\vec{a}+\dfrac{1}{3}\vec{b}+\dfrac{1}{9}\vec{c}$ ${}^{\text{エ}}\boxed{}$

⓪ 四面体 OABC の内部 ① 四面体 OABC の外部

② 三角形 ABC の内部 ③ 三角形 OAB の内部

④ 三角形 OBC の内部

 $\dfrac{1}{2}+\dfrac{1}{3}+\dfrac{1}{6}=1$ である

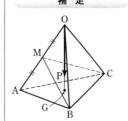

35　等　差　数　列　　　　数学B

基　本　事　項

① **等差数列の一般項**

初項 a，公差 d の等差数列の一般項 a_n は　$a_n = a + (n-1)d$

② **等差中項**　数列 a，b，c が等差数列 $\iff 2b = a + c$ （b を等差中項という）

③ $a_{n+1} - a_n = d$ （**一定**）　（$n = 1$，2，3，……）　$\{a_n\}$ は公差 d の等差数列を表す。

☑**159** 第 5 項が -1，第 13 項が 31 である等差数列 $\{a_n\}$ について

(1) 初項 a，公差 d とすると，$a = \boxed{}^{ア}$，$d = \boxed{}^{イ}$

ゆえに，一般項は $a_n = \boxed{}^{ウ}$ となる。

(2) 第 10 項は $\boxed{}^{エ}$ である。また，第 $\boxed{}^{オ}$ 項は 211 である。

(3) 初めて 100 を超えるのは，第 $\boxed{}^{カ}$ 項である。

> **ヒント** 基本事項 ① 参照。a と d の連立方程式

補　足

等差数列は初項 a，公差 d で定まる。

☑**160** (1) 数列 $x-1$，$3x+2$，30 が，等差数列であるとき，$x = \boxed{}^{ア}$ である。

(2) 2 つの数 13 と 25 の間に 2 つの数 a，b を入れて，数列 13，a，b，25 が等差数列となるようにすると，

$a = \boxed{}^{イ}$，$b = \boxed{}^{ウ}$ である。

> **ヒント** 基本事項 ② 参照

・$x-1$，$3x+2$，30
　　$\overset{+d}{}$　$\overset{+d}{}$

・13，a，b，25
　　$\overset{+d}{}$ $\overset{+d}{}$ $\overset{+d}{}$

☑**161** 1 から 200 までの自然数について，3 で割って 2 余るものを小さい順に並べると，初項 $\boxed{}^{ア}$，公差 $\boxed{}^{イ}$ の等差数列であり，末項は第 $\boxed{}^{ウ}$ 項である。また，5 で割って 2 余るものを小さい順に並べると初項 $\boxed{}^{エ}$，公差 $\boxed{}^{オ}$ の等差数列であり，末項は第 $\boxed{}^{カ}$ 項である。

> **ヒント** 3 で割って 2 余る自然数は　$3(n-1)+2$

(ウ) $3(n-1)+2 \leqq 200$ を満たす自然数 n の最大値を求める。

□**162** 数列 $\{a_n\}$：1，x，$\dfrac{1}{2}$，y，……は，各項の逆数をとったものを順に並べてできる数列が等差数列となる。このとき，$x=$ ᵃ〔　　　　〕，$y=$ ᵇ〔　　　　〕であり，数列 $\{a_n\}$ の一般項は $a_n=$ ᶜ〔　　　　　　　〕である。

〈ヒント〉 数列 1，$\dfrac{1}{x}$，2，$\dfrac{1}{y}$，……が等差数列となる

□**163** 等差数列 -5，-3，-1，1，3，……を $\{a_n\}$ とする。数列 $\{a_n\}$ の項を，初項から 2 つおきにとってできる数列 a_1，a_4，a_7，……を $\{b_n\}$ とする。このとき，数列 $\{b_n\}$ の一般項は

$b_n=$ ᵃ〔　　　　　　　〕であり，これは初項が ᵇ〔　　　　〕，公差が

ᶜ〔　　　　〕の等差数列である。

〈ヒント〉 数列 $\{b_n\}$ に対して，$b_n=a_{3n-2}$（$n=1$，2，3，……）が成り立つ。

TRY 問題

□**164** 3 つの数 3，7，a は適当に並べ替えると等差数列になるという。このとき，a の値として考えられる数は ᵃ〔　　　　〕個あり，そのうち a の値が最小となるのは $a=$ ᵇ〔　　　　〕である。

さらに，公差を d とすると，d の値として考えられる数は ᶜ〔　　　　〕個あり，そのうち d の値が最小となるのは $d=$ ᵈ〔　　　　〕である。

〈ヒント〉 例えば，3 が真ん中の数となるとき $2\cdot3=7+a$ が成り立つ

36 等差数列の和 数学B

基 本 事 項

① **等差数列の和 S_n**

初項 a，公差 d の等差数列の初項から第 n 項（末項 l）までの和 S_n は

$$S_n = \frac{1}{2}n(a+l) = \frac{1}{2}n\{2a+(n-1)d\}$$

② **いろいろな自然数の数列の和**

[1] $1+2+3+\cdots\cdots+n = \frac{1}{2}n(n+1)$（自然数の和） [2] $1+3+5+\cdots\cdots+(2n-1) = n^2$（奇数の和）

☑ **165** (1) 等差数列 13，18，23，$\cdots\cdots$，508 の項数は $^\text{ア}\boxed{}$ で，初項

から末項までの和は $^\text{イ}\boxed{}$ である。

(2) 等差数列 39，35，31，27，$\cdots\cdots$ において，初項から第 $^\text{ウ}\boxed{}$

項までの和が初めて負となる。

ヒント (2) n に関する 2 次不等式を解く。$n>0$ に注意

☑ **166** (1) 2 桁の自然数で，4 で割ると 3 余る数を小さい順に並べると，

初項 $^\text{ア}\boxed{}$，末項 $^\text{イ}\boxed{}$，項数 $^\text{ウ}\boxed{}$ の等差数列にな

り，その和は $^\text{エ}\boxed{}$ である。

(2) 1 から 100 までの自然数で，2 の倍数かつ 3 の倍数である数

の和は $^\text{オ}\boxed{}$ である。

また，2 の倍数または 3 の倍数である数の和は $^\text{カ}\boxed{}$ で，

2 でも 3 でも割り切れない数の和は $^\text{キ}\boxed{}$ である。

ヒント p の倍数の和 $\longrightarrow$ 公差 p の等差数列の和

☑ **167** 第 3 項が 17，初項から第 6 項までの和が 120 である等差数列

$\{a_n\}$ の一般項は $a_n = {}^\text{ア}\boxed{}$ であり，$200 < a_n < 300$ を満

たす項の和は $^\text{イ}\boxed{}$ である。

ヒント 数列 $\{a_n\}$ の第 p 項から第 q 項 $(p<q)$ までの項数は $q-p+1$

(1) まず，一般項を求める。

(2) $S_n<0$ を満たす自然数 n の最小値を求める。

(1) 4 で割ると 3 余る自然数は $4(n-1)+3$

(2) 集合の要素の個数
$n(A\cup B)=n(A)$
$+n(B)-n(A\cap B)$，
$n(\overline{A\cup B})=n(\overline{A\cup B})$

☐**168** 次の問題に対して，太郎さんと花子さんがそれぞれ以下の考え方で解こうとしている。

> 問題 初項が 13，公差が -2 の等差数列 $\{a_n\}$ において，初項から第 n 項までの和 S_n が最大となる n を求めよ。

初項 13，公差 -2，項数 n として公式（基本事項①）を利用する。

太郎さんの考え方

S_n を n の式で表すと，$S_n = \boxed{}^{\text{ア}}$ となる。

S_n を n の関数とみて，S_n が最大となる自然数 n を求める。

花子さんの考え方

等差数列 $\{a_n\}$ の一般項は $a_n = \boxed{}^{\text{イ}}$ である。

$n \geqq 2$ において，

$a_n > \boxed{}^{\text{ウ}}$ のとき，常に $S_n > S_{n-1}$ が成り立ち，

$a_n < \boxed{}^{\text{ウ}}$ のとき，常に $S_n < S_{n-1}$ が成り立つから，

項が初めて $\boxed{}^{\text{エ}}$ ような自然数 n を求めると $n = \boxed{}^{\text{オ}}$ である。

$n \geqq \boxed{}^{\text{オ}}$ のとき $a_n < \boxed{}^{\text{ウ}}$ であることから，S_n が最大となる自然数 n を求める。

(1) $\boxed{}^{\text{ウ}}$，$\boxed{}^{\text{エ}}$ に当てはまるものを，次の各解答群のうちからそれぞれ一つずつ選べ。

$\boxed{}^{\text{ウ}}$ の解答群：⓪ 0　① a_{n-1}

$\boxed{}^{\text{エ}}$ の解答群：

⓪ 正の数となる　① 負の数となる

② $a_n > a_{n-1}$ を満たす　③ $a_n < a_{n-1}$ を満たす

(2) どちらの考え方でも，条件を満たす n を求めることができ，$n = \boxed{}^{\text{カ}}$ である。さらに，S_n の最大値は $\boxed{}^{\text{キ}}$ である。

ヒント S_n は n の 2 次式で表される

73

37 等 比 数 列

基 本 事 項

＊＊＊以下，本書では断りがなくても数列の項は実数とする。

① 等比数列の定義と一般項

[1] 定義　数列 $\{a_n\}$ の各項に一定の数 r を掛けると，次の項が得られる数列。

$$a_{n+1}=a_n r \ (r \text{ は公比}) \quad 特に，a_1 \neq 0，r \neq 0 \text{ のとき} \quad \frac{a_{n+1}}{a_n}=r \ (一定)$$

[2] 一般項　初項 a，公比 r の等比数列の一般項 a_n は　$a_n=ar^{n-1}$

② 等比中項

$abc \neq 0$ とする。数列 a, b, c が等比数列 $\Longleftrightarrow b^2=ac$（$b$ を等比中項という）

☑ **169** (1) 公比 2，第 9 項が 1280 である等比数列の初項は $^{ア}\boxed{}$ である。

(2) 初項 2，公比 -3 の等比数列で，-486 は第 $^{イ}\boxed{}$ 項である。

補 足

(2) $486=2 \cdot 3^5$

(3) 第 2 項が -6，第 5 項が 48 である等比数列の初項は $^{ウ}\boxed{}$，

公比 $^{エ}\boxed{}$ であり，第 8 項は $^{オ}\boxed{}$ である。

(3) 2 つの式から a を消去する。

ヒント 初項 a，公比 r，項数 n に関する方程式を作って解く

☑ **170** 等比数列 $\{a_n\}$ において，初項と第 2 項の和が -2，第 3 項と第 4 項の和が -8 であるとき，初項 a と公比 r の値を求めると

$$(a, \ r)=\ ^{ア}\boxed{}, \ ^{イ}\boxed{} \ である。$$

まず a を消去する。

ヒント a, r に関する連立方程式を解く

☑ **171** (1) 等比数列をなす 3 つの実数の和が 15，積が -1000 であるとき，この 3 つの実数は $^{ア}\boxed{}$, $^{イ}\boxed{}$, $^{ウ}\boxed{}$ である。

(1) まず a を消去する。

(2) 数列 2, a, b が等差数列をなし，数列 a, b, 9 が等比数列をなすとき　$(a, \ b)=\ ^{エ}$, ^{オ} である。

(2) 2 つの条件から，a の 2 次方程式を導く。

ヒント (1) 3 数を a, ar, ar^2 とおく　(2) a, b に関する連立方程式を解く

□**172** 太郎さんと花子さんが次の問題について話している。

問題 年度初めに a 円貯金したとき，n 年度末には元利合計は いくらになるか。年利率を r，1年ごとの複利で計算せ よ。ただし，$r>0$ とする。

太郎：難しい言葉が多くて，よくわからないよ。

花子：例えば，年度初めに1000円貯金したとすると，1年 度末には利息が $1000r$ 円つくから，元利合計は初め に貯金した1000円と，利息の $1000r$ 円を合わせて $1000(1+r)$ 円になるよ。

あと，1年ごとの複利で計算するというのは，1年ご とに元利合計で利息を計算するということだよ。

太郎：じゃあ，2年度末の利息は $1000(1+r)×r$ 円になる ということ？

花子：そうだよ。じゃあ問題を解いてみようか。

太郎：年度初めに a 円貯金したら，1年度末には利息が

ア ☐ 円つくから，元利合計は イ ☐ 円だね。

同じように，2年度末には利息が ウ ☐ 円つく

から，2年度末の元利合計は エ ☐ 円だね。

あっ，これは初項が イ ☐ ，公比が オ ☐ の

等比数列だ！

つまり，n 年度末の元利合計は カ ☐ 円だよ。

年利率を0.3％，1年ごとの複利で，年度初めに5万円貯金した とき，10年度末には元利合計は キ ☐ 円になる。必要なら ば，$1.003^{10}=1.0304$ を用いてもよい。

ヒント n 年度末の元利合計を a_n とした等比数列 $\{a_n\}$ を考える

38 等比数列の和

基 本 事 項

等比数列の和

初項 a, 公比 r, 項数 n の等比数列の和 S_n は

[1] $r \neq 1$ のとき

$$S_n = \frac{a(1-r^n)}{1-r} = \frac{a(r^n-1)}{r-1}$$

$$
\begin{array}{rl}
S_n = & a+ar+ar^2+\cdots\cdots+ar^{n-1} \\
-) \quad rS_n = & \quad ar+ar^2+\cdots\cdots+ar^{n-1}+ar^n \\
\hline
(1-r)S_n = & a \qquad\qquad\qquad\qquad\quad -ar^n
\end{array}
$$

また, 第 n 項を l とすると $\quad S_n = \dfrac{a-lr}{1-r}$

[2] $r = 1$ のとき $\quad S_n = na$

☑ **173** (1) 初項が 32, 第 4 項が 4 である等比数列の公比は $^{ア}\boxed{}$ であり, 初項から第 6 項までの和は $^{イ}\boxed{}$ である。

(2) 初項が 4, 公比が 2, 初項から末項までの和が 252 の等比数列の項数は $^{ウ}\boxed{}$ である。

(3) 初項が 1, 公比が 3 の等比数列で, 初項からの和が初めて 250 を超えるのは, 第 $^{エ}\boxed{}$ 項である。

ヒント (2), (3) 指数に関する方程式・不等式となる

補 足

(3) 指数の n に整数を代入して, 不等式を満たす n の最小値を求める。

☑ **174** (1) $2^4 \cdot 3^3$ の正の約数の個数は $^{ア}\boxed{}$ 個であり, その総和は $^{イ}\boxed{}$ である。

(2) 1000 の正の約数の個数は $^{ウ}\boxed{}$ 個であり, その総和は $^{エ}\boxed{}$ である。

ヒント (2) 素因数分解して考える

□**175** 等比数列の初項から第 n 項までの和を S_n とする。$S_{10}=2$, $S_{20}=6$ であるとき，S_{30} と S_{40} の値を求めたい。

初項を a，公比を r $(r \neq \pm 1)$ とすると，条件から

$$\frac{a(r^{10}-1)}{r-1} = \boxed{}^{\text{ア}} \quad \cdots\cdots ①, \quad \frac{a(r^{20}-1)}{r-1} = \boxed{}^{\text{イ}} \quad \cdots\cdots ②$$

①，②から，a を消去すると $r^{10} = \boxed{}^{\text{ウ}}$ $\cdots\cdots ③$

ゆえに，①，③ から $\dfrac{a}{r-1} = \boxed{}^{\text{エ}}$ が成り立つ。

したがって $S_{30} = \dfrac{a(r^{30}-1)}{r-1} = \boxed{}^{\text{オ}}$

$$S_{40} = \frac{a(r^{40}-1)}{r-1} = \boxed{}^{\text{カ}}$$ である。

ヒント r の値を直接求める必要はなく，r^{10} の値を利用すればよい

補 足

$r=1$ なら
$\quad S_{20}=2S_{10}$
$r=-1$ なら
$\quad S_{20}=S_{10}=0$
となり，不適。
$r^{20}-1=(r^{10}+1)(r^{10}-1)$

$r^{30}=(r^{10})^3$
$r^{40}=(r^{10})^4$

TRY 問題

□**176** あるボールを床に落とすと，ボールは常に落ちる高さの $\dfrac{1}{2}$ まではね返るという。このボールを 16 m の高さから落としたとき，6 回目に床に着くまでに，ボールが上下した距離の総和 L m を求めよう。

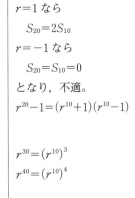

(1) 1 回目に床に着いてから 2 回目に床に着くまでの間に，はね返ったボールの高さの最大値は $\boxed{}^{\text{ア}}$ m である。

n 回目に床に着いてから $n+1$ 回目に床に着くまでの間に，はね返ったボールの高さの最大値を a_n とすると，数列 $\{a_n\}$ は初項が $\boxed{}^{\text{イ}}$，公比が $\boxed{}^{\text{ウ}}$ の等比数列である。

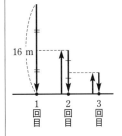

(2) L の値として正しいものを，次の⓪～⑦のうちから一つ選べ。
$\boxed{}^{\text{エ}}$

⓪ $\displaystyle\sum_{k=1}^{5} a_k$ 　① $\displaystyle\sum_{k=1}^{5} 2a_k$ 　② $16+\displaystyle\sum_{k=1}^{5} a_k$ 　③ $16+\displaystyle\sum_{k=1}^{5} 2a_k$

④ $\displaystyle\sum_{k=1}^{6} a_k$ 　⑤ $\displaystyle\sum_{k=1}^{6} 2a_k$ 　⑥ $16+\displaystyle\sum_{k=1}^{6} a_k$ 　⑦ $16+\displaystyle\sum_{k=1}^{6} 2a_k$

(3) $L = \boxed{}^{\text{オ}}$ である。

ヒント $\displaystyle\sum_{k=1}^{n} ar^{k-1}$ は，初項が a，公比が r の等比数列の初項から第 n 項までの和である

基 本 事 項

① 和の記号 Σ p, q は k に無関係な定数とする。

[1] $\displaystyle\sum_{k=1}^{n} c = nc$ 特に $\displaystyle\sum_{k=1}^{n} 1 = n$ $\qquad$ $\displaystyle\sum_{k=1}^{n}(pa_k + qb_k) = p\sum_{k=1}^{n} a_k + q\sum_{k=1}^{n} b_k$

[2] $\displaystyle\sum_{k=1}^{n} k = 1 + 2 + \cdots\cdots + n = \frac{1}{2}n(n+1)$ $\qquad$ $\displaystyle\sum_{k=1}^{n} k^2 = 1^2 + 2^2 + \cdots\cdots + n^2 = \frac{1}{6}n(n+1)(2n+1)$

$\displaystyle\sum_{k=1}^{n} k^3 = 1^3 + 2^3 + \cdots\cdots + n^3 = \left\{\frac{1}{2}n(n+1)\right\}^2$ $\qquad$ $r \neq 1$ のとき $\displaystyle\sum_{k=1}^{n} r^{k-1} = \frac{1-r^n}{1-r} = \frac{r^n-1}{r-1}$

② 階差数列と一般項

$\{a_n\}$ の階差数列を $\{b_n\}$ $(b_n = a_{n+1} - a_n)$ とすると

$n \geqq 2$ のとき $a_n = a_1 + \displaystyle\sum_{k=1}^{n-1} b_k$ $(n=1$ のときは別に確かめる$)$

$a_1,\ a_2,\ a_3,\ \cdots\cdots,\ a_n,\ a_{n+1}$
$\qquad b_1\quad b_2 \qquad\qquad\quad b_n$

③ 和 S_n と第 n 項 a_n

数列 $\{a_n\}$ の初項から第 n 項までの和を S_n とすると $\quad a_1 = S_1$, $n \geqq 2$ のとき $a_n = S_n - S_{n-1}$

☐**177** (1) $\displaystyle\sum_{k=1}^{n} k(k+1) = \sum_{k=1}^{n}\left(\ ^{\text{ア}}\boxed{}\ \right) = ^{\text{イ}}\boxed{}$

(2) $1\cdot3,\ 3\cdot4,\ 5\cdot5,\ 7\cdot6,\ \cdots\cdots,\ (2n-1)(n+2)$ の第 k 項

$(1 \leqq k \leqq n)$ は $a_k = ^{\text{ウ}}\boxed{}$ であり,

$\displaystyle\sum_{k=1}^{n} a_k = ^{\text{エ}}\boxed{}$ となる。

ヒント 展開して公式を利用

補 足

☐**178** $\dfrac{1}{1\cdot3} + \dfrac{1}{3\cdot5} + \dfrac{1}{5\cdot7} + \cdots\cdots + \dfrac{1}{(2n-1)(2n+1)}$

$= \dfrac{1}{2}\left(\dfrac{1}{1} - \dfrac{1}{3}\right) + \dfrac{1}{2}\left(\dfrac{1}{3} - ^{\text{ア}}\boxed{}\right) + \dfrac{1}{2}\left(\dfrac{1}{5} - ^{\text{イ}}\boxed{}\right) + \cdots\cdots$

$\qquad\qquad + \dfrac{1}{2}\left(\dfrac{1}{2n-1} - \dfrac{1}{2n+1}\right)$

$= ^{\text{ウ}}\boxed{}$

ヒント 第 k 項を差の形に分解して求める

よく用いられる分数式の
変形

$\dfrac{1}{k(k+1)} = \dfrac{1}{k} - \dfrac{1}{k+1},$

$\dfrac{1}{(2k-1)(2k+1)}$

$= \dfrac{1}{2}\left(\dfrac{1}{2k-1} - \dfrac{1}{2k+1}\right)$

など

☐**179** 初項から第 n 項までの和 S_n が $S_n = 2n^2 + n$ で表される数列 $\{a_n\}$

がある。このとき，この数列の一般項は，$a_n = $ [　　　　]

である。

ヒント S_{n-1} を求め，S_n との差を考える

☐**180** $S_n = 1 + 2x + 3x^2 + \cdots\cdots + nx^{n-1}$ $(x \neq 1)$ を求める。

$xS_n = x + {}^{\text{ア}}$[　　　] $+ \cdots\cdots + {}^{\text{イ}}$[　　　] $+ {}^{\text{ウ}}$[　　　] であるから

$S_n - xS_n = {}^{\text{エ}}$[　　　　　　　　　　　]

$x \neq 1$ より，$S_n = {}^{\text{オ}}$[　　　　　　　　] となる。

ヒント $a_n = b_n x^{n-1}$（b_n は等差数列）の形。$S_n - xS_n$ を計算

補足

・和 S_n と a_n

　$n \geqq 2$ のとき

　　　$a_n = S_n - S_{n-1}$

　$n = 1$ のときは別に確

　める。

等比数列の和の公式を導

いたときと同じ方法で

S_n を求める。

TRY 問題

☐**181** 太郎さんと花子さんが次の問題について話している。

> 問題 数列 $\{a_n\}$：2, 7, 18, 35, 58, 87, $\cdots\cdots$ について，数
> 列 $\{a_n\}$ の一般項を求めよ。

太郎：この数列は等差数列でも，等比数列でもないね。

花子：それじゃあ，数列 $\{a_n\}$ の階差数列 $\{b_n\}$ を考えてみ
　　　よう。

太郎：$b_1 = {}^{\text{ア}}$[　　]，$b_2 = {}^{\text{イ}}$[　　]，$b_3 = {}^{\text{ウ}}$[　　]，…だか
　　　ら，数列 $\{b_n\}$ の一般項は $b_n = {}^{\text{エ}}$[　　　　] となるよ。

花子：つまり，$n \geqq 2$ のとき $a_n = {}^{\text{オ}}$[　　　] と表されるね。

太郎：これを計算して，$a_n = {}^{\text{カ}}$[　　　　　] が答えだね。

花子：ちょっとまって！ $n = {}^{\text{キ}}$[　　　] のときの a_n の値が，

　　　${}^{\text{ク}}$[　　　　] となることを確認しないといけないよ。

${}^{\text{オ}}$[　　] に当てはまるものを，次の⓪～③のうちから一つ選べ。

⓪ $\displaystyle\sum_{k=1}^{n} b_k$ 　① $\displaystyle\sum_{k=1}^{n-1} b_k$ 　② $2 + \displaystyle\sum_{k=1}^{n} b_k$ 　③ $2 + \displaystyle\sum_{k=1}^{n-1} b_k$

ヒント $b_n = a_{n+1} - a_n$

40　漸化式と数列

数学 B

基本事項

漸化式　$a_{n+1}=pa_n+q$

$p \neq 0$，$p \neq 1$ とする。（$p=1$ のとき，$\{a_n\}$ は公差 q の等差数列）

漸化式から一般項を求める基本方針は

[1] $a_{n+1}-c=p(a_n-c)$ の形に変形。[c は $c=pc+q$ の解]

　　数列 $\{a_n-c\}$ は，初項 a_1-c，公比 p の等比数列となる。

$$\begin{array}{r} a_{n+1}=pa_n+q \\ -)\quad c=pc+q \\ \hline a_{n+1}-c=p(a_n-c) \end{array}$$

[2] $a_{n+2}-a_{n+1}=p(a_{n+1}-a_n)$ の形に変形。

　　$b_n=a_{n+1}-a_n$（$\{b_n\}$ は $\{a_n\}$ の階差数列）とおくと

　　数列 $\{b_n\}$ は初項 a_2-a_1，公比 p の等比数列

$$\begin{array}{r} a_{n+2}=pa_{n+1}+q \\ -)\quad a_{n+1}=pa_n+q \\ \hline a_{n+2}-a_{n+1}=p(a_{n+1}-a_n) \end{array}$$

☐**182** (1) 数列 $\{a_n\}$ が $a_1=2$，$a_{n+1}=a_n+3n$ で定義されるとき，

$a_n=\boxed{}^{ア}$ である。

(2) 数列 $\{a_n\}$ が $a_1=4$，$a_{n+1}=a_n+3^n$ で定義されるとき，

$a_n=\boxed{}^{イ}$ である。

ヒント 階差数列 $\{a_{n+1}-a_n\}$ を考える

補足

階差数列の利用

$n \geq 2$ のとき

$a_n=a_1+\sum\limits_{k=1}^{n-1} b_k$

$n=1$ のときは別に確める。

☐**183** 数列 $\{a_n\}$ を $a_1=1$，$a_{n+1}=\dfrac{a_n}{3+a_n}$ により定める。

$b_n=\dfrac{1}{a_n}$ とおくと，$b_1=\boxed{}^{ア}$，b_{n+1} を b_n で表すと

$b_{n+1}=\boxed{}^{イ}$

数列 $\left\{b_n+\boxed{}^{ウ}\right\}$ を考えると，初項 $\boxed{}^{エ}$，公比 $\boxed{}^{オ}$

の等比数列となるから　$b_n=\boxed{}^{カ}$

したがって　$a_n=\boxed{}^{キ}$

ヒント 逆数をとって，$b_n=\dfrac{1}{a_n}$ によるおきかえ

$a_{n+1}=\dfrac{ra_n}{pa_n+q}$

逆数をとると

$\dfrac{1}{a_{n+1}}=\dfrac{q}{r} \cdot \dfrac{1}{a_n}+\dfrac{p}{r}$

TRY 問題

□**184** 数列 $\{a_n\}$ を $a_1=1$, $a_{n+1}=4a_n-6$ ……（＊）により定める。

数列 $\{a_n\}$ の一般項を次の2通りの方法で求めてみよう。

　　方法①：漸化式を変形して，$a_{n+1}-s=t(a_n-s)$ の形にする

　　方法②：数列 $\{a_n\}$ の階差数列 $\{b_n\}$ を用いる

まず，方法① について，（＊）を変形すると

$$a_{n+1}-\boxed{}^{\text{ア}}=\boxed{}^{\text{イ}}\left(a_n-\boxed{}^{\text{ア}}\right)$$

よって，数列 $\left\{a_n-\boxed{}^{\text{ア}}\right\}$ は，初項が $\boxed{}^{\text{ウ}}$，公比が

$\boxed{}^{\text{エ}}$ の等比数列である。

したがって　　$a_n=\boxed{}^{\text{オ}}$

次に，方法② について，数列 $\{a_n\}$ の階差数列を $\{b_n\}$ とする。

（＊）より $a_{n+2}=4a_{n+1}-6$ ……（＊＊）であるから

（＊＊）−（＊）から　　$a_{n+2}-a_{n+1}=\boxed{}^{\text{カ}}(a_{n+1}-a_n)$

この式を b_{n+1}，b_n を用いて表すと　　$b_{n+1}=\boxed{}^{\text{キ}}$

よって，数列 $\{b_n\}$ は，初項が $\boxed{}^{\text{ク}}$，公比が $\boxed{}^{\text{ケ}}$ の等比

数列である。

ゆえに，数列 $\{b_n\}$ の一般項は　　$b_n=\boxed{}^{\text{コ}}$

したがって，$n\geqq2$ のとき　　$a_n=\boxed{}^{\text{サ}}+\sum_{k=1}^{\boxed{}^{\text{シ}}}b_k$

すなわち　　$a_n=\boxed{}^{\text{ス}}$

$a_n=\boxed{}^{\text{ス}}$ のとき，$n=1$ とすると $a_1=1$ であるから，

$n=1$ のときも成り立つ。

ヒント 方法①：$c=4c-6$ を満たす c を（＊）の両辺から引いて式変形する

STEP UP 演習

1. 式と証明

太郎さんと花子さんが次の問題について話している。

問題 a を正の有理数とするとき，$\sqrt{7}$ は a と $\dfrac{a+7}{a+1}$ の間の数である，すなわち $a<\sqrt{7}<\dfrac{a+7}{a+1}$ また

は $\dfrac{a+7}{a+1}<\sqrt{7}<a$ となることを示せ。

花子：問題文にある2つの不等式の各辺から $\sqrt{7}$ を引くと

$$a-\sqrt{7}<0<\frac{a+7}{a+1}-\sqrt{7} \ \ \text{または} \ \ \frac{a+7}{a+1}-\sqrt{7}<0<a-\sqrt{7}$$

を示すことになるね。

太郎：あっ！　ということは　ア　……① を示せばいいんだね。

花子：なるほど。確かにそうね。① の左辺を計算すると $(左辺)=-\dfrac{\boxed{イ}}{\boxed{ウ}}(\boxed{エ})^2$ と

なって，a が正の有理数だからこれは負の数となり，示すことができたね。

太郎：この問題は $\sqrt{7}$ だったけど，正の有理数 x についても，計算式の7を x におきかえら

れるから，$\sqrt{x}$ が a と $\dfrac{a+x}{a+1}$ の間の数ということも示せそうだね。

---

(1) 　ア　～　エ　に当てはまるものを，各解答群のうちから一つずつ選べ。

　ア　の解答群：
⓪ $\left(\dfrac{a+7}{a+1}-\sqrt{7}\right)+(a-\sqrt{7})<0$ 　　① $(a-\sqrt{7})-\left(\dfrac{a+7}{a+1}-\sqrt{7}\right)<0$

② $\left(\dfrac{a+7}{a+1}-\sqrt{7}\right)-(a-\sqrt{7})<0$ 　　③ $(a-\sqrt{7})\left(\dfrac{a+7}{a+1}-\sqrt{7}\right)<0$

　イ　～　エ　の解答群：
⓪ a 　　① $a+1$ 　　② $a+7$ 　　③ $a-7$

④ $a+\sqrt{7}$ 　　⑤ $a-\sqrt{7}$ 　　⑥ $\sqrt{7}+1$ 　　⑦ $\sqrt{7}-1$

(2) 波下線部について，太郎さんのこの予想は正しくない。正の有理数 x について，a を正の有理数

とするとき，$\sqrt{x}$ が a と $\dfrac{a+x}{a+1}$ の間の数であるとはいえない x として適当なものは，次の⓪～④の

うち　オ　個あり，そのうち最大の番号は　カ　である。

⓪ $\dfrac{1}{2}$ 　　① 1 　　② 2 　　③ 3 　　④ 4

2. 解と係数の関係

太郎さんと花子さんが次の問題について話している。

問題 a を実数とする。x についての 3 次方程式 $x^3+3ax^2+(2a^2-1)x-2a^2-3a=0$ …… ① の解が，すべて 0 以上となるような a のとりうる値の範囲を求めよ。

太郎：方程式 ① は a の値によらず $x=\boxed{\text{ア}}$ を解にもつから

$$(x-\boxed{\text{ア}})\{x^2+(\boxed{\text{イ}}a+\boxed{\text{ウ}})x+\boxed{\text{エ}}a^2+\boxed{\text{オ}}a\}=0$$

と表せるね。

花子：x の 2 次方程式 $x^2+(\boxed{\text{イ}}a+\boxed{\text{ウ}})x+\boxed{\text{エ}}a^2+\boxed{\text{オ}}a=0$ …… ② の判別式を D，解を α, β とすると，$D\geqq0$ かつ $\alpha\geqq0$ かつ $\beta\geqq0$ が成り立つ a の値の範囲が 問題 の答えだね。

太郎：$D\geqq0$ から

$$a\leqq\boxed{\text{カ}}-\boxed{\text{キ}}\sqrt{\boxed{\text{ク}}}, \boxed{\text{カ}}+\boxed{\text{キ}}\sqrt{\boxed{\text{ク}}}\leqq a$$

がわかるよ。

だけど，方程式 ② は複雑だから α, β を考えるのは大変だね。

花子：$\alpha\geqq0$，$\beta\geqq0$ だから，$\boxed{\text{ケ}}$ を満たす a の値の範囲を求めるのはどうかな。

太郎：あ，そうか。$\alpha+\beta=\boxed{\text{コ}}$，$\alpha\beta=\boxed{\text{サ}}$ とわかるから，α, β を直接求めるより簡単だね。$\boxed{\text{ケ}}$ からは $a\leqq\dfrac{\boxed{\text{シス}}}{\boxed{\text{セ}}}$ とわかったよ。

花子：それなら，問題 の答えは $a\leqq\boxed{\text{ソ}}$ だね。

$\boxed{\text{ア}}\sim\boxed{\text{ク}}$，$\boxed{\text{シ}}\sim\boxed{\text{セ}}$ に当てはまる数を答えよ。また，$\boxed{\text{ケ}}$，$\boxed{\text{コ}}$，$\boxed{\text{サ}}$，$\boxed{\text{ソ}}$ に当てはまるものを，次の各解答群のうちから一つずつ選べ。

$\boxed{\text{ケ}}$ の解答群：
⓪ $\alpha+\beta\leqq0$ かつ $\alpha\beta\leqq0$ ① $\alpha+\beta\leqq0$ かつ $\alpha\beta\geqq0$
② $\alpha+\beta\geqq0$ かつ $\alpha\beta\leqq0$ ③ $\alpha+\beta\geqq0$ かつ $\alpha\beta\geqq0$

$\boxed{\text{コ}}$，$\boxed{\text{サ}}$ の解答群：
⓪ $2a^2-1$ ① $-(2a^2-1)$
② $-2a^2-3a$ ③ $-(-2a^2-3a)$
④ $\boxed{\text{イ}}a+\boxed{\text{ウ}}$ ⑤ $-(\boxed{\text{イ}}a+\boxed{\text{ウ}})$
⑥ $\boxed{\text{エ}}a^2+\boxed{\text{オ}}a$ ⑦ $-(\boxed{\text{エ}}a^2+\boxed{\text{オ}}a)$

$\boxed{\text{ソ}}$ の解答群：⓪ $\boxed{\text{カ}}-\boxed{\text{キ}}\sqrt{\boxed{\text{ク}}}$ ① $\dfrac{\boxed{\text{シス}}}{\boxed{\text{セ}}}$

3. 領域と最大・最小

ある工場では2種類の製品X，Yを製造している。右の表は

- ・各製品を1kg製造するのに必要な原料 a，b，cの量
- ・各原料の1日に仕入れ可能な量
- ・各製品の1kgあたりの利益

をまとめたものである。

	製品X	製品Y	1日に仕入れ可能な量
原料a	3kg	2kg	24kg
原料b	5kg		30kg
原料c		3kg	27kg
利益	4万円	3万円	

x，yは実数とする。1日に製品Xを$x$kg，製品Yを$y$kg製造するとき，1日に仕入れ可能な量から，次の連立不等式が成り立つ。

$$\begin{cases} 0\leq \boxed{\text{ア}}\,x+\boxed{\text{イ}}\,y\leq 24 \\ 0\leq x\leq \boxed{\text{ウ}} \\ 0\leq y\leq \boxed{\text{エ}} \end{cases}$$

(1) 連立不等式の表す領域を D とする。次の⓪〜⑨の10個の点のうち，領域 D に含まれる点は $\boxed{\text{オ}}$ 個ある。そのうち，x座標とy座標の和が最大となるものは $\boxed{\text{カ}}$ である。

⓪ 点 $(0, 12)$　　① 点 $(1, 8)$　　② 点 $(2, 9)$　　③ 点 $(3, 7)$　　④ 点 $(4, 6)$

⑤ 点 $(6, 6)$　　⑥ 点 $\left(\dfrac{16}{3}, 4\right)$　　⑦ 点 $(6, 3)$　　⑧ 点 $(8, 2)$　　⑨ 点 $(8, 0)$

(2) 各原料の使用量は実数の値をとりうるとする。1日あたりの2つの製品の利益の合計は $\boxed{\text{キ}}\,x+\boxed{\text{ク}}\,y$（万円）であるから，1日の利益の合計を最大にするには，製品Xを $\boxed{\text{ケ}}$ kg，製品Yを $\boxed{\text{コ}}$ kg製造すればよく，利益の合計は $\boxed{\text{サシ}}$ 万円である。

(3) ある日，原料cの仕入れ先から「今日は，原料cが18kgしか仕入れられない。」との連絡があった。この日の利益の合計を最大にするためには，製品Xを $\boxed{\text{ス}}$ kg，製品Yを $\boxed{\text{セ}}$ kg製造すればよく，利益の合計は $\boxed{\text{ソタ}}$ 万円である。

(4) (3)の日から1か月後，原料cの価格が上昇し，製品Yの1kgあたりの利益が2万円となった。このとき，1日の利益の合計を最大にするには，製品Xを $\boxed{\text{チ}}$ kg，製品Yを $\boxed{\text{ツ}}$ kg製造すればよく，利益の合計は $\boxed{\text{テト}}$ 万円である。

4. 三角関数

太郎さんと花子さんのクラスでは，次の問題を宿題として出された。

問題 $0 \leq \theta < 2\pi$ の範囲で，関数 $f(\theta) = -2\cos^2\theta + 2\cos 2\theta + 3\sin\theta$ を考える。

(1) $f(\theta)$ の最大値と最小値を求めよ。

(2) 方程式 $f(\theta) = 1$ の $0 \leq \theta < 2\pi$ における異なる解の個数を求めよ。

次の太郎さんと花子さんの会話を読んで，下の問いに答えよ。

花子：この $f(\theta)$ は ア を t とおけば，t の整式で表すことができそうね。

太郎：$f(\theta)$ を t の式で表した関数を $g(t)$ とすると，$g(t) = \boxed{イウ} t^2 + \boxed{エ} t$ になるよ。

花子：あと，$0 \leq \theta < 2\pi$ だから，t のとりうる値の範囲は オ だね。

太郎：その範囲における $g(t)$ の最大値，最小値を調べると，$f(\theta)$ の最大値は $\dfrac{\boxed{カ}}{\boxed{キ}}$ で，

最小値は $\boxed{クケ}$ であることがわかるよ。

花子：(2)も $f(\theta)$ を $g(t)$ におきかえて考えてみよう。

$g(t) = 1$ から，t の値は $t = \dfrac{\boxed{コ}}{\boxed{サ}}, \boxed{シ}$ となるね。

太郎：そうすると，(2)の答えは 2 個なのかな。

花子：まって，t の個数ではなくて，θ の個数を数えないといけないよ。

太郎：そうか！ $t = \dfrac{\boxed{コ}}{\boxed{サ}}$ のとき $\sin\theta = \dfrac{\boxed{コ}}{\boxed{サ}}$ だから，これを満たす θ は $0 \leq \theta < 2\pi$ の

範囲では ス 個だね。

そして，$t = \boxed{シ}$ のとき $\sin\theta = \boxed{シ}$ だから，これを満たす θ は $0 \leq \theta < 2\pi$ の範囲では セ 個だね。

花子：つまり，(2)の答えは ソ 個だね。

イ ～ エ ， カ ～ ソ に当てはまる数を答えよ。また， ア ， オ に当てはまるものを，次の各解答群のうちから一つずつ選べ。

ア の解答群： ⓪ $\sin\theta$ ① $\cos\theta$ ② $\tan\theta$

オ の解答群： ⓪ $-1 < t < 1$ ① $-1 < t \leq 1$ ② $-1 \leq t < 1$ ③ $-1 \leq t \leq 1$

5. 対数の性質

次のようにして対数尺Sを作る。

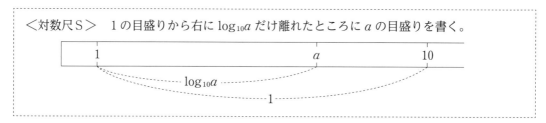

<対数尺S>　1の目盛りから右に $\log_{10}a$ だけ離れたところに a の目盛りを書く。

(1) 対数尺Sにおいて，目盛り8と目盛り11の間隔は，目盛り4と目盛り7の間隔 ア 。 ア に当てはまるものを，次の⓪～②のうちから一つ選べ。

　　⓪　に等しい　　　　　　①　より大きい　　　　　②　より小さい

(2) 下の図1において，①，②はともに対数尺Sであり，①の目盛り a を②の目盛り c に合わせた とき，①の目盛り b に対応する②の目盛りは d になったとする。

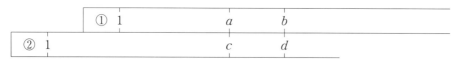

このとき，a，b，c，d には イ という関係式が成り立つ。 イ に当てはまるものを，次 の⓪～②のうちから一つ選べ。

　　⓪　$ab=cd$　　　　　　①　$ac=bd$　　　　　　②　$ad=bc$

(3) 次の(A)，(B)の比例式を満たす x の値を，2つの対数尺Sを用いて調べるとする。調べる方 法として最も適切なものを，次の⓪～②のうちから一つずつ選べ。

(A)　比例式 $2:12=6:x$　[方法] ウ 　　　(B)　比例式 $6:12=2:x$　[方法] エ

[方法]　対数尺Sである①，②を下の図のように並べ，

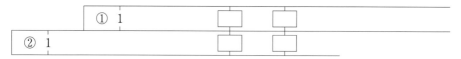

　　⓪　①の目盛り12に②の目盛り2を合わせたときの，①の目盛り6に対応する②の目盛 りを調べる。

　　①　①の目盛り6に②の目盛り2を合わせたときの，①の目盛り12に対応する②の目盛 りを調べる。

　　②　①の目盛り2に②の目盛り12を合わせたときの，①の目盛り6に対応する②の目盛 りを調べる。

6. 微分と積分の関係

関数 $f(x)$ に対して，$S(x) = \displaystyle\int_0^x f(t)\,dt$ とおく。

(1) $y = S(x)$ が 3 次関数であり，グラフが次の (i) ～ (iv) となるとき，$y = f(x)$ のグラフとして，最も適当なものを下の ⓪ ～ ⑦ のうちから一つ選べ。ただし，同じものを選んでもよい。

(i)　　　　　　　　(ii)　　　　　　　(iii)　　　　　　　(iv)

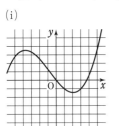 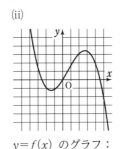 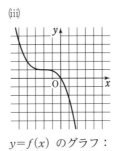 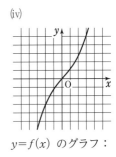

$y = f(x)$ のグラフ：　$y = f(x)$ のグラフ：　$y = f(x)$ のグラフ：　$y = f(x)$ のグラフ：

| ア | イ | ウ | エ |

⓪ 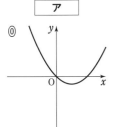　① 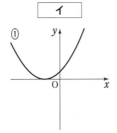　② 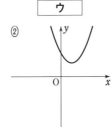　③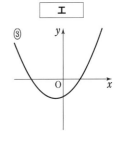

④ 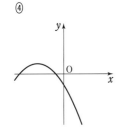　⑤ 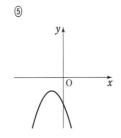　⑥ 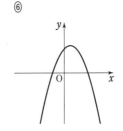　⑦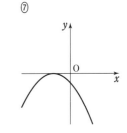

(2) $y = S(x)$ のグラフが (1) の (iv) のようになっているとする。このとき，関数 $f(x)$ に対して，$T(x) = \displaystyle\int_2^x f(t)\,dt$ とおく。$y = T(x)$ のグラフについて述べた文章として適切なものを，次の ⓪ ～ ③ のうちから一つ選べ。　| オ |

　⓪　$y = S(x)$ のグラフを x 軸方向に平行移動させたグラフである。

　①　$y = S(x)$ のグラフを y 軸方向に平行移動させたグラフである。

　②　$y = S(x)$ のグラフを x 軸方向をもとにして，拡大もしくは縮小させたグラフである。

　③　$y = S(x)$ のグラフを y 軸方向をもとにして，拡大もしくは縮小させたグラフである。

7. 平面ベクトル

△OABにおいて，辺 OA の中点を C，辺 OB を 5 : 2 に内分する点を D とする。また，直線 BC と直線 AD の交点を E とする。このとき，次の方針(i)または方針(ii)にしたがって，$\overrightarrow{OE}$ を $\overrightarrow{OA}$ と $\overrightarrow{OB}$ を用いて表したい。

方針(i)

BE : EC $= t : (1-t)$，AE : ED $= s : (1-s)$ とすると

$$\overrightarrow{OE} = \frac{\boxed{ア}}{\boxed{イ}} t\overrightarrow{OA} + (1-t)\overrightarrow{OB}, \quad \overrightarrow{OE} = (1-s)\overrightarrow{OA} + \frac{\boxed{ウ}}{\boxed{エ}} s\overrightarrow{OB}$$

と表せる。$\overrightarrow{OA} \neq 0$，$\overrightarrow{OB} \neq 0$，$\overrightarrow{OA} \nparallel \overrightarrow{OB}$ であるから，$\overrightarrow{OE}$ の $\overrightarrow{OA}$，$\overrightarrow{OB}$ を用いた表し方はただ 1 通りである。よって，2 つの関係式 $\boxed{オ}$ が成り立ち，これを解くと

$$s = \frac{\boxed{カ}}{\boxed{キ}}, \quad t = \frac{\boxed{ク}}{\boxed{ケ}}$$

となる。

したがって，$\overrightarrow{OE} = \dfrac{\boxed{コ}}{\boxed{サ}} \overrightarrow{OA} + \dfrac{\boxed{シ}}{\boxed{ス}} \overrightarrow{OB}$ である。

方針(ii)

$\overrightarrow{OE} = x\overrightarrow{OA} + y\overrightarrow{OB}$ とすると

$$\overrightarrow{OE} = \boxed{セ} x\overrightarrow{OC} + y\overrightarrow{OB}, \quad \overrightarrow{OE} = x\overrightarrow{OA} + \frac{\boxed{ソ}}{\boxed{タ}} y\overrightarrow{OD}$$

と表せる。点 E は直線 BC かつ直線 AD 上の点であることから，関係式

$$\boxed{セ} x + y = \boxed{チ}, \quad x + \frac{\boxed{ソ}}{\boxed{タ}} y = \boxed{チ}$$ が成り立ち，これを解くと

$$x = \frac{\boxed{ツ}}{\boxed{テ}}, \quad y = \frac{\boxed{ト}}{\boxed{ナ}}$$

となる。

したがって，$\overrightarrow{OE} = \dfrac{\boxed{コ}}{\boxed{サ}} \overrightarrow{OA} + \dfrac{\boxed{シ}}{\boxed{ス}} \overrightarrow{OB}$ である。

$\boxed{ア} \sim \boxed{エ}$，$\boxed{カ} \sim \boxed{ナ}$ に当てはまる数を求めよ。また，$\boxed{オ}$ に当てはまるものを，次の⓪〜③のうちから二つ選べ。

⓪ $\dfrac{\boxed{ア}}{\boxed{イ}} t = 1-s$

① $\dfrac{\boxed{ア}}{\boxed{イ}} t + (1-t) = 1$

② $1-t = \dfrac{\boxed{ウ}}{\boxed{エ}} s$

③ $(1-s) + \dfrac{\boxed{ウ}}{\boxed{エ}} s = 1$

8. 空間ベクトル

四面体 OABC において，$\overrightarrow{OA}=\vec{a}$, $\overrightarrow{OB}=\vec{b}$, $\overrightarrow{OC}=\vec{c}$ とする。$|\vec{a}|=|\vec{b}|=4$, $|\vec{c}|=3$, $\vec{a}\cdot\vec{b}=8$, $\vec{b}\cdot\vec{c}=\vec{c}\cdot\vec{a}=6$ とする。

(1) 頂点 C から平面 OAB に垂線 CH を下ろす。このとき，$|\overrightarrow{CH}|$ を求めよう。$\overrightarrow{OH}$ について，次の条件 (a), (b) が成り立つ。

点 H が平面 OAB 上にあるから 　　| ア |　　 …… (a)

直線 CH と平面 OAB が垂直であるから 　　| イ |　　 …… (b)

| ア |，| イ | に当てはまるものを，次の各解答群のうちから一つずつ選べ。

| ア | の解答群： ⓪ $\overrightarrow{CH}=s\vec{a}+t\vec{b}$ （s, t は実数）　　① $\overrightarrow{OH}=s\vec{a}+t\vec{b}$ （s, t は実数）

| イ | の解答群： ⓪ $\overrightarrow{OH}\cdot\vec{a}=0$ かつ $\overrightarrow{OH}\cdot\vec{b}=0$

　　　　　　　　 ① $(\overrightarrow{OH}-\vec{c})\cdot\vec{a}=0$ かつ $(\overrightarrow{OH}-\vec{c})\cdot\vec{b}=0$

　　　　　　　　 ② $(\overrightarrow{OH}-\vec{c})\cdot\vec{c}=0$ かつ $(\overrightarrow{OH}+\vec{c})\cdot\vec{c}=0$

(a), (b) から，$s=\dfrac{\boxed{ウ}}{\boxed{エ}}$, $t=\dfrac{\boxed{オ}}{\boxed{カ}}$ であり，$|\overrightarrow{CH}|=\sqrt{\boxed{キ}}$ である。

(2) 点 H を (1) のものとし，M を辺 BC の中点とし，P を辺 OA 上の点とする。線分 CH，線分 PM が点 R で交わるときの点 P の位置を考える。点 P は辺 OA 上の点であるから，k を実数として $\overrightarrow{OP}=k\vec{a}$ とおける。$\overrightarrow{OR}$ について，l, m を実数として次の条件 (c), (d) が成り立つ。

点 R は，線分 CH 上にあるから 　　$\overrightarrow{OR}=(1-l)\overrightarrow{OC}+l\overrightarrow{OH}$

すなわち 　　$\overrightarrow{OR}=\dfrac{\boxed{ウ}}{\boxed{エ}}l\vec{a}+\dfrac{\boxed{オ}}{\boxed{カ}}l\vec{b}+(1-l)\vec{c}$ 　…… (c)

点 R は，線分 PM 上にあるから 　　$\overrightarrow{OR}=(1-m)\overrightarrow{OP}+m\overrightarrow{OM}$

すなわち 　　$\overrightarrow{OR}=(1-m)k\vec{a}+\dfrac{\boxed{ク}}{\boxed{ケ}}m\vec{b}+\dfrac{\boxed{コ}}{\boxed{サ}}m\vec{c}$ 　…… (d)

| シ | から，(c), (d) の $\vec{a}$, $\vec{b}$, $\vec{c}$ の係数を比較して $k=\dfrac{\boxed{ス}}{\boxed{セ}}$ となる。

したがって，P は線分 OA を | ソ | : | タ | に内分する点である。

| シ | に当てはまるものを，次の ⓪～③ のうちから一つ選べ。

　　⓪ 線分 CH と線分 PM が 1 点で交わっていること

　　① 線分 CH と線分 PM がねじれの位置にあること

　　② 4 点 O, A, B, C が同じ平面上にないこと

　　③ 4 点 C, H, P, M が同じ平面上にないこと

9. 群数列

右の図のような，各マスに数が書かれた表がある。

この表において，k 列目の l 行目には $\dfrac{l}{k}$ が書かれている。

$(1 \leqq k \leqq 99,\ 1 \leqq l \leqq 100-k)$

この表に現れる数について，2 つの数列 $\{a_n\}$，$\{b_n\}$ を以下のように作る。また，数列 $\{a_n\}$，$\{b_n\}$ に仕切りを入れていくつかの群に分ける。

	1列目	2列目	3列目		97列目	98列目	99列目
99 行目	$\frac{99}{1}$						
98 行目	$\frac{98}{1}$	$\frac{98}{2}$					
97 行目	$\frac{97}{1}$	$\frac{97}{2}$	$\frac{97}{3}$				
	$\vdots$	$\vdots$	$\vdots$	$\ddots$			
3 行目	$\frac{3}{1}$	$\frac{3}{2}$	$\frac{3}{3}$	$\cdots$	$\frac{3}{97}$		
2 行目	$\frac{2}{1}$	$\frac{2}{2}$	$\frac{2}{3}$	$\cdots$	$\frac{2}{97}$	$\frac{2}{98}$	
1 行目	$\frac{1}{1}$	$\frac{1}{2}$	$\frac{1}{3}$	$\cdots$	$\frac{1}{97}$	$\frac{1}{98}$	$\frac{1}{99}$

$$\{a_n\}:\ \frac{1}{1},\ \frac{2}{1},\ \frac{3}{1},\ \cdots,\ \frac{97}{1},\ \frac{98}{1},\ \frac{99}{1}\ \Big|\ \frac{1}{2},\ \frac{2}{2},\ \cdots,\ \frac{98}{2},\ \Big|\ \frac{1}{3},\ \cdots\cdots,\ \Big|\ \frac{1}{98},\ \frac{2}{98},\ \Big|\ \frac{1}{99}$$

$$\{b_n\}:\ \frac{1}{1},\ \Big|\ \frac{2}{1},\ \frac{1}{2},\ \Big|\ \frac{3}{1},\ \frac{2}{2},\ \frac{1}{3},\ \Big|\ \frac{4}{1},\ \frac{3}{2},\ \frac{2}{3},\ \frac{1}{4},\ \Big|\ \frac{5}{1},\ \cdots,\ \frac{1}{5},\ \Big|\ \frac{6}{1},\ \cdots\cdots,\ \Big|\ \frac{99}{1},\ \cdots,\ \frac{1}{99}$$

(1) 数列 $\{a_n\}$ において，$\dfrac{4}{91}$ は 【ア】 であり，数列 $\{b_n\}$ において，$\dfrac{4}{91}$ は 【イ】 である。また，$a_p = \dfrac{4}{91}$，$b_q = \dfrac{4}{91}$ のとき 【ウ】 である。【ア】～【ウ】に当てはまるものを，次の各解答群のうちから一つずつ選べ。ただし，同じものを選んでもよい。

【ア】，【イ】 の解答群： ⓪ 第 94 群の先頭から 91 番目　　① 第 94 群の先頭から 4 番目

② 第 91 群の先頭から 4 番目　　③ 第 4 群の先頭から 91 番目

【ウ】 の解答群： ⓪ $p > q$　　① $p < q$　　② $p = q$

(2) この表に現れる数をすべて掛けると 【エ】 である。また，この表に現れる数のうち，18 の倍数は 【オカ】 個ある。

答 の 部

▶ 基本問題，TRY 問題およびSTEP UP 演習全問について答の数値を示した。

《基本問題の答》

1 （ア） $8x^3+36x^2y+54xy^2+27y^3$

（イ） $x^3-6x^2y+12xy^2-8y^3$ （ウ） x^3+8y^3

（エ） $27x^3-y^3$

2 （ア） $(3x+2y)(9x^2-6xy+4y^2)$

（イ） $(4x-y)(16x^2+4xy+y^2)$

（ウ） $(x-1)(x+2)(x^2+x+1)(x^2-2x+4)$

3 （ア） 60 （イ） 60

4 （ア） $(x+2y)(x-2y)(x^2-2xy+4y^2)$
$$\times(x^2+2xy+4y^2)$$

（イ） $4x^2y^2$ （ウ） $2xy$

（エ） $(x^2+2xy+4y^2)(x^2-2xy+4y^2)$

（オ） $(x+2y)(x-2y)(x^2-2xy+4y^2)$
$$\times(x^2+2xy+4y^2)$$

（カ） $(2x+3y)(2x-3y)(4x^2-6xy+9y^2)$
$$\times(4x^2+6xy+9y^2)$$

5 （ア） $x+3$ （イ） 2 （ウ） $2x+3$

（エ） $2x-1$

6 $3x+2$

7 （ア） $\dfrac{x-1}{x-3}$ （イ） $\dfrac{x-4}{x+3}$

8 $\dfrac{8}{(x-2)(x+3)}$

9 $-\dfrac{1}{x}$

10 （ア） $2x+5$ （イ） ③ （ウ） ①

（エ） x^2-4x-3 （オ） 1

11 （ア） -3 （イ） -4 （ウ） 1 （エ） 2

（オ） 2 （カ） -4

12 （ア） 7 （イ） $4x-1$ （ウ） -3

（エ） -4 （オ） $x+5$

13 （ア） -5 （イ） 8 （ウ） 3 （エ） -3

（オ） 2

14 （ア） 1 （イ） 2 （ウ） $\pm\sqrt{3}$ （エ） 2

（オ） 0 （カ） -1 （キ） 4

15 4

16 （ア） $a=b=0$ （イ） $a=b=c$

(ウ） $5+2\sqrt{6}$ （エ） $\sqrt{6}$

17 （ア） b （イ） c （ウ） a

18 （ア） $\dfrac{\sqrt{6}}{2}$ （イ） 1 （ウ） $\dfrac{3}{2}$ （エ） $\dfrac{3}{2}$

19 （ア） 4 （イ） $2\sqrt{3}$ （ウ） 3 （エ） $2\sqrt{5}$

（オ） ② （カ） ① （キ） ⓪ （ク） ③

（ケ） 3 （コ） ②

20 （ア） $2\sqrt{2}+\sqrt{2}\,i$ （イ） $-2+11i$ （ウ） -4

（エ） $\dfrac{1-i}{2}$

21 （ア） 1 （イ） 2 （ウ） -2

22 （ア） a^2-b^2+2abi （イ） a^2-b^2

（ウ） $2ab$ （エ）（オ） $(1,\ 1),\ (-1,\ -1)$

（カ）（キ） $1+i,\ -1-i$

23 （ア） ③ （イ） ④

24 （ア） ⓪ （イ） ③ （ウ） ① （エ） ④

（オ） ② （カ） ⑤

25 （ア） -4 （イ） 4 （ウ） 2 （エ） -2

（オ） $-4<a<2$

26 （ア） $\dfrac{1}{\sqrt{2}}x(x+\sqrt{2}\,i)$ $\left(\text{または }x\left(\dfrac{1}{\sqrt{2}}x+i\right)\right)$

（イ）（ウ） $0,\ -\sqrt{2}\,i$ （エ） ② （オ） ②

27 （ア） $-\dfrac{1}{2}$ （イ） -1 （ウ） $\dfrac{9}{4}$ （エ） $-\dfrac{13}{8}$

（オ） $-\dfrac{9}{4}$

28 （ア） $1\pm\sqrt{13}$ （イ） $-1,\ 2$

29 （ア） $(x-1-\sqrt{2})(x-1+\sqrt{2})$

（イ） $2\left(x+\dfrac{1-\sqrt{5}\,i}{2}\right)\left(x+\dfrac{1+\sqrt{5}\,i}{2}\right)$

30 （ア） 9 （イ） 14

（ウ）（エ） $5-\sqrt{19},\ 5+\sqrt{19}$

31 （ア） p^2-2q （イ） $p+q$ （ウ） p^2+2p+1

（エ） -1 （オ） -2 （カ） t^2+t-2

（キ）（ク） $-2,\ 1$ （ケ） -2 （コ） 1

（サ） -1 （シ） 3

32 （ア） 100 （イ） 5

33 （ア） -4 （イ） 5

34 $3x+8$

35 （ア） $x-k$ （イ） 因数定理 （ウ） 約数
（エ） 4 （オ） ①⑤⑦

36 （ア） $(x+2)(x+3)(x-3)$ （イ） $-2,\ \pm3$
（ウ） $(x-1)(2x^2-2x-1)$ （エ） $1,\ \dfrac{1\pm\sqrt{3}}{2}$
（オ） $(x-2)(x^2+5x+12)$
（カ） $2,\ \dfrac{-5\pm\sqrt{23}\,i}{2}$ （キ） $2,\ 6$
（ク） $-3,\ -2,\ 1,\ 2$

37 （ア） 3 （イ） -1 （ウ） 1 （エ） -1

38 （ア） -5 （イ） 11 （ウ）（エ） $3,\ 1-2i$

39 （ア） 0 （イ） $x-2$ （ウ） $x^2+2x-a+2$
（エ） 1 （オ） 2 （カ） 10

40 （ア） $(0,\ 1)$ （イ） $(16,\ -7)$
（ウ） $(6,\ 0)$

41 （ア） $y=2x+3$ （イ） $y=x+2$ （ウ） 8

42 （ア） $(2,\ 1)$ （イ） $(0,\ 2)$
（ウ） $(-3,\ -4)$ （エ） $\left(-\dfrac{1}{3},\ -\dfrac{1}{3}\right)$

43 （ア） ⓪ （イ） ⓪ （ウ） ① （エ） ⓪

44 （ア）（イ） $-1,\ 2$ （ウ） $\dfrac{1}{3}$

45 （ア） $(2-a,\ 4-b)$ （イ） $(-4,\ -3)$

46 $(-1,\ 2)$

47 （ア） $4x+y-14=0$ （イ） $x+2y+7=0$

48 （ア） $x-y+1=0$ （イ） $3\sqrt{2}$ （ウ） 15

49 （ア） ① （イ） ①

50 （ア） $x^2+y^2=9$ （イ） $(x+1)^2+(y-2)^2=25$
（ウ） $(x-5)^2+(y-4)^2=25$

51 （ア） $x^2+y^2-6y-1=0$
（イ） $(x-1)^2+(y-2)^2=8$

52 （ア） 3 （イ） $(x-3)^2+(y+2)^2=25$

53 （ア） $-4<a<1$ （イ） $(-a,\ 2)$
（ウ） $\sqrt{-a^2-3a+4}$ （エ） $-\dfrac{3}{2}$ （オ） $\dfrac{5}{2}$

54 （ア） 4 （イ） $y=-x$ （ウ） $(r,\ -r)$
（エ） $(x-r)^2+(y+r)^2=r^2$
（オ）（カ） $(x-2)^2+(y+2)^2=4$,
$(x-10)^2+(y+10)^2=100$

55 （ア） $3x+4y=25$
（イ）（エ） $y=2x+5\sqrt{5},\ (-2\sqrt{5},\ \sqrt{5})$
（ウ）（オ） $y=2x-5\sqrt{5},\ (2\sqrt{5},\ -\sqrt{5})$
［（イ）（エ）と（ウ）（オ）は逆でもよい］

56 （ア）（ウ） $2x+y=5,\ (2,\ 1)$
（イ）（エ） $-x+2y=5,\ (-1,\ 2)$
［（ア）（ウ）と（イ）（エ）は逆でもよい］

57 （ア） $(-1,\ 1)$ （イ） $2\sqrt{7}$ （ウ） 2

58 （ア） $x+y-1=0$ （イ） $x^2+y^2-4x-4y=0$

59 （ア） 2 （イ） 0

60 （ア） x^2+y^2-3x （イ） $\left(\dfrac{3}{2},\ 0\right)$ （ウ） $\dfrac{3}{2}$

61 $y=-x^2+1$

62 $x^2+(y-2)^2=1$

63 （ア） $(-1,\ 0)$ （イ） $(1,\ 0)$ （ウ） 90
（エ） $(0,\ 0)$ （オ） 1

64 （ア） $\dfrac{s+1}{3}$ （イ） $\dfrac{t}{3}$ （ウ） $3x-1$
（エ） $3y$ （オ） $s^2+t^2=1$
（カ） $\left(x-\dfrac{1}{3}\right)^2+y^2=\dfrac{1}{9}$ （キ） $\left(\dfrac{1}{3},\ 0\right)$ （ク） $\dfrac{1}{3}$
（ケ）（コ） $\left(\dfrac{2}{3},\ 0\right),\ (0,\ 0)$ （サ） ③

65 （ア） ③ （イ） ②

66 （ア）（イ） ①, ③ （ウ）（エ） ①, ③

67 （ア） $\dfrac{7}{3}$ （イ） -2 （ウ） $\dfrac{5}{3}$ （エ） $\dfrac{2}{3}$
（オ） -1 （カ） -1

68 （ア） ⓪ （イ） 真 （ウ） ①②

69 （ア） $\dfrac{3}{8}$ （イ） $-\dfrac{\sqrt{7}}{2}$ （ウ） $-\dfrac{5\sqrt{7}}{16}$

70 （ア） $\dfrac{1}{2}$ （イ） 1

71 （ア） $\dfrac{2}{3}\pi$ （イ） 2 （ウ） -2 （エ） $\dfrac{\pi}{6}$
（オ） $\dfrac{\pi}{2}$

72 （ア） $-\dfrac{\pi}{6}$ （イ） $\sqrt{2}$

73 （ア） ① （イ） ④ （ウ） ③ （エ） ④

74 （ア） $\dfrac{\pi}{6},\ \dfrac{5}{6}\pi$ （イ） $\dfrac{3}{4}\pi,\ \dfrac{5}{4}\pi$
（ウ） $\dfrac{2}{3}\pi,\ \dfrac{5}{3}\pi$ （エ） $\dfrac{4}{3}\pi<\theta<\dfrac{5}{3}\pi$

(オ)　$\dfrac{\pi}{3}<\theta<\dfrac{5}{3}\pi$

(カ)　$\dfrac{\pi}{6}\leqq\theta<\dfrac{\pi}{2}$, $\dfrac{7}{6}\pi\leqq\theta<\dfrac{3}{2}\pi$

75 (ア)　$\dfrac{7}{6}\pi$, $\dfrac{11}{6}\pi$　(イ)　$\dfrac{\pi}{3}$, $\dfrac{5}{6}\pi$, $\dfrac{4}{3}\pi$, $\dfrac{11}{6}\pi$

(ウ)　$\dfrac{2}{3}\pi<\theta<\dfrac{4}{3}\pi$

76 (ア)　$-\dfrac{\pi}{6}$　(イ)　$\dfrac{23}{6}\pi$　(ウ)　$\dfrac{\pi}{6}$　(エ)　$\dfrac{5}{6}\pi$

(オ)　$\dfrac{13}{6}\pi$　(カ)　$\dfrac{17}{6}\pi$　(キ)　$\dfrac{\pi}{6}$　(ク)　$\dfrac{\pi}{2}$

(ケ)　$\dfrac{7}{6}\pi$　(コ)　$\dfrac{3}{2}\pi$

77 (ア)　$\sin\theta$　(イ)　$-3t^2+8t+3$　(ウ)　$\dfrac{4}{3}$

(エ)　$0\leqq t\leqq1$　(オ)　1　(カ)　0　(キ)　$\dfrac{\pi}{2}$

(ク)　8　(ケ)　0　(コ)　3

78 (ア)　0　(イ)　$-\dfrac{7}{25}$　(ウ)　$\dfrac{\pi}{4}$

79 (ア)　$\dfrac{\pi}{2}$, $\dfrac{7}{6}\pi$, $\dfrac{3}{2}\pi$, $\dfrac{11}{6}\pi$

(イ)　$\dfrac{2}{3}\pi<\theta<\dfrac{4}{3}\pi$　(ウ)　$\dfrac{\pi}{2}<\theta<\dfrac{7}{6}\pi$

80 (ア)　$\dfrac{\pi}{2}$　(イ)　2　(ウ)(エ)　$\dfrac{7}{6}\pi$, $\dfrac{11}{6}\pi$

(オ)　$-\dfrac{5}{2}$　(カ)　$\dfrac{2}{3}\pi$　(キ)　2　(ク)　0

(ケ)　-1

81 $\dfrac{1}{2}$

82 (ア)　①　(イ)　$2\sin\left(\theta+\dfrac{\pi}{3}\right)$

83 (ア)　6　(イ)　$\dfrac{3}{2}$　(ウ)　$5\sqrt[3]{3}$

84 (ア)　a^2-b^2　(イ)　$a^{2x}+a^{-2x}-1$
(ウ)　7　(エ)　18

85 (ア)　1　(イ)　1

86 (ア)　5　(イ)　$1-a$　(ウ)　$3a+2b$

(エ)　$\dfrac{b}{a}$

87 (ア)　2　(イ)　2

88 (ア)　$\sqrt[3]{4}$　(イ)　2　(ウ)　$\sqrt[5]{64}$　(エ)　$\sqrt[3]{5}$
(オ)　$\sqrt{3}$　(カ)　$\sqrt[4]{10}$　(キ)　$3\log_4 3$　(ク)　3

(ケ)　$\log_2 9$

89 (ア)　⓪　(イ)　①　(ウ)　①　(エ)　③

90 (ア)　$-\dfrac{1}{2}$　(イ)　0　(ウ)　1

(エ)　$t^2-t-6>0$　(オ)　$t>3$　(カ)　$x<-1$

91 (ア)　4　(イ)　$3<x<7$
(ウ)　$0<x<10$, $100<x$

92 (ア)　⓪　(イ)　③　(ウ)　④　(エ)　①
(オ)　③　(カ)　④　(キ)　①　(ク)　⓪

93 (ア)　t^2-6t+1　(イ)　1　(ウ)　9
(エ)　9　(オ)　2　(カ)　28　(キ)　3
(ク)　1　(ケ)　-8

94 (ア)　t^2-2t-1　(イ)　2　(ウ)　2
(エ)　0　(オ)　-1

95 (ア)　100　(イ)　3　(ウ)　$10\sqrt{10}$
(エ)　$10\sqrt{10}$　(オ)　$\dfrac{9}{4}$

96 (ア)　15.050　(イ)　15　(ウ)　16　(エ)　④
(オ)　14

97 (ア)　3　(イ)　7　(ウ)　7

98 (ア)　$2x^2-3x+1$　(イ)　5

99 (ア)　9　(イ)　$y=9x+27$　(ウ)　1
(エ)　4

100 (ア)(イ)　$y=-2x$, $y=6x-8$
(ウ)(エ)　$y=0$, $y=-x$

101 (ア)　3　(イ)　1　(ウ)　$y=-2x+1$

102 (ア)　$3x^2$　(イ)　$x+h$　(ウ)　x　(エ)　h
(オ)　$(x+h)$　(カ)　x　(キ)　h
(ク)　$3x^2h+3xh^2+h^3$　(ケ)　$3x^2+3xh+h^2$

103 (ア)　0　(イ)　2　(ウ)　0　(エ)　2
(オ)　0　(カ)　2　(キ)　2　(ク)　-2

104 (ア)　$>$　(イ)　$>$　(ウ)　$>$　(エ)　$<$
(オ)　$>$　(カ)　$=$

105 (ア)　3　(イ)　-9　(ウ)　7　(エ)　-1
(オ)　3　(カ)　9

106 (ア)(イ)　1, a　(ウ)　1　(エ)　$3a-1$
(オ)　$-a^3+3a^2$　(カ)(キ)　$\dfrac{1}{3}$, 3

107 (ア)　⓪③　(イ)　$a<-1$, $1<a$

108 (ア)　-1　(イ)　3　(ウ)　1　(エ)　-1
(オ)　-1　(カ)　19　(キ)　3　(ク)　19

（ケ） -2　（コ）　1　（サ）　-1

109 （ア）　$4x^3+9x^2-12x$　（イ）　$0\leqq x\leqq 1$

（ウ）　1　（エ）　$\dfrac{\pi}{2}$　（オ）　1　（カ）　$\dfrac{1}{2}$

（キ）　$\dfrac{\pi}{6}$　（ク）　$-\dfrac{13}{4}$

110 （ア）　$0\leqq x\leqq 3$　（イ）　$\dfrac{1}{2}(3-x)$

（ウ）　$-\dfrac{1}{2}(x^3-3x^2)$　（エ）　$\left(2,\ \dfrac{1}{2}\right)$　（オ）　2

（カ）　$\left(0,\ \dfrac{3}{2}\right)$　（キ）　$(3,\ 0)$　（ク）　0

111 （ア）　$3x^2-10x+7$　（イ）　1　（ウ）　$\dfrac{7}{3}$

（エ）　0　（オ）　$-\dfrac{32}{27}$　（カ）　②　（キ）　3

（ク）　0　（ケ）　-3　（コ）　$f(a)$　（サ）　-3

112 （ア）　$\dfrac{1}{3}x^3-\dfrac{5}{2}x^2+6x+C$　（C は積分定数）

（イ）　$-2t^3+\dfrac{13}{2}t^2-6t+C$　（C は積分定数）

（ウ）　$\dfrac{4}{3}x^3+6x^2+9x+C$　（C は積分定数）

113 （ア）　$3x^2-2x+1$　（イ）　x^3-x^2+x
（ウ）　1　（エ）　x^3-x^2+x+1

114 （ア）　24　（イ）　36

115 （ア）　-3　（イ）　$-\dfrac{125}{6}$

116 （ア）　-2　（イ）　$\dfrac{49}{3}$

117 （ア）　x^2+4x+3

118 ①⑤

119 （ア）　x^2-2x-1　（イ）　1　（ウ）　-2

120 （ア）　-4　（イ）　$2x-4$　（ウ）　-2
（エ）　-4　（オ）　$-6x-1$

121 （ア）　x^2-2x-3　（イ）　$\dfrac{1}{3}x^3-x^2-3x$

（ウ）　-1　（エ）　$\dfrac{5}{3}$　（オ）　3　（カ）　-9

（キ）　$-2x+2$　（ク）（ケ）　$0,\ 2$

122 （ア）　$-2x+2$　（イ）　x^2-2x+2

（ウ）　$2x-2$　（エ）　1　（オ）　1　（カ）　$\dfrac{26}{3}$

123 （ア）　①　（イ）　0　（ウ）　-2

124 （ア）　$\dfrac{32}{3}$　（イ）　$\dfrac{37}{12}$

125 （ア）　$\dfrac{4}{3}$　（イ）　9

126 （ア）（ウ）　$y=-2x,\ (-1,\ 2)$

（イ）（エ）　$y=6x-8,\ (3,\ 10)$　（オ）　$\dfrac{16}{3}$

127 （ア）　4　（イ）　$\dfrac{32}{3}$　（ウ）　2

128 （ア）　$S-T$　（イ）　$-S$　（ウ）　$S+T$

129 （ア）　$-2\vec{a}+3\vec{b}$　（イ）　$5\vec{a}-4\vec{b}$　（ウ）　$\vec{0}$

130 （ア）　$\vec{a}-4\vec{b}$　（イ）　$\dfrac{3}{5}\vec{a}-\dfrac{2}{5}\vec{b}$

（ウ）　$\dfrac{2}{5}\vec{a}-\dfrac{3}{5}\vec{b}$

131 （ア）　$\dfrac{1}{2}\vec{a}+\dfrac{1}{2}\vec{b}$　（イ）　$-\vec{a}+\vec{b}$

（ウ）　$2\vec{a}+\vec{b}$　（エ）　$-\vec{a}-2\vec{b}$

132 （ア）（イ）　$\vec{d},\ \vec{e}$　（ウ）　$\vec{c}$　（エ）　$\vec{b}$
（オ）（カ）　$\vec{a},\ \vec{b}$　（キ）　$\vec{d}$　（ク）　$\vec{c}$

133 （ア）　$-11\vec{a}-19\vec{b}$　（イ）　$5\vec{a}+6\vec{b}$

134 （ア）（イ）（ウ）　$(0,\ 7),\ (8,\ -5),\ (-4,\ -1)$

135 （ア）　$\dfrac{3}{5}$　（イ）　$\dfrac{4}{5}$　（ウ）　$-\dfrac{12}{13}$　（エ）　$\dfrac{5}{13}$

136 （ア）（イ）　$1,\ -2$　（ウ）　$-\dfrac{1}{2}$　（エ）　2

137 （ア）　平行　（イ）　②

138 （ア）　0　（イ）　$90°$　（ウ）　29　（エ）　$45°$

139 （ア）　-2　（イ）　$\dfrac{1}{\sqrt{10}}$　（ウ）　$\dfrac{3}{\sqrt{10}}$

（エ）　$-\dfrac{1}{\sqrt{10}}$　（オ）　$-\dfrac{3}{\sqrt{10}}$

140 （ア）　$\sqrt{7}$　（イ）　$60°$

141 （ア）　$\sqrt{5}$　（イ）　$\sqrt{3}$　（ウ）　$\dfrac{2}{\sqrt{15}}$

（エ）　$\dfrac{\sqrt{11}}{2}$

142 （ア）　$-\dfrac{4}{9}$　（イ）　$\dfrac{2\sqrt{5}}{3}$

143 （ア）　$(s-1)\vec{a}+t\vec{b}$　（イ）　$s\vec{a}+(t-1)\vec{b}$

（ウ）　⓪④　（エ）　$\dfrac{2}{5}$　（オ）　$\dfrac{1}{5}$

144 （ア）　$\dfrac{3}{4}$　（イ）　$\dfrac{1}{4}$　（ウ）　$-\dfrac{2}{3}$　（エ）　$\dfrac{5}{3}$

（オ）　$\dfrac{1}{5}$　（カ）　$\dfrac{1}{5}$

145 （ア）　$\dfrac{3}{5}$　（イ）　$\dfrac{2}{5}$　（ウ）　$\dfrac{1}{3}$　（エ）　$\dfrac{2}{9}$

146 （ア）　$\sqrt{2}$　（イ）　$\dfrac{1}{2}$

147 （ア）　$\dfrac{5}{6}$　（イ）　$\dfrac{2}{5}$　（ウ）　$\dfrac{3}{5}$　（エ）　3

（オ）　2　（カ）　5　（キ）　1　（ク）　AC

（ケ）　BE

148 （ア）　$(3, \ -2, \ -1)$　（イ）　$(-3, \ 2, \ -1)$

（ウ）　$(-3, \ -2, \ -1)$　（エ）　$(1, \ 4, \ 3)$

149 （ア）　$\vec{a}+2\vec{b}-\vec{c}$　（イ）　$-2\vec{a}+3\vec{b}$

150 （ア）（イ）　$-1, \ 3$　（ウ）　2　（エ）　$\sqrt{2}$

151 （ア）　$\sqrt{2}$　（イ）　$\sqrt{5}$　（ウ）　$\sqrt{5}$　（エ）　⓪

（オ）　②　（カ）　③

152 （ア）（イ）　$-\dfrac{1}{2}, \ 2$

（ウ）（エ）　$(\sqrt{6}, \ -2\sqrt{6}, \ \sqrt{6})$,

$(-\sqrt{6}, \ 2\sqrt{6}, \ -\sqrt{6})$　（オ）　$\dfrac{\sqrt{2}}{3}$

153 （ア）　1　（イ）　$\dfrac{7}{2}$　（ウ）　1　（エ）　$\dfrac{6}{7}$

154 （ア）　①　（イ）（ウ）　⓪, ③

（エ）（オ）　②, ③

155 （ア）　$\dfrac{3}{5}$　（イ）　$\dfrac{2}{5}$　（ウ）　$\dfrac{2}{5}$　（エ）　$\dfrac{4}{15}$

（オ）　$\dfrac{1}{3}$

156 （ア）　1　（イ）　2　（ウ）　-6

157 （ア）　$-\dfrac{1}{2}\vec{a}+\vec{b}$　（イ）　$-\dfrac{1}{2}\vec{a}+\vec{c}$　（ウ）　$\dfrac{k}{3}$

（エ）　$\dfrac{k}{3}$　（オ）　$\dfrac{k}{3}$　（カ）　$\dfrac{1}{2}$　（キ）　$\dfrac{2}{3}k$

（ク）　$\dfrac{k}{3}$　（ケ）　$\dfrac{k}{3}$　（コ）　$\dfrac{2}{3}k$　（サ）　$\dfrac{k}{3}$

（シ）　$\dfrac{k}{3}$　（ス）　$\dfrac{3}{4}$　（セ）　$\dfrac{1}{4}$　（ソ）　$\dfrac{1}{4}$　（タ）　$\dfrac{1}{4}$

158 （ア）　③　（イ）　②　（ウ）　①　（エ）　⓪

159 （ア）　-17　（イ）　4　（ウ）　$4n-21$

（エ）　19　（オ）　58　（カ）　31

160 （ア）　5　（イ）　17　（ウ）　21

161 （ア）　2　（イ）　3　（ウ）　67　（エ）　2

（オ）　5　（カ）　40

162 （ア）　$\dfrac{2}{3}$　（イ）　$\dfrac{2}{5}$　（ウ）　$\dfrac{2}{n+1}$

163 （ア）　$6n-11$　（イ）　-5　（ウ）　6

164 （ア）　3　（イ）　-1　（ウ）　4　（エ）　-4

165 （ア）　100　（イ）　26050　（ウ）　21

166 （ア）　11　（イ）　99　（ウ）　23　（エ）　1265

（オ）　816　（カ）　3417　（キ）　1633

167 （ア）　$6n-1$　（イ）　4267

168 （ア）　$-n^2+14n$　（イ）　$-2n+15$

（ウ）　⓪　（エ）　①　（オ）　8　（カ）　7

（キ）　49

169 （ア）　5　（イ）　6　（ウ）　3　（エ）　-2

（オ）　-384

170 （ア）（イ）　$(2, \ -2), \ \left(-\dfrac{2}{3}, \ 2\right)$

171 （ア）（イ）（ウ）　$5, \ -10, \ 20$

（エ）（オ）　$(4, \ 6), \ \left(\dfrac{1}{4}, \ -\dfrac{3}{2}\right)$

172 （ア）　ar　（イ）　$a(1+r)$　（ウ）　$a(1+r)r$

（エ）　$a(1+r)^2$　（オ）　$1+r$　（カ）　$a(1+r)^n$

（キ）　51520

173 （ア）　$\dfrac{1}{2}$　（イ）　63　（ウ）　6　（エ）　6

174 （ア）　20　（イ）　1240　（ウ）　16　（エ）　2340

175 （ア）　2　（イ）　6　（ウ）　2　（エ）　2

（オ）　14　（カ）　30

176 （ア）　8　（イ）　8　（ウ）　$\dfrac{1}{2}$　（エ）　③

（オ）　47

177 （ア）　k^2+k　（イ）　$\dfrac{1}{3}n(n+1)(n+2)$

（ウ）　$(2k-1)(k+2)$　（エ）　$\dfrac{1}{6}n(4n^2+15n-1)$

178 （ア）　$\dfrac{1}{5}$　（イ）　$\dfrac{1}{7}$　（ウ）　$\dfrac{n}{2n+1}$

179 $4n-1$

180 （ア）　$2x^2$　（イ）　$(n-1)x^{n-1}$　（ウ）　nx^n

（エ）　$1+x+x^2+\cdots\cdots+x^{n-1}-nx^n$

（オ）　$\dfrac{1-(n+1)x^n+nx^{n+1}}{(1-x)^2}$

181 （ア）　5　（イ）　11　（ウ）　17

（エ） $6n-1$ （オ） ③ （カ） $3n^2-4n+3$

（キ） 1 （ク） 2

182 （ア） $\dfrac{3}{2}n^2-\dfrac{3}{2}n+2$ （イ） $\dfrac{3^n+5}{2}$

183 （ア） 1 （イ） $3b_n+1$ （ウ） $\dfrac{1}{2}$ （エ） $\dfrac{3}{2}$

（オ） 3 （カ） $\dfrac{3^n-1}{2}$ （キ） $\dfrac{2}{3^n-1}$

184 （ア） 2 （イ） 4 （ウ） -1 （エ） 4

（オ） $-4^{n-1}+2$ （カ） 4 （キ） $4b_n$

（ク） -3 （ケ） 4 （コ） $-3\cdot4^{n-1}$ （サ） 1

（シ） $n-1$ （ス） $-4^{n-1}+2$

《STEP UP 演習問題の答》

1 （ア） ③ （イ） ⑦ （ウ） ① （エ） ⑤

（オ） 3 （カ） ④

2 （ア） 1 （イ） 3 （ウ） 1 （エ） 2

（オ） 3 （カ） 3 （キ） 2 （ク） 2

（ケ） ③ （コ） ⑤ （サ） ⑥ （シス） -3

（セ） 2 （ソ） ①

3 （ア） 3 （イ） 2 （ウ） 6 （エ） 9

（オ） 6 （カ） ② （キ） 4 （ク） 2

（ケ） 2 （コ） 9 （サシ） 35 （ス） 4

（セ） 6 （ソタ） 34 （チ） 6 （ツ） 3

（テト） 30

4 （ア） ⓪ （イウ） -2 （エ） 3 （オ） ③

（カ） 9 （キ） 8 （クケ） -5 （コ） 1

（サ） 2 （シ） 1 （ス） 2 （セ） 1

（ソ） 3

5 （ア） ② （イ） ② （ウ） ② （エ） ⓪

6 （ア） ③ （イ） ⑥ （ウ） ⑦ （エ） ②

（オ） ⓪

7 （ア） 1 （イ） 2 （ウ） 5 （エ） 7

（オ） ⓪② （カ） 7 （キ） 9 （ク） 4

（ケ） 9 （コ） 2 （サ） 9 （シ） 5

（ス） 9 （セ） 2 （ソ） 7 （タ） 5

（チ） 1 （ツ） 2 （テ） 9 （ト） 5

（ナ） 9

8 （ア） ① （イ） ① （ウ） 1 （エ） 4

（オ） 1 （カ） 4 （キ） 6 （ク） 1

（ケ） 2 （コ） 1 （サ） 2 （シ） ②

（ス） 1 （セ） 3 （ソ） 1 （タ） 2

9 （ア） ② （イ） ⓪ （ウ） ⓪ （エ） 1

（オカ） 10

初 版 （数学Ⅱ・B）
第 1 刷 2020 年 2 月 1 日 発行
第 2 刷 2020 年 3 月 1 日 発行
第 3 刷 2021 年 2 月 1 日 発行
第 4 刷 2021 年 3 月 1 日 発行
ISBN978-4-410-13691-7

大学入学共通テスト 準備問題集 数学Ⅱ・B

編 者 数研出版編集部

発行者 星野 泰也

発行所 数研出版株式会社

〒101-0052 東京都千代田区神田小川町 2 丁目 3 番地 3
〔振替〕00140-4-118431

〒604-0861 京都市中京区烏丸通竹屋町上る大倉町205番地
〔電話〕代表 (075)231-0161

ホームページ https://www.chart.co.jp

印刷 株式会社太洋社

基本問題，TRY 問題および STEP UP 演習の全問について，その答えの数値・式などを最初に示し，続いて解説として解法についての説明を示した。なお，STEP UP 演習については，解説の前に解答の指針として問題を解く際のポイントを示した。

基本問題，TRY 問題 (本文 $p.2\sim p.81$)

1 （ア）$8x^3+36x^2y+54xy^2+27y^3$

（イ）$x^3-6x^2y+12xy^2-8y^3$　（ウ）x^3+8y^3

（エ）$27x^3-y^3$

解説 (1) $(2x+3y)^3$

$\qquad =(2x)^3+3(2x)^2\cdot 3y+3\cdot 2x(3y)^2+(3y)^3$

$\qquad =8x^3+36x^2y+54xy^2+27y^3$

(2) $(x-2y)^3=x^3-3x^2\cdot 2y+3x(2y)^2-(2y)^3$

$\qquad\qquad =x^3-6x^2y+12xy^2-8y^3$

(3) $(x+2y)(x^2-2xy+4y^2)=(x+2y)\{x^2-x\cdot 2y+(2y)^2\}$

$\qquad\qquad\qquad =x^3+(2y)^3=x^3+8y^3$

(4) $(3x-y)(9x^2+3xy+y^2)=(3x-y)\{(3x)^2+3x\cdot y+y^2\}$

$\qquad\qquad\qquad =(3x)^3-y^3=27x^3-y^3$

2 （ア）$(3x+2y)(9x^2-6xy+4y^2)$

（イ）$(4x-y)(16x^2+4xy+y^2)$

（ウ）$(x-1)(x+2)(x^2+x+1)(x^2-2x+4)$

解説 (1) $27x^3+8y^3=(3x)^3+(2y)^3$

$\qquad\qquad =(3x+2y)\{(3x)^2-3x\cdot 2y+(2y)^2\}$

$\qquad\qquad =(3x+2y)(9x^2-6xy+4y^2)$

(2) $64x^3-y^3=(4x)^3-y^3=(4x-y)\{(4x)^2+4xy+y^2\}$

$\qquad\qquad =(4x-y)(16x^2+4xy+y^2)$

(3) $x^6+7x^3-8=(x^3)^2+7x^3-8=(x^3-1)(x^3+8)$

$=(x-1)(x^2+x+1)(x+2)(x^2-2x+4)$

$=(x-1)(x+2)(x^2+x+1)(x^2-2x+4)$

3 （ア）60　（イ）60

解説 (1) $(2x^2-y)^6$ の展開式の一般項は

$\qquad {}_6C_r(2x^2)^{6-r}(-y)^r={}_6C_r(-1)^r 2^{6-r}x^{12-2r}y^r$

x^4y^4 の項は $r=4$ のときで，その係数は

$\qquad {}_6C_4(-1)^4 2^2=15\cdot 4=60$

(2) $(a+b+c)^6$ の展開式の一般項は

$\qquad \dfrac{6!}{p!q!r!}a^pb^qc^r$　　ただし，$p+q+r=6$

ab^2c^3 の項は $p=1$，$q=2$，$r=3$ のときで，その係数は

$\qquad \dfrac{6!}{1!2!3!}=60$

別解 二項定理を用いた解法

$\{(a+b)+c\}^6$ の展開式において，c^3 を含む項は

$\qquad {}_6C_3(a+b)^{6-3}c^3={}_6C_3(a+b)^3c^3$

$(a+b)^3$ の展開式において，ab^2 の項の係数は　${}_3C_2$

よって，ab^2c^3 の項の係数は

$\qquad {}_6C_3\times {}_3C_2=20\cdot 3=60$

4 （ア）$(x+2y)(x-2y)(x^2-2xy+4y^2)$

$\qquad\qquad\qquad\qquad \times(x^2+2xy+4y^2)$

（イ）$4x^2y^2$　（ウ）$2xy$

（エ）$(x^2+2xy+4y^2)(x^2-2xy+4y^2)$

（オ）$(x+2y)(x-2y)(x^2-2xy+4y^2)$

$\qquad\qquad\qquad\qquad \times(x^2+2xy+4y^2)$

（カ）$(2x+3y)(2x-3y)(4x^2-6xy+9y^2)$

$\qquad\qquad\qquad\qquad \times(4x^2+6xy+9y^2)$

解説 方法 ① で因数分解すると

$\qquad x^6-64y^6=(x^3)^2-(8y^3)^2$

$=(x^3+8y^3)(x^3-8y^3)$

$=(x+2y)(x^2-2xy+4y^2)(x-2y)(x^2+2xy+4y^2)$

$=(x+2y)(x-2y)(x^2-2xy+4y^2)(x^2+2xy+4y^2)$

次に，方法 ② で因数分解すると

$\qquad x^6-64y^6=(x^2)^3-(4y^2)^3$

$=(x^2-4y^2)(x^4+4x^2y^2+16y^4)$

$=(x+2y)(x-2y)(x^4+4x^2y^2+16y^4)$

ここで

$\qquad x^4+4x^2y^2+16y^4$

$=(x^4+8x^2y^2+16y^4)-4x^2y^2$

$=(x^2+4y^2)^2-(2xy)^2$

$=\{(x^2+4y^2)+2xy\}\{(x^2+4y^2)-2xy\}$

$=(x^2+2xy+4y^2)(x^2-2xy+4y^2)$

よって　x^6-64y^6

$=(x+2y)(x-2y)(x^2-2xy+4y^2)$

$\qquad\qquad\qquad\qquad \times(x^2+2xy+4y^2)$

次に，$64x^6-729y^6$ を方法 ① で因数分解する。

$$64x^6-729y^6=(8x^3)^2-(27y^3)^2$$
$$=(8x^3+27y^3)(8x^3-27y^3)$$
$$=(2x+3y)(4x^2-6xy+9y^2)$$
$$\times(2x-3y)(4x^2+6xy+9y^2)$$
$$=(2x+3y)(2x-3y)(4x^2-6xy+9y^2)$$
$$\times(4x^2+6xy+9y^2)$$

別解 $64x^6-729y^6$ を方法 ② で因数分解すると

$$64x^6-729y^6=(4x^2)^3-(9y^2)^3$$
$$=(4x^2-9y^2)(16x^4+36x^2y^2+81y^4)$$
$$=(2x+3y)(2x-3y)(16x^4+36x^2y^2+81y^4)$$

ここで

$$16x^4+36x^2y^2+81y^4$$
$$=(16x^4+72x^2y^2+81y^4)-36x^2y^2$$
$$=(4x^2+9y^2)^2-(6xy)^2$$
$$=\{(4x^2+9y^2)+6xy\}\{(4x^2+9y^2)-6xy\}$$
$$=(4x^2+6xy+9y^2)(4x^2-6xy+9y^2)$$

よって　$64x^6-729y^6$
$$=(2x+3y)(2x-3y)(4x^2-6xy+9y^2)$$
$$\times(4x^2+6xy+9y^2)$$

5　（ア）$x+3$　（イ）2　（ウ）$2x+3$
　　（エ）$2x-1$

解説 (1)
$$\begin{array}{r} x+3 \\ x+2\,\overline{)\,x^2+5x+8} \\ \underline{x^2+2x} \\ 3x+8 \\ \underline{3x+6} \\ 2 \end{array}$$

商は $x+3$，余りは 2

(2)
$$\begin{array}{r} 2x+3 \\ x^2-x+1\,\overline{)\,2x^3+\ x^2+\ x+2} \\ \underline{2x^3-2x^2+2x} \\ 3x^2-\ x+2 \\ \underline{3x^2-3x+3} \\ 2x-1 \end{array}$$

商は $2x+3$，余りは $2x-1$

6　$3x+2$

解説 条件から，次の等式が成り立つ。
$$3x^2-x+3=B(x-1)+5$$
ゆえに　$3x^2-x-2=B(x-1)$
よって，B は $3x^2-x-2$ を
$x-1$ で割った商である。
したがって　$B=3x+2$

$$\begin{array}{r} 3x+2 \\ x-1\,\overline{)\,3x^2-\ x-2} \\ \underline{3x^2-3x} \\ 2x-2 \\ \underline{2x-2} \\ 0 \end{array}$$

7　（ア）$\dfrac{x-1}{x-3}$　（イ）$\dfrac{x-4}{x+3}$

解説 (1) $\dfrac{x^2-8x+15}{x^2-3x-10}\times\dfrac{x^2+x-2}{x^2-6x+9}$

$$=\dfrac{(x-3)(x-5)}{(x+2)(x-5)}\times\dfrac{(x-1)(x+2)}{(x-3)^2}$$

$$=\dfrac{(x-3)(x-1)(x+2)}{(x+2)(x-3)^2}=\dfrac{x-1}{x-3}$$

(2) $\dfrac{x^2-2x-8}{x^2+x-2}\div\dfrac{x^2-x-12}{x^2-5x+4}=\dfrac{x^2-2x-8}{x^2+x-2}\times\dfrac{x^2-5x+4}{x^2-x-12}$

$$=\dfrac{(x+2)(x-4)}{(x-1)(x+2)}\times\dfrac{(x-1)(x-4)}{(x+3)(x-4)}=\dfrac{(x-4)(x-1)}{(x-1)(x+3)}$$

$$=\dfrac{x-4}{x+3}$$

8　$\dfrac{8}{(x-2)(x+3)}$

解説 $\dfrac{x+11}{2x^2+7x+3}-\dfrac{x-10}{2x^2-3x-2}$

$$=\dfrac{x+11}{(x+3)(2x+1)}-\dfrac{x-10}{(x-2)(2x+1)}$$

$$=\dfrac{(x+11)(x-2)-(x-10)(x+3)}{(x-2)(x+3)(2x+1)}$$

$$=\dfrac{x^2+9x-22-(x^2-7x-30)}{(x-2)(x+3)(2x+1)}$$

$$=\dfrac{16x+8}{(x-2)(x+3)(2x+1)}=\dfrac{8(2x+1)}{(x-2)(x+3)(2x+1)}$$

$$=\dfrac{8}{(x-2)(x+3)}$$

9　$-\dfrac{1}{x}$

解説 $1-\dfrac{1}{1-\dfrac{1}{1+x}}=1-\dfrac{1+x}{(1+x)-1}=1-\dfrac{1+x}{x}$

$$=\dfrac{x-(1+x)}{x}=-\dfrac{1}{x}$$

10　（ア）$2x+5$　（イ）③　（ウ）①
　　（エ）x^2-4x-3　（オ）1

解説 $x^3-2x^2-11x-5$ を x^2-4x-5 で割ると，下の計算
より　商は $x+2$，余りは $2x+5$

$$\begin{array}{r} x+2 \\ x^2-4x-5\,\overline{)\,x^3-2x^2-11x-\ 5} \\ \underline{x^3-4x^2-\ 5x} \\ 2x^2-\ 6x-\ 5 \\ \underline{2x^2-\ 8x-10} \\ 2x+\ 5 \end{array}$$

(1) 整式の割り算において，余りが 0 でない場合，余り
の次数は割る式の次数よりも低くなる。

(2)
$$\begin{array}{r}
x^2-4x-3 \\
x+2\ \overline{)\ x^3-2x^2-11x-5} \\
\underline{x^3+2x^2} \\
-4x^2-11x \\
\underline{-4x^2-\ 8x} \\
-3x-5 \\
\underline{-3x-6} \\
1
\end{array}$$

商は x^2-4x-3, 余りは 1

11 （ア） -3 （イ） -4 （ウ） 1 （エ） 2
（オ） 2 （カ） -4

解説 (1) 右辺を展開して，x について整理すると
$$x^2+ax+b=cx^2+(1-4c)x-4$$
両辺の係数を比較して
$$1=c,\ a=1-4c,\ b=-4$$
これを解いて $a=-3,\ b=-4,\ c=1$

(2) 等式の左辺に $x=1,\ 2,\ 3$ を代入すると
$$2b=4,\ -c=4,\ 2a=4$$
ゆえに $a=2,\ b=2,\ c=-4$
逆に，このとき，等式の左辺は
$$2(x-1)(x-2)+2(x-2)(x-3)-4(x-3)(x-1)$$
$$=2(x^2-3x+2)+2(x^2-5x+6)-4(x^2-4x+3)$$
$$=4$$
よって，等式は恒等式である。

12 （ア） 7 （イ） $4x-1$ （ウ） -3
（エ） -4 （オ） $x+5$

解説 (1) 商は 1 次式になるから $bx+c$ とおくと
$$4x^3+ax^2+7x-5=(x^2+2x+2)(bx+c)+(x-3)$$
すなわち
$$4x^3+ax^2+7x-5$$
$$=bx^3+(2b+c)x^2+(2b+2c+1)x+(2c-3)$$
両辺の同じ次数の項の係数を比較して
$$4=b,\ a=2b+c,\ 7=2b+2c+1,\ -5=2c-3$$
これを解いて $a=7,\ b=4,\ c=-1$
よって $a=7$, 商は $4x-1$

参考 商は 1 次式になり，最も高い次数の項の係数は 4
であるから，$4x+b$ とおいてもよい。
このとき $4x^3+ax^2+7x-5$
$$=(x^2+2x+2)(4x+b)+(x-3)$$
右辺を x について整理すると
$$4x^3+ax^2+7x-5$$
$$=4x^3+(b+8)x^2+(2b+9)x+(2b-3)$$
両辺の同じ次数の項の係数を比較して
$$a=b+8,\ 7=2b+9,\ -5=2b-3$$

これを解いて $a=7,\ b=-1$

(2) 商は 1 次式になるから $cx+d$ とおくと
$$2x^3+9x^2+ax+b$$
$$=(2x^2-x-1)(cx+d)+(3x+1)$$
右辺を x について整理すると
$$2x^3+9x^2+ax+b$$
$$=2cx^3+(-c+2d)x^2+(-c-d+3)x+(-d+1)$$
両辺の同じ次数の項の係数を比較して
$$2=2c,\ 9=-c+2d,$$
$$a=-c-d+3,\ b=-d+1$$
これを解いて
$$a=-3,\ b=-4,\ c=1,\ d=5$$
よって $a=-3,\ b=-4$, 商は $x+5$

参考 商は 1 次式になり，最も高い次数の項の係数は 1
であるから，$x+c$ とおいてもよい。
このとき $2x^3+9x^2+ax+b$
$$=(2x^2-x-1)(x+c)+(3x+1)$$
右辺を x について整理すると
$$2x^3+9x^2+ax+b$$
$$=2x^3+(2c-1)x^2+(-c+2)x+(-c+1)$$
両辺の同じ次数の項の係数を比較して
$$9=2c-1,\ a=-c+2,\ b=-c+1$$
これを解いて $a=-3,\ b=-4,\ c=5$

13 （ア） -5 （イ） 8 （ウ） 3 （エ） -3
（オ） 2

解説 (1) 等式の両辺に $(x+1)(x+2)$ を掛けて得られ
る等式
$$3x-2=a(x+2)+b(x+1)$$
が x についての恒等式であればよい。
右辺を x について整理すると
$$3x-2=(a+b)x+(2a+b)$$
両辺の同じ次数の項の係数を比較して
$$3=a+b,\ -2=2a+b$$
これを解いて $a=-5,\ b=8$

(2) 等式の両辺に $(x-1)(x^2+1)$ を掛けて得られる等
式
$$5x+1=a(x^2+1)+(bx+c)(x-1)$$
が x についての恒等式であればよい。
右辺を x について整理すると
$$5x+1=(a+b)x^2+(-b+c)x+(a-c)$$
両辺の同じ次数の項の係数を比較して
$$0=a+b,\ 5=-b+c,\ 1=a-c$$

これを解いて $a=3$, $b=-3$, $c=2$

14 （ア）1 （イ）2 （ウ）$\pm\sqrt{3}$ （エ）2
（オ）0 （カ）-1 （キ）4

解説 (1) 等式を k について整理すると
$$(x+y)k+2x+y=3k+4$$
これが k についての恒等式であるから
$$x+y=3,\quad 2x+y=4$$
これを解いて $x=1$, $y=2$

(2) 等式を x, y について整理すると
$$(a^2+b)x+(a^2-b)y=5x+y$$
ゆえに $a^2+b=5$, $a^2-b=1$
よって $a^2=3$, $b=2$
したがって $a=\pm\sqrt{3}$, $b=2$

(3) $a+b=4$ から $b=4-a$
これを $a^2x+by+z=a$ に代入し, a について整理する
と $xa^2-ya+4y+z=a$
これが a についての恒等式であるから
$$x=0,\quad -y=1,\quad 4y+z=0$$
よって $x=0$, $y=-1$, $z=4$

15 4

解説 Aは, 展開の公式であり, すべての a, b に対し
て, 等式が成り立つから恒等式である.
Bは, $a=2$, $b=1$ のとき成り立たないから, 恒等式
でない.
Cは, 左辺を因数分解している式であり, すべての x
に対して, 等式が成り立つから恒等式である.
Dは, $a=0$ のとき成り立たないから, 恒等式でない.
Eは, 等式でないから, 恒等式でない.
Fは, $x=0$, $y=0$ のとき成り立たないから, 恒等式
でない.
Gは, $a=1$ のとき成り立たないから, 恒等式でない.
Hは, 左辺を通分して足し算をしている式であり,
$b=\pm1$ のときは両辺の値が存在せず, $b=\pm1$ 以外の
すべての b に対して, 等式が成り立つから恒等式であ
る.
Iは, 等式でないから, 恒等式でない.
Jは, $x=-1$ のとき成り立たないから, 恒等式でな
い.
Kは, 三角関数の相互関係の公式であり, すべての θ
に対して, 等式が成り立つから恒等式である.
Lは, $a=1$, $b=1$, $c=1$ のとき成り立たないから,
恒等式でない.

したがって, 恒等式は 4 個

16 （ア）$a=b=0$ （イ）$a=b=c$
（ウ）$5+2\sqrt{6}$ （エ）$\sqrt{6}$

解説 (1) $a^2+ab+b^2=\left(a+\dfrac{b}{2}\right)^2+\dfrac{3}{4}b^2\geqq0$
等号が成り立つのは $a+\dfrac{b}{2}=0$ かつ $b=0$
すなわち, $a=b=0$ のときである.

(2) （左辺）$-$（右辺）$=a^2+b^2+c^2-ab-bc-ca$
$$=\frac{1}{2}\{(a^2-2ab+b^2)+(b^2-2bc+c^2)+(c^2-2ca+a^2)\}$$
$$=\frac{1}{2}\{(a-b)^2+(b-c)^2+(c-a)^2\}\geqq0$$
等号が成り立つのは
$$a-b=0\ \text{かつ}\ b-c=0\ \text{かつ}\ c-a=0$$
すなわち, $a=b=c$ のときである.

(3) $\left(a+\dfrac{2}{b}\right)\left(b+\dfrac{3}{a}\right)=ab+\dfrac{6}{ab}+5$
$ab>0$ であるから, 相加平均と相乗平均の大小関係に
より
$$ab+\frac{6}{ab}\geqq2\sqrt{ab\cdot\frac{6}{ab}}=2\sqrt{6}$$
ゆえに $\left(a+\dfrac{2}{b}\right)\left(b+\dfrac{3}{a}\right)\geqq5+2\sqrt{6}$

等号が成り立つのは, $ab=\dfrac{6}{ab}$ すなわち $ab=\sqrt{6}$ のと
きである.

17 （ア）b （イ）c （ウ）a

解説 $1<\sqrt{2}<\sqrt{3}<\sqrt{6}$ であるから
$$b=1-\sqrt{3}<0,\quad c=\sqrt{6}-\sqrt{3}>0$$
また, $a>0$ であるから, a と c の大小を考える.
$$a^2=(\sqrt{2})^2=2,\quad c^2=(\sqrt{6}-\sqrt{3})^2=9-6\sqrt{2}$$
ゆえに $a^2-c^2=2-(9-6\sqrt{2})=6\sqrt{2}-7$
$$=\sqrt{72}-\sqrt{49}>0$$
よって $a^2>c^2$
$a>0$, $c>0$ であるから $a>c$
以上から $b<c<a$

18 （ア）$\dfrac{\sqrt{6}}{2}$ （イ）1 （ウ）$\dfrac{3}{2}$ （エ）$\dfrac{3}{2}$

解説 $x>0$, $y>0$ であるから, 相加平均と相乗平均の大
小関係により
$$6=3x+2y\geqq2\sqrt{3x\cdot2y}=2\sqrt{6}\sqrt{xy}$$
ゆえに $\sqrt{xy}\leqq\dfrac{6}{2\sqrt{6}}=\dfrac{\sqrt{6}}{2}$

したがって　$xy \leqq \left(\dfrac{\sqrt{6}}{2}\right)^2 = \dfrac{3}{2}$

よって，xy の最大値は $\dfrac{3}{2}$ である。

等号が成り立つのは $3x = 2y$ のときである。

これと　$3x + 2y = 6$　から　$x = 1,\ y = \dfrac{3}{2}$

このとき，xy は最大となる。

19 （ア）　4　（イ）　$2\sqrt{3}$　（ウ）　3　（エ）　$2\sqrt{5}$
（オ）　②　（カ）　①　（キ）　⓪　（ク）　③
（ケ）　3　（コ）　②

解説 (1)　$a = 1,\ b = 3$ のとき
$$a + b = 4,\qquad 2\sqrt{ab} = 2\sqrt{3},$$
$$\dfrac{4ab}{a+b} = 3,\qquad \sqrt{2(a^2 + b^2)} = 2\sqrt{5}$$

よって，$a = 1,\ b = 3$ のとき
$$\dfrac{4ab}{a+b} < 2\sqrt{ab} < a + b < \sqrt{2(a^2 + b^2)}$$

である。

ゆえに，$a > 0,\ b > 0,\ a \neq b$ のとき
$$\dfrac{4ab}{a+b} < 2\sqrt{ab},$$
$$2\sqrt{ab} < a + b,$$
$$a + b < \sqrt{2(a^2 + b^2)}$$

の 3 つの不等式が成り立てば，すべての大小が比較できたことになる。

したがって，調べる組合せは 3 通り。

(2)　$\left(2\sqrt{ab}\right)^2 - \left(\dfrac{4ab}{a+b}\right)^2$

$= 4ab - \dfrac{(4ab)^2}{(a+b)^2}$

$= \dfrac{4ab(a+b)^2 - (4ab)^2}{(a+b)^2}$

$= \dfrac{4ab\{(a^2 + 2ab + b^2) - 4ab\}}{(a+b)^2}$

$= \dfrac{4ab(a-b)^2}{(a+b)^2}$

参考 (2)より　$\left(2\sqrt{ab}\right)^2 - \left(\dfrac{4ab}{a+b}\right)^2 = \dfrac{4ab(a-b)^2}{(a+b)^2}$

また　$(a+b)^2 - \left(2\sqrt{ab}\right)^2 = (a-b)^2$
$$\left\{\sqrt{2(a^2+b^2)}\right\}^2 - (a+b)^2 = (a-b)^2$$

$a > 0,\ b > 0,\ a \neq b$ より，これらの右辺はすべて正の数である。

よって　$\left(\dfrac{4ab}{a+b}\right)^2 < \left(2\sqrt{ab}\right)^2,$
$$\left(2\sqrt{ab}\right)^2 < (a+b)^2,$$
$$(a+b)^2 < \left\{\sqrt{2(a^2+b^2)}\right\}^2$$

$a+b,\ 2\sqrt{ab},\ \dfrac{4ab}{a+b},\ \sqrt{2(a^2+b^2)}$ はすべて正の数であるから
$$\dfrac{4ab}{a+b} < 2\sqrt{ab},$$
$$2\sqrt{ab} < a + b,$$
$$a + b < \sqrt{2(a^2 + b^2)}$$

したがって，$\dfrac{4ab}{a+b} < 2\sqrt{ab} < a + b < \sqrt{2(a^2+b^2)}$ となり，予想は正しい。

20 （ア）　$2\sqrt{2} + \sqrt{2}\,i$　（イ）　$-2 + 11i$　（ウ）　-4
（エ）　$\dfrac{1-i}{2}$

解説 (1)　$\sqrt{-72} + \sqrt{50} - \sqrt{18} - \sqrt{-50}$
$= 6\sqrt{2}\,i + 5\sqrt{2} - 3\sqrt{2} - 5\sqrt{2}\,i$
$= (5-3)\sqrt{2} + (6-5)\sqrt{2}\,i = 2\sqrt{2} + \sqrt{2}\,i$

(2)　$(1+2i)(4+3i) = 4 + 3i + 8i + 6i^2 = 4 + 11i - 6$
$\qquad\qquad\qquad\qquad = -2 + 11i$

(3)　$(1+i)^4 = \{(1+i)^2\}^2 = (1 + 2i + i^2)^2 = (2i)^2 = 4i^2 = -4$

(4)　$\dfrac{i}{1-i} + \dfrac{2}{1+i} = \dfrac{i(1+i)}{(1-i)(1+i)} + \dfrac{2(1-i)}{(1+i)(1-i)}$

$= \dfrac{i + i^2}{1 - i^2} + \dfrac{2 - 2i}{1 - i^2} = \dfrac{i - 1}{2} + \dfrac{2 - 2i}{2} = \dfrac{1 - i}{2}$

21　（ア）　1　（イ）　2　（ウ）　-2

解説 (1)　等式を i について整理すると
$$(2x + 3y) + (3x - 2y)i = 8 - i$$
$2x + 3y,\ 3x - 2y$ は実数であるから
$$2x + 3y = 8\quad かつ\quad 3x - 2y = -1$$
これを解いて　$x = 1,\ y = 2$

(2)　等式を i について整理すると
$$(2x^2 + 3x - 2) + (x^2 + x - 2)i = 0$$
$2x^2 + 3x - 2,\ x^2 + x - 2$ は実数であるから
$$2x^2 + 3x - 2 = 0\quad かつ\quad x^2 + x - 2 = 0$$
$2x^2 + 3x - 2 = 0$ から　$(x+2)(2x-1) = 0$
よって　$x = -2,\ \dfrac{1}{2}$

$x^2 + x - 2 = 0$ から　$(x+2)(x-1) = 0$
よって　$x = -2,\ 1$
ゆえに，等式を満たす x の値は　$x = -2$

22 (ア) a^2-b^2+2abi (イ) a^2-b^2

(ウ) $2ab$ (エ)(オ) $(1, 1), (-1, -1)$

(カ)(キ) $1+i, -1-i$

解説 $(a+bi)^2=2i$ から

$$a^2-b^2+2abi=2i$$

$a^2-b^2, 2ab$ は実数であるから

$$a^2-b^2=0 \quad かつ \quad 2ab=2$$

$a^2-b^2=0$ から $(a+b)(a-b)=0$

よって $b=\pm a$

[1] $b=a$ のとき

$2ab=2$ から $2a^2=2$

ゆえに $a=\pm 1$

よって $a=1$ のとき $b=1$, $a=-1$ のとき $b=-1$

[2] $b=-a$ のとき

$2ab=2$ から $-2a^2=2$

これを満たす実数 a は存在しない。

[1], [2]から $(a, b)=(1, 1), (-1, -1)$

したがって $z=1+i, -1-i$

23 (ア) ③ (イ) ④

解説 正の数 a, b に対して, $\dfrac{\sqrt{a}}{\sqrt{-b}}=\sqrt{-\dfrac{a}{b}}$ は成り立たないから, Dの式変形が誤りである。

参考 その他の式変形はすべて正しく, 問題 の答えは $-\sqrt{\dfrac{3}{7}}i$ となる。

解答 ② が正しいと仮定すると

$$\sqrt{3}\div\sqrt{-7}=\sqrt{\dfrac{3}{7}}i$$

両辺に $\sqrt{-7}$ を掛けると

$$\sqrt{3}\div\sqrt{-7}\times\sqrt{-7}=\sqrt{\dfrac{3}{7}}i\times\sqrt{-7}$$

すなわち $\dfrac{\sqrt{3}}{\sqrt{-7}}\times\sqrt{-7}=\sqrt{\dfrac{3}{7}}i\times\sqrt{7}i$

よって $\sqrt{3}=-\sqrt{3}$

左辺は正の数, 右辺は負の数となり矛盾である。

したがって, 解答 ② は誤りである。

24 (ア) ⓪ (イ) ③ (ウ) ① (エ) ④

(オ) ② (カ) ⑤

解説 (1) $D=5^2-4\cdot 1\cdot 5=5>0$

よって, 方程式は異なる2つの実数解をもつ。

(2) $\dfrac{D}{4}=(-10)^2-4\cdot 25=0$

よって, 方程式は重解をもつ。

(3) $\dfrac{D}{4}=(\sqrt{3})^2-1\cdot 4=-1<0$

よって, 方程式は異なる2つの虚数解をもつ。

25 (ア) -4 (イ) 4 (ウ) 2 (エ) -2

(オ) $-4<a<2$

解説 (1) 方程式① の判別式を D とすると

$$\dfrac{D}{4}=a^2+2(a-4)=(a+4)(a-2)$$

方程式① が重解をもつとき, $\dfrac{D}{4}=0$ から

$$a=-4, 2$$

このとき, 重解は $x=\dfrac{-2a}{2}=-a$ であるから

$a=-4$ のとき $x=4$

$a=2$ のとき $x=-2$

(2) 方程式① が異なる2つの虚数解をもつとき,

$\dfrac{D}{4}<0$ から $(a+4)(a-2)<0$

よって $-4<a<2$

26 (ア) $\dfrac{1}{\sqrt{2}}x(x+\sqrt{2}i)$ $\left(または x\left(\dfrac{1}{\sqrt{2}}x+i\right)\right)$

(イ)(ウ) $0, -\sqrt{2}i$ (エ) ② (オ) ②

解説 $\dfrac{1}{\sqrt{2}}x^2+ix=0$ から $\dfrac{1}{\sqrt{2}}x(x+\sqrt{2}i)=0$

よって $x=0, x=-\sqrt{2}i$

解は $x=0, -\sqrt{2}i$ であるから, この方程式は1つの実数解と1つの虚数解をもつ。

2次方程式の判別式は係数がすべて実数のときに解の種類を判別できる。

したがって, 係数に虚数が含まれるときは判別式で解の種類を判別することはできない。

参考 その他の選択肢については, 係数がすべて実数であれば判別式を利用できる。

27 (ア) $-\dfrac{1}{2}$ (イ) -1 (ウ) $\dfrac{9}{4}$ (エ) $-\dfrac{13}{8}$

(オ) $-\dfrac{9}{4}$

解説 解と係数の関係から

(ア) $\alpha+\beta=-\dfrac{1}{2}$ (イ) $\alpha\beta=-1$

(ウ) $\alpha^2+\beta^2=(\alpha+\beta)^2-2\alpha\beta$

$$=\left(-\dfrac{1}{2}\right)^2-2(-1)=\dfrac{9}{4}$$

（エ）　$\alpha^3+\beta^3=(\alpha+\beta)^3-3\alpha\beta(\alpha+\beta)$

$$=\left(-\frac{1}{2}\right)^3-3(-1)\left(-\frac{1}{2}\right)=-\frac{13}{8}$$

（オ）　$\dfrac{\beta}{\alpha}+\dfrac{\alpha}{\beta}=\dfrac{\alpha^2+\beta^2}{\alpha\beta}=\dfrac{9}{4}\cdot\dfrac{1}{-1}=-\dfrac{9}{4}$

28（ア）　$1\pm\sqrt{13}$　（イ）　-1，2

解説 (1)　2 つの解を α，$\alpha+1$ とすると，解と係数の関係から　$\alpha+(\alpha+1)=k+3$　…… ①

$\alpha(\alpha+1)=2k+5$　…… ②

①から　$\alpha=\dfrac{k+2}{2}$

②に代入して整理すると　$k^2-2k-12=0$

これを解いて　$k=1\pm\sqrt{13}$

(2)　2 つの解を α，2α（ただし $\alpha\neq0$）とすると，解と係数の関係から

$\alpha+2\alpha=-3k$　…… ①

$2\alpha^2=2k+4$　…… ②

①から　$\alpha=-k$

②に代入して整理すると　$k^2-k-2=0$

これを解いて　$k=-1$，2

29（ア）　$(x-1-\sqrt{2})(x-1+\sqrt{2})$

（イ）　$2\left(x+\dfrac{1-\sqrt{5}i}{2}\right)\left(x+\dfrac{1+\sqrt{5}i}{2}\right)$

解説 (1)　$x^2-2x-1=0$ の解は　$x=1\pm\sqrt{2}$

よって　$x^2-2x-1=\{x-(1+\sqrt{2})\}\{x-(1-\sqrt{2})\}$

$$=(x-1-\sqrt{2})(x-1+\sqrt{2})$$

(2)　$2x^2+2x+3=0$ の解は　$x=\dfrac{-1\pm\sqrt{5}i}{2}$

よって　$2x^2+2x+3$

$$=2\left(x-\frac{-1+\sqrt{5}i}{2}\right)\left(x-\frac{-1-\sqrt{5}i}{2}\right)$$

$$=2\left(x+\frac{1-\sqrt{5}i}{2}\right)\left(x+\frac{1+\sqrt{5}i}{2}\right)$$

30（ア）　9　（イ）　14

（ウ）(エ)　$5-\sqrt{19}$，$5+\sqrt{19}$

解説 (1)　解と係数の関係から　$\alpha+\beta=\dfrac{3}{2}$，$\alpha\beta=\dfrac{5}{2}$

よって　$(2\alpha+\beta)+(\alpha+2\beta)=3(\alpha+\beta)=3\cdot\dfrac{3}{2}=\dfrac{9}{2}$

$(2\alpha+\beta)(\alpha+2\beta)=2\alpha^2+5\alpha\beta+2\beta^2$

$=2(\alpha^2+\beta^2)+5\alpha\beta=2\{(\alpha+\beta)^2-2\alpha\beta\}+5\alpha\beta$

$=2(\alpha+\beta)^2+\alpha\beta=2\left(\dfrac{3}{2}\right)^2+\dfrac{5}{2}=7$

したがって，求める方程式は　$x^2-\dfrac{9}{2}x+7=0$

すなわち　$2x^2-9x+14=0$

(2)　求める 2 数を解にもつ 2 次方程式は

$x^2-10x+6=0$

これを解いて　$x=5\pm\sqrt{19}$

31（ア）　p^2-2q　（イ）　$p+q$　（ウ）　p^2+2p+1

（エ）　-1　（オ）　-2　（カ）　t^2+t-2

（キ）(ク)　-2，1　（ケ）　-2　（コ）　1

（サ）　-1　（シ）　3

解説 $x^2+y^2=(x+y)^2-2xy$ より

$x^2+y^2=p^2-2q$

よって　$p^2-2q=5$　…… ①

また，$x+xy+y=(x+y)+xy$ より

$x+xy+y=p+q$

よって　$p+q=-3$　…… ②

①＋②×2 より　$p^2+2p=-1$

よって　$p^2+2p+1=0$

すなわち　$p=-1$　　②から　$q=-2$

したがって，$x+y=-1$，$xy=-2$ であるから，

x，y は t の 2 次方程式 $t^2+t-2=0$ の解である。

これを解くと　$t=-2$，1

よって，$x\leqq y$ であるから　$x=-2$，$y=1$

次に，同様に $x+y=p$，$xy=q$ とすると

$x^3+y^3=(x+y)^3-3xy(x+y)$ より

$x^3+y^3=p^3-3pq$

よって　$p^3-3pq=26$　…… ③

また，$x^2y+xy^2=(x+y)xy$ より

$x^2y+xy^2=pq$

よって　$pq=-6$　…… ④

③＋④×3 より　$p^3=8$

p は実数であるから　$p=2$　　④ から　$q=-3$

したがって，$x+y=2$，$xy=-3$ であるから，

x，y は t の 2 次方程式 $t^2-2t-3=0$ の解である。

これを解くと　$t=-1$，3

よって，$x\leqq y$ であるから　$x=-1$，$y=3$

32（ア）　100　（イ）　5

解説 (1)　$P(3)=5\cdot3^3-4\cdot3^2-7\cdot3+22=100$

(2)　条件より $P(-2)=1$ であるから

$3(-2)^3+a(-2)^2-2(-2)+1=1$

ゆえに　$4a-19=1$

これを解いて　$a=5$

33 (ア) -4 (イ) 5

解説 $P(x)$ は $x-1$, $x-2$ でも割り切れるから
$$P(1)=0, \quad P(2)=0$$
すなわち $a+b-1=0$, $4a+2b+6=0$
これを解いて $a=-4$, $b=5$

34 $3x+8$

解説 $P(x)$ を x^2-2x-3 で割ったときの商を $Q(x)$, 余りを $ax+b$ とすると
$$P(x)=(x^2-2x-3)Q(x)+ax+b$$
すなわち $P(x)=(x+1)(x-3)Q(x)+ax+b$
条件より, $P(-1)=5$, $P(3)=17$ であるから
$$-a+b=5, \quad 3a+b=17$$
これを解いて $a=3$, $b=8$
ゆえに, 求める余りは $3x+8$

35 (ア) $x-k$ (イ) 因数定理 (ウ) 約数
(エ) 4 (オ) ①⑤⑦

解説 $P(k)=0$ が成り立つことは, $P(x)$ が $x-k$ を因数にもつことと同値である。これを因数定理という。
整数 k が $P(k)=0$ となるとき
$$-k^3-4k^2+7k+10=0$$
よって $k(k^2+4k-7)=10$
k^2+4k-7 は整数であるから, k は 10 の約数となる。
$P(x)$ の定数項は 10 であり, 10 の約数は, ±1, ±2, ±5, ±10 である。
したがって, ① $x-2$, ② $x-1$, ⑤ $x+1$, ⑦ $x+5$ の 4 個に選択肢を絞ることができる。
$P(2)=0$, $P(1)=12$, $P(-1)=0$, $P(-5)=0$
であるから, $P(x)$ は① $x-2$, ⑤ $x+1$, ⑦ $x+5$ を因数にもつ。

36 (ア) $(x+2)(x+3)(x-3)$ (イ) -2, ±3
(ウ) $(x-1)(2x^2-2x-1)$ (エ) 1, $\dfrac{1\pm\sqrt{3}}{2}$
(オ) $(x-2)(x^2+5x+12)$
(カ) 2, $\dfrac{-5\pm\sqrt{23}\,i}{2}$ (キ) 2, 6
(ク) -3, -2, 1, 2

解説 (1) $P(x)=x^3+2x^2-9x-18$ とすると
$$P(-2)=0$$
よって, $P(x)$ は $x+2$ を因数にもつことから
$$P(x)=(x+2)(x^2-9)$$
ゆえに $P(x)=(x+2)(x+3)(x-3)$

$P(x)=0$ から $x=-2$, ±3

別解 左辺を因数分解すると
$$x^2(x+2)-9(x+2)=0$$
すなわち $(x+2)(x^2-9)=0$
ゆえに $(x+2)(x+3)(x-3)=0$
よって $x=-2$, ±3

(2) $P(x)=2x^3-4x^2+x+1$ とすると $P(1)=0$
よって, $P(x)$ は $x-1$ を因数にもつから
$$P(x)=(x-1)(2x^2-2x-1)$$
$P(x)=0$ から $x=1$, $\dfrac{1\pm\sqrt{3}}{2}$

(3) $P(x)=x(x+1)(x+2)-2\cdot3\cdot4$ とすると $P(2)=0$
よって, $P(x)$ は $x-2$ を因数にもつから
$$P(x)=(x-2)(x^2+5x+12)$$
$P(x)=0$ から $x=2$, $\dfrac{-5\pm\sqrt{23}\,i}{2}$

(4) $x^2+x=t$ とおくと, 方程式① は $t^2-8t+12=0$
これを解くと $t=2$, 6
$t=2$ のとき $x^2+x=2$ から $(x-1)(x+2)=0$
ゆえに $x=-2$, 1
$t=6$ のとき $x^2+x=6$ から $(x-2)(x+3)=0$
ゆえに $x=-3$, 2

37 (ア) 3 (イ) -1 (ウ) 1 (エ) -1

解説 $\omega^3=1$, $\omega^2+\omega+1=0$ が成り立つ。
(1) $\omega^9+\omega^6+1=(\omega^3)^3+(\omega^3)^2+1$
$\qquad\qquad\qquad =1^3+1^2+1=3$
(2) $\omega^{200}+\omega^{100}=(\omega^3)^{66}\cdot\omega^2+(\omega^3)^{33}\cdot\omega$
$\qquad\qquad\quad =1^{66}\cdot\omega^2+1^{33}\cdot\omega$
$\qquad\qquad\quad =\omega^2+\omega=-1$
(3) $(1+\omega^2)(1+\omega^4)=1+\omega^4+\omega^2+\omega^6$
$\qquad\qquad\quad =1+\omega^3\cdot\omega+\omega^2+(\omega^3)^2$
$\qquad\qquad\quad =1+1\cdot\omega+\omega^2+1^2$
$\qquad\qquad\quad =0+1=1$
(4) $\dfrac{1}{\omega}+\dfrac{1}{\omega^2}=\dfrac{\omega+1}{\omega^2}=\dfrac{-\omega^2}{\omega^2}=-1$

38 (ア) -5 (イ) 11 (ウ)(エ) 3, $1-2i$

解説 $x=1+2i$ を方程式に代入すると
$$(1+2i)^3+a(1+2i)^2+b(1+2i)-15=0$$
展開して i について整理すると
$$(-3a+b-26)+2(2a+b-1)i=0$$
a, b は実数であるから
$$-3a+b-26=0, \quad 2a+b-1=0$$

これを解いて　$a=-5$, $b=11$

このとき，もとの方程式は　$x^3-5x^2+11x-15=0$

左辺を因数分解すると　$(x-3)(x^2-2x+5)=0$

これを解いて　$x=3$, $1\pm2i$

よって，他の解は　3, $1-2i$

別解 $1+2i$ が解であるから，その共役な複素数 $1-2i$ も解である。

よって，$x^3+ax^2+bx-15$ は

$\{x-(1+2i)\}\{x-(1-2i)\}$ すなわち x^2-2x+5 で割り切れる。

$\quad x^3+ax^2+bx-15$
$=(x^2-2x+5)(x+a+2)+(2a+b-1)x-5a-25$

であるから　$2a+b-1=0$，$-5a-25=0$

これを解いて　$a=-5$, $b=11$

このとき，方程式は　$(x^2-2x+5)(x-3)=0$

したがって，他の解は　$x=3$, $1-2i$

39 （ア）　0　（イ）　$x-2$　（ウ）　$x^2+2x-a+2$

（エ）　1　（オ）　2　（カ）　10

解説 3次方程式の左辺に $x=2$ を代入すると
$$(左辺)=2^3-(a+2)\cdot2+2(a-2)=0$$

よって，因数定理から，左辺は $x-2$ を因数にもつ。

したがって，左辺を因数分解すると
$$(x-2)(x^2+2x-a+2)=0 \quad\cdots\cdots ①$$

ここで，$x^2+2x-a+2=0$ $\quad\cdots\cdots ②$ とする。

[1] ② が 2 以外の重解をもつとき

② の判別式を D とすると
$$\frac{D}{4}=1^2-1\cdot(-a+2)=a-1$$

重解をもつとき，$D=0$ であるから
$$a-1=0 \quad よって \quad a=1$$

このとき，② は $x^2+2x+1=0$ となり，$x=-1$ を重解にもつ。

したがって，① より $x=-1$ はもとの 3 次方程式の 2 重解であり，条件を満たす。

[2] ② が 2 と 2 以外の数を解にもつとき

② に $x=2$ を代入すると
$$2^2+2\cdot2-a+2=0 \quad よって \quad a=10$$

$a=10$ のとき ② は $x^2+2x-8=0$ となり，$x=2$, -4 を解にもつ。

したがって，① より $x=2$ はもとの 3 次方程式の 2 重解であり，条件を満たす。

[1]，[2] より　$a=1$, 10

40 （ア）　$(0, 1)$　（イ）　$(16, -7)$　（ウ）　$(6, 0)$

解説 (1)　点 D の座標を (x, y) とすると
$$x=\frac{1\cdot4+2\cdot(-2)}{2+1}=0, \quad y=\frac{1\cdot(-1)+2\cdot2}{2+1}=1$$

よって，点 D の座標は $(0, 1)$ である。

点 E の座標を (x, y) とすると
$$x=\frac{-3\cdot4+2\cdot(-2)}{2-3}=16, \quad y=\frac{-3\cdot(-1)+2\cdot2}{2-3}=-7$$

よって，点 E の座標は $(16, -7)$ である。

(2)　$P(x, 0)$ とすると，$AP=CP$ より　$AP^2=CP^2$

すなわち　$(x-4)^2+(0+1)^2=(x-5)^2+(0-2)^2$

よって　$x^2-8x+17=x^2-10x+29$

ゆえに　$x=6$

したがって　$P(6, 0)$

41 （ア）　$y=2x+3$　（イ）　$y=x+2$　（ウ）　8

解説 (1)　点 A を通り，傾き 2 の直線の方程式は
$$y-1=2(x+1) \quad すなわち \quad y=2x+3$$

2 点 A，B を通る直線の方程式は
$$y-1=\frac{6-1}{4-(-1)}(x+1) \quad すなわち \quad y=x+2$$

(2)　$C(a, 10)$ が直線 AB 上，すなわち直線 $y=x+2$ 上にあるから　$10=a+2$　よって　$a=8$

42 （ア）　$(2, 1)$　（イ）　$(0, 2)$

（ウ）　$(-3, -4)$　（エ）　$\left(-\dfrac{1}{3}, -\dfrac{1}{3}\right)$

解説 (1)　①×2＋② から　$3x-6=0$

よって　$x=2$　このとき　$y=2-1=1$

すなわち　$A(2, 1)$

②＋③×2 から　$5x=0$　よって　$x=0$

このとき　$y=0+2=2$

すなわち　$B(0, 2)$

③－① から　$x+3=0$　よって　$x=-3$

このとき　$y=-3-1=-4$

すなわち　$C(-3, -4)$

(2)　三角形 ABC の重心 G の座標を (x, y) とすると
$$x=\frac{2+0+(-3)}{3}=-\frac{1}{3}, \quad y=\frac{1+2+(-4)}{3}=-\frac{1}{3}$$

すなわち　$G\left(-\dfrac{1}{3}, -\dfrac{1}{3}\right)$

43 （ア）　⓪　（イ）　⓪　（ウ）　①　（エ）　⓪

解説 (1)　内分点は線分 OA 上にあるから，点 P は最初の位置から左に移動する。

(2) $m>n$ より，線分 OA を $n:m$ に外分する点は O より左にある。

よって，点 P は最初の位置から左に移動する。

(3) 3 点 O，A，P が数直線上にあると考えて，点 O，A の座標をそれぞれ 0，a $(a>0)$ とすると，点 P の最初の位置の座標は $\dfrac{ma}{m-n}$ と表される。

線分 OA を $m:2n$ に外分する点の座標は $\dfrac{ma}{m-2n}$ である。

$m>2n>0$，$a>0$ より $\dfrac{ma}{m-n}<\dfrac{ma}{m-2n}$ であるから，点 P は最初の位置から右に移動する。

(4) 線分 OA を $(m+1):n$ に外分する点の座標は $\dfrac{(m+1)a}{(m+1)-n}$ である。

$$\dfrac{ma}{m-n}-\dfrac{(m+1)a}{(m+1)-n}$$
$$=\dfrac{ma(m+1-n)-(m+1)a(m-n)}{(m-n)(m+1-n)}$$
$$=\dfrac{na}{(m-n)(m+1-n)}$$

$m>n>0$，$a>0$ より $\dfrac{na}{(m-n)(m+1-n)}>0$

よって，$\dfrac{ma}{m-n}>\dfrac{(m+1)a}{(m+1)-n}$ であるから，点 P は最初の位置から左に移動する。

44 (ア)(イ) -1，2　(ウ) $\dfrac{1}{3}$

解説 ① を変形すると $y=-mx+1$

② を変形すると $y=\dfrac{m-1}{2}x-\dfrac{3}{2}$

(1) ①，② が垂直であるとき $-m\cdot\dfrac{m-1}{2}=-1$

整理すると $m^2-m-2=0$

ゆえに，$(m+1)(m-2)=0$ から $m=-1$，2

(2) ①，② が平行であるとき $-m=\dfrac{m-1}{2}$

これを解いて $m=\dfrac{1}{3}$

このとき，

① は $y=-\dfrac{1}{3}x+1$，② は $y=-\dfrac{1}{3}x-\dfrac{3}{2}$

よって，2 直線は一致しない。

45 (ア) $(2-a,\ 4-b)$　(イ) $(-4,\ -3)$

解説 (1) Q$(x,\ y)$ とする。

線分 PQ の中点が A であるから

$$\dfrac{a+x}{2}=1,\quad \dfrac{b+y}{2}=2$$

ゆえに $x=2-a$，$y=4-b$

(2) Q$(x,\ y)$ とする。

線分 PQ の中点が直線 ℓ 上にあるから

$$\dfrac{2+x}{2}+\dfrac{3+y}{2}+1=0$$

ゆえに $x+y+7=0$ …… ①

PQ が ℓ に垂直であるから $\dfrac{y-3}{x-2}\cdot(-1)=-1$

ゆえに $x-y+1=0$ …… ②

①，② から $x=-4$，$y=-3$

よって，点 Q の座標は $(-4,\ -3)$

46 $(-1,\ 2)$

解説 与式を k について整理すると

$$(x+y-1)k+(y-2)=0$$

これが，k についての恒等式であるから

$$x+y-1=0,\quad y-2=0$$

これを解いて $x=-1$，$y=2$

よって，定点 $(-1,\ 2)$ を通る。

47 (ア) $4x+y-14=0$　(イ) $x+2y+7=0$

解説 2 直線の交点を通る直線を

$$x+y+1+k(3x+2y-3)=0 \quad …… ①\quad$$ とする。

(1) $x=3$，$y=2$ を①に代入して整理すると

$$6+10k=0 \qquad ゆえに \quad k=-\dfrac{3}{5}$$

① に代入して整理すると $4x+y-14=0$

(2) ① を x，y について整理すると

$$(3k+1)x+(2k+1)y-3k+1=0 \quad …… ②$$

$2k+1=0$ のとき，② は x 軸に垂直となり，条件を満たさないから $2k+1\neq0$

直線 ② と直線 $2x-y+4=0$ が垂直であるから

$$-\dfrac{3k+1}{2k+1}\cdot2=-1$$

よって $2(3k+1)=2k+1$

ゆえに $k=-\dfrac{1}{4}$

これは $2k+1\neq0$ を満たす。

② に代入して整理すると $x+2y+7=0$

別解 直線 ② と直線 $2x-y+4=0$ が垂直であるから

$$(3k+1)\cdot2+(2k+1)\cdot(-1)=0$$

よって $k=-\dfrac{1}{4}$

参考 2直線 $a_1x+b_1y+c_1=0$ ($a_1\neq0$ または $b_1\neq0$), $a_2x+b_2y+c_2=0$ ($a_2\neq0$ または $b_2\neq0$) において

2直線が垂直 $\Longleftrightarrow a_1a_2+b_1b_2=0$

2直線が平行 $\Longleftrightarrow a_1b_2-a_2b_1=0$

48 (ア) $x-y+1=0$ (イ) $3\sqrt{2}$ (ウ) 15

解説 (1) $y-4=\dfrac{-1-4}{-2-3}(x-3)$ から $x-y+1=0$

(2) $\dfrac{|-4-3+1|}{\sqrt{1^2+(-1)^2}}=\dfrac{6}{\sqrt{2}}=3\sqrt{2}$

(3) $BC=\sqrt{\{3-(-2)\}^2+\{4-(-1)\}^2}=5\sqrt{2}$

であるから，△ABC の面積を S とすると，(2)から

$$S=\dfrac{1}{2}\cdot5\sqrt{2}\cdot3\sqrt{2}=15$$

49 (ア) ① (イ) ①

解説 $y=ax+b$ は傾きが a，y 切片が b の直線の方程式を表す。

y 軸に平行である直線は傾きがなく，$x=c$（c は定数）の形で表されるから，$y=ax+b$ の形で表すことができない。

$px+qy+r=0$ において，$q=0$ とすると $x=-\dfrac{r}{p}$ となり，これは y 軸に平行である直線を表す。

参考 $y=ax+b$ において

$a=0\Longleftrightarrow x$ 軸に平行な直線

$b=0\Longleftrightarrow$ 原点を通る直線（直線 $x=0$ を除く）

$px+qy+r=0$（$p\neq0$ または $q\neq0$）において

$p=0\Longleftrightarrow x$ 軸に平行な直線

$q=0\Longleftrightarrow y$ 軸に平行な直線

$r=0\Longleftrightarrow$ 原点を通る直線

50 (ア) $x^2+y^2=9$

(イ) $(x+1)^2+(y-2)^2=25$

(ウ) $(x-5)^2+(y-4)^2=25$

解説 (1) 中心が原点，半径が 3 の円の方程式は

$$x^2+y^2=9$$

(2) 中心が点 $(-1, 2)$，半径が 5 の円の方程式は

$$(x+1)^2+(y-2)^2=25$$

(3) 半径を r とすると，中心が点 $(5, 4)$ であるから

$$(x-5)^2+(y-4)^2=r^2$$ と表される。

これが点 $(1, 1)$ を通るから $(-4)^2+(-3)^2=r^2$

ゆえに $r^2=25$

よって，求める円の方程式は $(x-5)^2+(y-4)^2=25$

51 (ア) $x^2+y^2-6y-1=0$

(イ) $(x-1)^2+(y-2)^2=8$

解説 (1) 3点 L，M，N を通る円の方程式を $x^2+y^2+lx+my+n=0$ とおく。

3点 L，M，N の x 座標，y 座標の値をそれぞれ代入すると

$$-l+6m+n=-37, \quad -l+n=-1,$$
$$3l+4m+n=-25$$

これを解くと $l=0$，$m=-6$，$n=-1$

ゆえに，求める円の方程式は $x^2+y^2-6y-1=0$

(2) 円の中心は線分 PQ の中点であるから

$$\left(\dfrac{3+(-1)}{2}, \dfrac{0+4}{2}\right)$$ すなわち $(1, 2)$

また $PQ=\sqrt{(-1-3)^2+(4-0)^2}=4\sqrt{2}$

よって，円の半径は $\dfrac{PQ}{2}=2\sqrt{2}$

ゆえに，求める円の方程式は $(x-1)^2+(y-2)^2=8$

52 (ア) 3 (イ) $(x-3)^2+(y+2)^2=25$

解説 (1) 円の方程式を変形すると

$$(x-k)^2+(y-2k)^2=3k^2$$

よって，中心の座標は $(k, 2k)$

これが直線 $y=-2x+12$ 上にあるから

$$2k=-2k+12$$

よって $k=3$

(2) 中心が直線 $2x-y-8=0$ 上にあるから，中心の座標は $(a, 2a-8)$ と表される。

よって，求める円の方程式を

$$(x-a)^2+\{y-(2a-8)\}^2=r^2 \quad\cdots\cdots①$$

とおくと，① は 2 点 $(0, 2)$，$(3, 3)$ を通るから

$$a^2+(-2a+10)^2=r^2, \quad (3-a)^2+(-2a+11)^2=r^2$$

これを解くと $a=3$，$r^2=25$

ゆえに，求める円の方程式は $(x-3)^2+(y+2)^2=25$

53 (ア) $-4<a<1$ (イ) $(-a, 2)$

(ウ) $\sqrt{-a^2-3a+4}$ (エ) $-\dfrac{3}{2}$ (オ) $\dfrac{5}{2}$

解説 方程式を変形すると

$$(x+a)^2+(y-2)^2=-a^2-3a+4 \quad\cdots\cdots①$$

(1) ① が円を表すとき $-a^2-3a+4>0$

よって $a^2+3a-4<0$

これを解いて $-4<a<1$ $\cdots\cdots②$

(2) ① から

中心の座標は $(-a, 2)$，

半径は　　$\sqrt{-a^2-3a+4}$

(3) (2)から　$\sqrt{-a^2-3a+4}=\sqrt{-\left(a+\dfrac{3}{2}\right)^2+\dfrac{25}{4}}$

よって，a が ② の範囲を動くとき，半径は $a=-\dfrac{3}{2}$ で

最大値 $\sqrt{\dfrac{25}{4}}=\dfrac{5}{2}$ をとる。

54 (ア) 4 (イ) $y=-x$ (ウ) $(r, -r)$
(エ) $(x-r)^2+(y+r)^2=r^2$
(オ)(カ) $(x-2)^2+(y+2)^2=4$,
$(x-10)^2+(y+10)^2=100$

解説 点 $(2, -4)$ は第 4 象限の点であるから，点
$(2, -4)$ を通り，x 軸，y 軸の両方に接する円の中心
も第 4 象限にある。

さらに，中心は x 軸からの距離と y 軸からの距離が等

しい点であるから，直線 $y=-x$
上にある。よって，半径を r
$(r>0)$ とすると中心の座標
は $(r, -r)$ とおける。

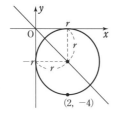

中心の座標が $(r, -r)$，半
径が r の円の方程式は
$(x-r)^2+(y+r)^2=r^2$
点 $(2, -4)$ を通るから　$(2-r)^2+(-4+r)^2=r^2$
すなわち　$r^2-12r+20=0$
よって　$r=2, 10$
これらは $r>0$ を満たす。
したがって，求める円の方程式は
$(x-2)^2+(y+2)^2=4$,　$(x-10)^2+(y+10)^2=100$

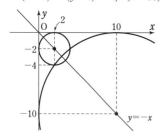

55 (ア) $3x+4y=25$
(イ)(エ) $y=2x+5\sqrt{5}$, $(-2\sqrt{5}, \sqrt{5})$
(ウ)(オ) $y=2x-5\sqrt{5}$, $(2\sqrt{5}, -\sqrt{5})$
[(イ)(エ)と(ウ)(オ)は逆でもよい]

解説 (1) 点 $(3, 4)$ における接線の方程式は
$3x+4y=25$
(2) 求める接線の方程式を $y=2x+n$ とおく。
$y=2x+n$ を円の方程式に代入して整理すると

$5x^2+4nx+n^2-25=0$

この方程式が重解をもつことから，判別式を D とする

と　$\dfrac{D}{4}=4n^2-5(n^2-25)=-(n^2-125)=0$

これを解いて　$n=\pm5\sqrt{5}$
よって，接線の方程式は
$y=2x+5\sqrt{5}$, $y=2x-5\sqrt{5}$

接点の x 座標は，$x=-\dfrac{2n}{5}$ で表されるから

$n=5\sqrt{5}$ のとき　$x=-2\sqrt{5}$
このとき，$y=2x+5\sqrt{5}$ から　$y=\sqrt{5}$
$n=-5\sqrt{5}$ のとき　$x=2\sqrt{5}$
このとき，$y=2x-5\sqrt{5}$ から　$y=-\sqrt{5}$
よって，接点の座標
$(-2\sqrt{5}, \sqrt{5})$, $(2\sqrt{5}, -\sqrt{5})$

56 (ア)(ウ) $2x+y=5$, $(2, 1)$
(イ)(エ) $-x+2y=5$, $(-1, 2)$
[(ア)(ウ)と(イ)(エ)は逆でもよい]

解説 円 $x^2+y^2=5$ 上の点 (x_1, y_1) における円の接線
$x_1x+y_1y=5$ が点 $(1, 3)$ を通るから
$x_1+3y_1=5$ …… ①

点 (x_1, y_1) は円 $x^2+y^2=5$ 上の点でもあるから
$x_1^2+y_1^2=5$ …… ②

①，②を解くと　$(x_1, y_1)=(2, 1), (-1, 2)$
ゆえに，接線の方程式は　$2x+y=5$, $-x+2y=5$

57 (ア) $(-1, 1)$ (イ) $2\sqrt{7}$ (ウ) 2

解説 (1) $y=x+2$ を $x^2+y^2=9$ に代入して整理すると
$2x^2+4x-5=0$

これを解いて　$x=\dfrac{-2\pm\sqrt{14}}{2}$

このとき　$y=\dfrac{-2\pm\sqrt{14}}{2}+2=\dfrac{2\pm\sqrt{14}}{2}$ （複号同順）

ゆえに，交点の座標は
$\left(\dfrac{-2+\sqrt{14}}{2}, \dfrac{2+\sqrt{14}}{2}\right)$, $\left(\dfrac{-2-\sqrt{14}}{2}, \dfrac{2-\sqrt{14}}{2}\right)$

線分の中点の座標を (p, q) とすると

$p=\dfrac{1}{2}\left(\dfrac{-2+\sqrt{14}}{2}+\dfrac{-2-\sqrt{14}}{2}\right)=-1$

$q=\dfrac{1}{2}\left(\dfrac{2+\sqrt{14}}{2}+\dfrac{2-\sqrt{14}}{2}\right)=1$

ゆえに，中点の座標は　$(-1, 1)$

$\left(\dfrac{-2+\sqrt{14}}{2}-\dfrac{-2-\sqrt{14}}{2}\right)^2+\left(\dfrac{2+\sqrt{14}}{2}-\dfrac{2-\sqrt{14}}{2}\right)^2$

$= (\sqrt{14})^2 + (\sqrt{14})^2 = 28$

よって, 線分の長さは $\sqrt{28} = 2\sqrt{7}$

別解 $y = x+2$ を $x^2 + y^2 = 9$ に代入して整理すると

$\qquad 2x^2 + 4x - 5 = 0$

$2x^2 + 4x - 5 = 0$ の 2 つの解を α, β とすると, 解と係数の関係により

$\qquad \alpha + \beta = -2$, $\quad \alpha\beta = -\dfrac{5}{2}$

交点の座標は $(\alpha, \alpha+2)$, $(\beta, \beta+2)$ であるから,

中点の座標は $\left(\dfrac{\alpha+\beta}{2}, \dfrac{\alpha+\beta}{2}+2 \right)$

すなわち $\qquad (-1, 1)$

線分の長さは

$$\sqrt{(\alpha-\beta)^2 + \{(\alpha+2)-(\beta+2)\}^2} = \sqrt{2(\alpha-\beta)^2}$$
$$= \sqrt{2\{(\alpha+\beta)^2 - 4\alpha\beta\}} = 2\sqrt{7}$$

(2) 円の中心 $(0, 0)$ と直線

$y = x+1$ すなわち

$x - y + 1 = 0$ の距離 d は

$d = \dfrac{|1|}{\sqrt{1^2 + (-1)^2}} = \dfrac{1}{\sqrt{2}}$

したがって, 三平方の定理により

$r^2 = d^2 + \left(\dfrac{\sqrt{14}}{2} \right)^2 = \dfrac{1}{2} + \dfrac{7}{2} = 4$

$r > 0$ であるから $\quad r = 2$

58 (ア) $x + y - 1 = 0$ (イ) $x^2 + y^2 - 4x - 4y = 0$

解説 ①, ② の交点を通る円または直線の方程式は定数 k を用いて

$\quad (x^2 + y^2 - 4) + k\{(x-1)^2 + (y-1)^2 - 4\} = 0$ …… ③

と表される。

③ が直線を表すとき, $k = -1$ であるから

$\quad x^2 + y^2 - 4 - \{(x-1)^2 + (y-1)^2 - 4\} = 0$

すなわち $\quad x + y - 1 = 0$

また, ③ に $x = 0$, $y = 0$ を代入すると

$\quad -4 - 2k = 0$

これを解くと $\quad k = -2$

よって, ③ が 2 つの円 ①, ② の交点および原点を通る円を表すとき, $k = -2$ であるから

$\quad (x^2 + y^2 - 4) - 2\{(x-1)^2 + (y-1)^2 - 4\} = 0$

すなわち $\quad x^2 + y^2 - 4x - 4y = 0$

59 (ア) 2 (イ) 0

解説 (1) 方法② を用いて求める。

円 $\left(x - \dfrac{11}{6} \right)^2 + \left(y + \dfrac{9}{8} \right)^2 = \dfrac{1}{25}$ の中心の座標は

$\left(\dfrac{11}{6}, -\dfrac{9}{8} \right)$, 半径 r は $\dfrac{1}{5}$ である。

点 $\left(\dfrac{11}{6}, -\dfrac{9}{8} \right)$ と直線 $6x + 8y - 1 = 0$ の距離を d とすると

$\quad d = \dfrac{\left| 6 \cdot \dfrac{11}{6} + 8 \cdot \left(-\dfrac{9}{8} \right) - 1 \right|}{\sqrt{6^2 + 8^2}} = \dfrac{1}{10}$

$d < r$ であるから, 共有点の個数は 2 個である。

(2) 方法① を用いて求める。

円の方程式 $x^2 - 39x + y^2 - 15 = 0$ に直線の方程式 $y = 4x + 4$ を代入すると

$\qquad x^2 - 39x + (4x+4)^2 - 15 = 0$

よって $\qquad 17x^2 - 7x + 1 = 0$

この 2 次方程式の判別式を D とすると

$\qquad D = (-7)^2 - 4 \cdot 17 \cdot 1 = -19$

$D < 0$ であるから, 共有点の個数は 0 個である。

参考 (1) を方法① を用いて求めようとすると, 円の方程式 $\left(x - \dfrac{11}{6} \right)^2 + \left(y + \dfrac{9}{8} \right)^2 = \dfrac{1}{25}$ に直線の方程式

$y = -\dfrac{3}{4}x + \dfrac{1}{8}$ を代入して

$\quad \left(x - \dfrac{11}{6} \right)^2 + \left\{ \left(-\dfrac{3}{4}x + \dfrac{1}{8} \right) + \dfrac{9}{8} \right\}^2 = \dfrac{1}{25}$

展開して整理すると $5625x^2 - 19950x + 17581 = 0$ となり, この 2 次方程式の判別式 D を計算するのは大変である。 $(D = 2430000 > 0)$

また, (2) を方法② を用いて求めようとすると, 円の方程式 $x^2 - 39x + y^2 - 15 = 0$ を変形して

$\quad \left(x - \dfrac{39}{2} \right)^2 + y^2 = \dfrac{1581}{4}$

よって, 中心の座標は $\left(\dfrac{39}{2}, 0 \right)$, 半径 r は $\dfrac{\sqrt{1581}}{2}$ である。

点 $\left(\dfrac{39}{2}, 0 \right)$ と直線 $4x - y + 4 = 0$ の距離を d とすると

$$d = \dfrac{\left| 4 \cdot \dfrac{39}{2} - 0 + 4 \right|}{\sqrt{4^2 + (-1)^2}} = \dfrac{82}{\sqrt{17}}$$

となり, d と r の大小を比較するのは大変である。

$\left(d = \dfrac{82}{\sqrt{17}} = \dfrac{\sqrt{26896}}{2\sqrt{17}}, \ r = \dfrac{\sqrt{1581}}{2} = \dfrac{\sqrt{26877}}{2\sqrt{17}} \ \text{より} \ d > r \right)$

60 (ア) $x^2 + y^2 - 3x$ (イ) $\left(\dfrac{3}{2}, 0 \right)$ (ウ) $\dfrac{3}{2}$

解説 P(x, y) とする。

AP：BP＝3：1 より

$$AP^2 = 9BP^2$$

であるから

$$(x+3)^2 + y^2 = 9\{(x-1)^2 + y^2\}$$

整理すると $x^2 + y^2 - 3x = 0$

すなわち

$$\left(x - \frac{3}{2}\right)^2 + y^2 = \left(\frac{3}{2}\right)^2 \quad \cdots\cdots ①$$

ゆえに，条件を満たす点 P は円 ① 上にある。

逆に，円 ① 上の任意の点 P(x, y) は，条件を満たす。

よって，求める軌跡は，中心が点 $\left(\frac{3}{2}, 0\right)$，半径が $\frac{3}{2}$ の円である。

61 $y = -x^2 + 1$

解説 $y = (x-a)^2 + 1 - a^2$ から，頂点の座標を (x, y) とすると

$$x = a \quad \cdots\cdots ①$$
$$y = 1 - a^2 \quad \cdots\cdots ②$$

① を ② に代入して a を消去すると $y = -x^2 + 1$

逆に，この曲線上の任意の点 P(x, y) は，条件を満たす。

62 $x^2 + (y-2)^2 = 1$

解説 Q(s, t) とすると

$$s^2 + (t-6)^2 = 9 \quad \cdots\cdots ①$$

P(x, y) とすると

$$x = \frac{s}{3}, \quad y = \frac{t}{3}$$

ゆえに $s = 3x, \quad t = 3y$

これを ① に代入して整理すると

$$x^2 + (y-2)^2 = 1 \quad \cdots\cdots ②$$

ゆえに，条件を満たす点 P は円 ② 上にある。

逆に，円 ② 上の任意の点 P(x, y) は，条件を満たす。

63 （ア）$(-1, 0)$ （イ）$(1, 0)$ （ウ）90

（エ）$(0, 0)$ （オ）1

解説 $x = -1, y = 0$ は a の値に関係なく $a(x+1) + y = 0$ を満たすから，この直線は定点 $(-1, 0)$ を通る。

同様に，$x = 1, y = 0$ は a の値に関係なく $x - 1 - ay = 0$ を満たすから，この直線は定点 $(1, 0)$ を通る。

また，$a \neq 0$ のとき2直線の傾きはそれぞれ $-a$，$\frac{1}{a}$ であり，$-a \times \frac{1}{a} = -1$ であるから2直線は直交し，$a = 0$

のときは2直線は $y = 0$，$x = 1$ となり，この場合も直交するから，2直線のなす角は $90°$ である。

ゆえに，2直線の交点 P は点 $(-1, 0)$，$(1, 0)$ を直径の両端とする円上にある。

すなわち，P は中心が点 $(0, 0)$，半径が 1 の円上にある。

参考 直線 $x - 1 - ay = 0$ はすべての a の値に対して，点 $(-1, 0)$ を通らない。

よって，P の軌跡は，円 $x^2 + y^2 = 1$ のうち，点 $(-1, 0)$ を除いた図形である。

64 （ア）$\frac{s+1}{3}$ （イ）$\frac{t}{3}$ （ウ）$3x - 1$

（エ）$3y$ （オ）$s^2 + t^2 = 1$

（カ）$\left(x - \frac{1}{3}\right)^2 + y^2 = \frac{1}{9}$ （キ）$\left(\frac{1}{3}, 0\right)$ （ク）$\frac{1}{3}$

（ケ）（コ）$\left(\frac{2}{3}, 0\right)$，$(0, 0)$ （サ）③

解説 P(s, t) とする。

3点 O, A, P が三角形を作るとき，△OAP の重心の座標は $\left(\dfrac{0+1+s}{3}, \dfrac{0+0+t}{3}\right)$

すなわち $\left(\dfrac{s+1}{3}, \dfrac{t}{3}\right)$

G(x, y) とすると，$x = \dfrac{s+1}{3}$，$y = \dfrac{t}{3}$ であるから

$$s = 3x - 1, \quad t = 3y \quad \cdots\cdots ①$$

P は円 C 上にあるから $s^2 + t^2 = 1$

① を代入すると $(3x-1)^2 + (3y)^2 = 1$

よって $\left(x - \dfrac{1}{3}\right)^2 + y^2 = \dfrac{1}{9}$

これは，中心が点 $\left(\dfrac{1}{3}, 0\right)$，半径が $\dfrac{1}{3}$ の円となる。

また，3点 O, A, P が三角形を作らないとき，点 G は存在しない。

このとき，点 P は直線 OA 上にある。

よって，点 P(s, t) が2点 $(1, 0)$，$(-1, 0)$ にあるとき，3点 O, A, P は三角形を作らない。

$x = \dfrac{s+1}{3}$，$y = \dfrac{t}{3}$ のとき

$s = 1, t = 0$ とすると $x = \dfrac{2}{3}, y = 0$

$s = -1, t = 0$ とすると $x = 0, y = 0$

したがって，点 G の軌跡は円 C' から2点 $\left(\dfrac{2}{3}, 0\right)$，$(0, 0)$ を除いたものである。

65 (ア) ③ (イ) ②

解説 (1), (2) ⓪～③の不等式で表される領域を図示すると，次のようになる。

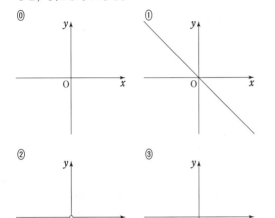

ただし，⓪，①，③は境界線を含まず，②は原点を含まない。

これより，⓪と同じ領域であるのは③であり，他のすべての領域を内部に含む領域は②である。

66 (ア)(イ) ⓪, ③ (ウ)(エ) ①, ③

解説 (1) $(x+y)(x-y)>0$ から

$$\begin{cases} x+y>0 \\ x-y>0 \end{cases} \quad \text{または} \quad \begin{cases} x+y<0 \\ x-y<0 \end{cases}$$

すなわち $\begin{cases} y>-x \\ y<x \end{cases}$ [⓪] または $\begin{cases} y<-x \\ y>x \end{cases}$ [③]

(2) $(x^2-y)(x^2+y^2-4)\leq 0$ から

$$\begin{cases} x^2-y\geq 0 \\ x^2+y^2-4\leq 0 \end{cases} \quad \text{または} \quad \begin{cases} x^2-y\leq 0 \\ x^2+y^2-4\geq 0 \end{cases}$$

すなわち

$$\begin{cases} y\leq x^2 \\ x^2+y^2\leq 4 \end{cases} \text{[③]} \quad \text{または} \quad \begin{cases} y\geq x^2 \\ x^2+y^2\geq 4 \end{cases} \text{[⓪]}$$

67 (ア) $\dfrac{7}{3}$ (イ) -2 (ウ) $\dfrac{5}{3}$ (エ) $\dfrac{2}{3}$
(オ) -1 (カ) -1

解説 与えられた連立不等式の表す領域を A とする。

領域 A は 4 点 $(-1, -1)$,
$\left(\dfrac{5}{2}, -1\right)$, $\left(\dfrac{5}{3}, \dfrac{2}{3}\right)$,
$(-1, 2)$ を頂点とする四

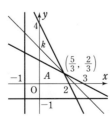

角形の周および内部である。

$$x+y=k \quad \cdots\cdots ①$$

とおいて，直線① が領域 A の点を通るときの k の値を調べる。

直線① が点 $\left(\dfrac{5}{3}, \dfrac{2}{3}\right)$ を通るとき k の値は最大になり，点 $(-1, -1)$ を通るとき k の値は最小になる。

よって，$x+y$ は

$x=\dfrac{5}{3}$, $y=\dfrac{2}{3}$ のとき最大値 $\dfrac{7}{3}$

$x=-1$, $y=-1$ のとき最小値 -2 をとる。

68 (ア) ⓪ (イ) 真 (ウ) ①②

解説 (1) $x^2+y^2-4x+6y+9\leq 0$ から

$$(x-2)^2+(y+3)^2\leq 4$$

よって，この不等式の表す領域 P は円
$(x-2)^2+(y+3)^2=4$ およびその内部である。

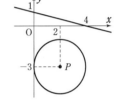

すなわち，右の図の青い部分である。ただし，境界線を含む。

また，$x+4y\leq 4$ から $y\leq -\dfrac{1}{4}x+1$

よって，この不等式の表す領域 Q は直線 $y=-\dfrac{1}{4}x+1$ およびその下側の部分である。

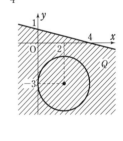

すなわち，右の図の斜線部分である。ただし，境界線を含む。

したがって，2 つの不等式の表す領域 P, Q を 1 つの座標平面に図示すると，右の図の青い部分と斜線部分である。ただし，境界線を含む。

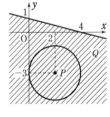

領域 P は領域 Q に含まれているから，命題(A)は真である。

(2) 命題(A) の逆は，
「$x+4y\leq 4$ ならば $x^2+y^2-4x+6y+9\leq 0$」であり，
(1)から領域 Q は領域 P に含まれていないから，命題(A) の逆は偽である。

このとき，反例となる (x, y) が表す点の集合は，領域 Q から領域 P を除いた部分である。すなわち，右の図の斜線部分である。ただし，境界線は直線上は含み，円周上は含まない。

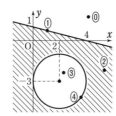

したがって，反例となるのは　① ②

69 （ア）　$\dfrac{3}{8}$　（イ）　$-\dfrac{\sqrt{7}}{2}$　（ウ）　$-\dfrac{5\sqrt{7}}{16}$

解説　$\sin\theta-\cos\theta=\dfrac{1}{2}$ の両辺を 2 乗して

$$1-2\sin\theta\cos\theta=\dfrac{1}{4}$$

ゆえに　$\sin\theta\cos\theta=\dfrac{3}{8}$

また　$(\sin\theta+\cos\theta)^2=1+2\sin\theta\cos\theta$

$$=1+2\cdot\dfrac{3}{8}=\dfrac{7}{4}$$

θ は第 3 象限の角であるから　$\sin\theta<0,\ \cos\theta<0$

よって　$\sin\theta+\cos\theta<0$

ゆえに　$\sin\theta+\cos\theta=-\dfrac{\sqrt{7}}{2}$

$\sin^3\theta+\cos^3\theta$
$=(\sin\theta+\cos\theta)(\sin^2\theta-\sin\theta\cos\theta+\cos^2\theta)$
$=-\dfrac{\sqrt{7}}{2}\left(1-\dfrac{3}{8}\right)=-\dfrac{5\sqrt{7}}{16}$

70 （ア）　$\dfrac{1}{2}$　（イ）　1

解説　(1)　$\sin\dfrac{21}{4}\pi=\sin\left(4\pi+\dfrac{5}{4}\pi\right)=-\dfrac{1}{\sqrt{2}}$

$$\cos\dfrac{15}{4}\pi=\cos\left(2\pi+\dfrac{7}{4}\pi\right)=\dfrac{1}{\sqrt{2}}$$

$$\tan\dfrac{17}{4}\pi=\tan\left(4\pi+\dfrac{\pi}{4}\right)=1$$

よって　$\sin\dfrac{21}{4}\pi\cos\dfrac{15}{4}\pi+\tan\dfrac{17}{4}\pi$

$$=-\dfrac{1}{\sqrt{2}}\cdot\dfrac{1}{\sqrt{2}}+1=\dfrac{1}{2}$$

(2)　$\sin(\pi-\theta)=\sin\theta,\ \cos\left(\dfrac{\pi}{2}-\theta\right)=\sin\theta$

$$\cos(\pi+\theta)=-\cos\theta,\ \sin\left(\dfrac{\pi}{2}+\theta\right)=\cos\theta$$

よって

$$\sin(\pi-\theta)\cos\left(\dfrac{\pi}{2}-\theta\right)-\cos(\pi+\theta)\sin\left(\dfrac{\pi}{2}+\theta\right)$$

$=\sin\theta\sin\theta-(-\cos\theta)\cos\theta=\sin^2\theta+\cos^2\theta=1$

71 （ア）　$\dfrac{2}{3}\pi$　（イ）　2　（ウ）　-2　（エ）　$\dfrac{\pi}{6}$

（オ）　$\dfrac{\pi}{2}$

解説　(1)　周期は　$\dfrac{2\pi}{3}=\dfrac{2}{3}\pi$

$-1\le\sin3\theta\le1$ から　$-2\le2\sin3\theta\le2$

ゆえに，最大値は 2，最小値は -2

(2)　グラフより $0<a<\dfrac{\pi}{4}$ であるから　$0<2a<\dfrac{\pi}{2}$

ゆえに，$\cos2a=\dfrac{1}{2}$ から　$2a=\dfrac{\pi}{3}$

よって　$a=\dfrac{\pi}{6}$

また，グラフより $\dfrac{\pi}{4}<b<\dfrac{3}{4}\pi$ であるから

$$\dfrac{\pi}{2}<2b<\dfrac{3}{2}\pi$$

ゆえに，$\cos2b=-1$ から　$2b=\pi$

よって　$b=\dfrac{\pi}{2}$

72 （ア）　$-\dfrac{\pi}{6}$　（イ）　$\sqrt{2}$

解説　$f(\theta)=\sqrt{2}\cos2\left(\theta+\dfrac{\pi}{6}\right)$ から，$y=f(\theta)$ のグラフは，$y=\cos2\theta$ のグラフを θ 軸方向に $-\dfrac{\pi}{6}$ だけ平行移動し，θ 軸をもとにして y 軸方向に $\sqrt{2}$ 倍に拡大したものである。

73 （ア）　①　（イ）　④　（ウ）　③　（エ）　④

解説　(1)　$y=\cos2\theta$ のグラフは，$y=\cos\theta$ のグラフを，y 軸をもとにして θ 軸方向へ $\dfrac{1}{2}$ 倍に縮小したものである。

よって，最も適当なグラフは　①

(2)　$y=2\cos\left(\theta-\dfrac{\pi}{2}\right)$ のグラフは，$y=\cos\theta$ のグラフを，θ 軸をもとにして y 軸方向へ 2 倍に拡大し，さらに θ 軸方向に $\dfrac{\pi}{2}$ だけ平行移動したものである。

よって，最も適当なグラフは　④

(3)　$y=2\cos\theta$ のグラフは，$y=\cos\theta$ のグラフを，θ 軸をもとにして y 軸方向へ 2 倍に拡大したものである。

よって，最も適当なグラフは　③

(4) $y=2\cos\left(\theta+\dfrac{3}{2}\pi\right)$ のグラフは，$y=\cos\theta$ のグラフを，θ 軸をもとにして y 軸方向へ 2 倍に拡大し，さらに θ 軸方向に $-\dfrac{3}{2}\pi$ だけ平行移動したものである。

よって，最も適当なグラフは ④

参考 関数 $y=\cos\theta$ の周期は 2π であるから，

(4) の $y=2\cos\left(\theta+\dfrac{3}{2}\pi\right)$ は

$$y=2\cos\left\{\left(\theta-\dfrac{\pi}{2}\right)+2\pi\right\}$$
$$=2\cos\left(\theta-\dfrac{\pi}{2}\right)$$

となり，(2) と同じグラフになることがわかる。

74 (ア) $\dfrac{\pi}{6}$，$\dfrac{5}{6}\pi$ (イ) $\dfrac{3}{4}\pi$，$\dfrac{5}{4}\pi$

(ウ) $\dfrac{2}{3}\pi$，$\dfrac{5}{3}\pi$ (エ) $\dfrac{4}{3}\pi<\theta<\dfrac{5}{3}\pi$

(オ) $\dfrac{\pi}{3}<\theta<\dfrac{5}{3}\pi$

(カ) $\dfrac{\pi}{6}\leqq\theta<\dfrac{\pi}{2}$，$\dfrac{7}{6}\pi\leqq\theta<\dfrac{3}{2}\pi$

解説 (1) $\sin\theta=\dfrac{1}{2}$ よって $\theta=\dfrac{\pi}{6}$，$\dfrac{5}{6}\pi$

(2) $\cos\theta=-\dfrac{1}{\sqrt{2}}$ よって $\theta=\dfrac{3}{4}\pi$，$\dfrac{5}{4}\pi$

(1)   (2)

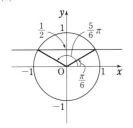

(3) $\theta=\dfrac{2}{3}\pi$，$\dfrac{5}{3}\pi$

(4) $\sin\theta<-\dfrac{\sqrt{3}}{2}$

$\sin\theta=-\dfrac{\sqrt{3}}{2}$ を満たす θ の値は $\theta=\dfrac{4}{3}\pi$，$\dfrac{5}{3}\pi$

よって $\dfrac{4}{3}\pi<\theta<\dfrac{5}{3}\pi$

(3)   (4)

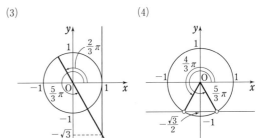

(5) $\cos\theta<\dfrac{1}{2}$

$\cos\theta=\dfrac{1}{2}$ を満たす θ の値は $\theta=\dfrac{\pi}{3}$，$\dfrac{5}{3}\pi$

よって $\dfrac{\pi}{3}<\theta<\dfrac{5}{3}\pi$

(6) $\tan\theta\geqq\dfrac{1}{\sqrt{3}}$

$\tan\theta=\dfrac{1}{\sqrt{3}}$ を満たす θ の値は $\theta=\dfrac{\pi}{6}$，$\dfrac{7}{6}\pi$

よって $\dfrac{\pi}{6}\leqq\theta<\dfrac{\pi}{2}$，$\dfrac{7}{6}\pi\leqq\theta<\dfrac{3}{2}\pi$

(5)   (6)

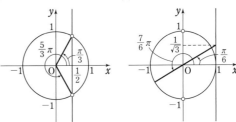

75 (ア) $\dfrac{7}{6}\pi$，$\dfrac{11}{6}\pi$ (イ) $\dfrac{\pi}{3}$，$\dfrac{5}{6}\pi$，$\dfrac{4}{3}\pi$，$\dfrac{11}{6}\pi$

(ウ) $\dfrac{2}{3}\pi<\theta<\dfrac{4}{3}\pi$

解説 (1) $2(1-\sin^2\theta)+3\sin\theta=0$ から
$$(\sin\theta-2)(2\sin\theta+1)=0$$

$\sin\theta-2<0$ であるから $2\sin\theta+1=0$

すなわち $\sin\theta=-\dfrac{1}{2}$

ゆえに $\theta=\dfrac{7}{6}\pi$，$\dfrac{11}{6}\pi$

(2) 左辺を変形すると $(\tan\theta-\sqrt{3})(\sqrt{3}\tan\theta+1)=0$

よって $\tan\theta=\sqrt{3}$，$\tan\theta=-\dfrac{1}{\sqrt{3}}$

$0\leqq\theta<2\pi$ であるから $\theta=\dfrac{\pi}{3}$，$\dfrac{5}{6}\pi$，$\dfrac{4}{3}\pi$，$\dfrac{11}{6}\pi$

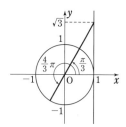

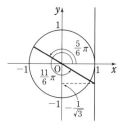

(3) 不等式を変形すると $\cos\theta+2(1-\cos^2\theta)<1$

よって $2\cos^2\theta-\cos\theta-1>0$

すなわち $(\cos\theta-1)(2\cos\theta+1)>0$

$\cos\theta-1\leqq0$ であるから

$2\cos\theta+1<0$

よって $\cos\theta<-\dfrac{1}{2}$

$0\leqq\theta<2\pi$ であるから

$\dfrac{2}{3}\pi<\theta<\dfrac{4}{3}\pi$

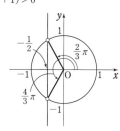

76 (ア) $-\dfrac{\pi}{6}$ (イ) $\dfrac{23}{6}\pi$ (ウ) $\dfrac{\pi}{6}$ (エ) $\dfrac{5}{6}\pi$

(オ) $\dfrac{13}{6}\pi$ (カ) $\dfrac{17}{6}\pi$ (キ) $\dfrac{\pi}{6}$ (ク) $\dfrac{\pi}{2}$

(ケ) $\dfrac{7}{6}\pi$ (コ) $\dfrac{3}{2}\pi$

解説 $2\theta-\dfrac{\pi}{6}=t$ とおくと

$2\cdot0-\dfrac{\pi}{6}\leqq t<2\cdot2\pi-\dfrac{\pi}{6}$ から $-\dfrac{\pi}{6}\leqq t<\dfrac{23}{6}\pi$

この範囲で $\sin t=\dfrac{1}{2}$ を解くと

$t=\dfrac{\pi}{6},\ \dfrac{5}{6}\pi,\ \dfrac{13}{6}\pi,\ \dfrac{17}{6}\pi$

$\theta=\dfrac{t}{2}+\dfrac{\pi}{12}$ から $\theta=\dfrac{\pi}{6},\ \dfrac{\pi}{2},\ \dfrac{7}{6}\pi,\ \dfrac{3}{2}\pi$

77 (ア) $\sin\theta$ (イ) $-3t^2+8t+3$ (ウ) $\dfrac{4}{3}$

(エ) $0\leqq t\leqq1$ (オ) 1 (カ) 0 (キ) $\dfrac{\pi}{2}$

(ク) 8 (ケ) 0 (コ) 3

解説 $\sin^2\theta+\cos^2\theta=1$ から

$y=3(1-\sin^2\theta)+8\sin\theta$

$=-3\sin^2\theta+8\sin\theta+3$

$t=\sin\theta$ とおくと $y=-3t^2+8t+3$

これを平方完成すると $y=-3\left(t-\dfrac{4}{3}\right)^2+\dfrac{25}{3}$ となるか

ら，$y=-3t^2+8t+3$ のグラフは，軸が直線 $t=\dfrac{4}{3}$ で上

に凸の放物線となる。

また，$0\leqq\theta\leqq\dfrac{\pi}{2}$ より t のと

りうる値の範囲は $0\leqq t\leqq1$ で

あるから，y は $t=1$，すなわ

ち $\theta=\dfrac{\pi}{2}$ で最大値 8 をとり，

$t=0$，すなわち $\theta=0$ で最小

値 3 をとる。

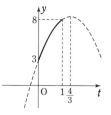

78 (ア) 0 (イ) $-\dfrac{7}{25}$ (ウ) $\dfrac{\pi}{4}$

解説 (1) $0<\alpha<\dfrac{\pi}{2}$ であるから $\cos\alpha>0$

よって $\cos\alpha=\sqrt{1-\sin^2\alpha}=\dfrac{4}{5}$

$\dfrac{\pi}{2}<\beta<\pi$ であるから $\sin\beta>0$

よって $\sin\beta=\sqrt{1-\cos^2\beta}=\dfrac{3}{5}$

したがって

$\sin(\alpha+\beta)=\sin\alpha\cos\beta+\cos\alpha\sin\beta$

$=\dfrac{3}{5}\left(-\dfrac{4}{5}\right)+\dfrac{4}{5}\cdot\dfrac{3}{5}=0$

$\cos(\alpha-\beta)=\cos\alpha\cos\beta+\sin\alpha\sin\beta$

$=\dfrac{4}{5}\left(-\dfrac{4}{5}\right)+\dfrac{3}{5}\cdot\dfrac{3}{5}=-\dfrac{7}{25}$

(2) $\tan(\alpha+\beta)=\dfrac{\tan\alpha+\tan\beta}{1-\tan\alpha\tan\beta}=\dfrac{\dfrac{1}{2}+\dfrac{1}{3}}{1-\dfrac{1}{2}\cdot\dfrac{1}{3}}$

$=\dfrac{3+2}{6-1}=1$

α, β はともに鋭角であるから，$0<\alpha+\beta<\pi$

よって $\alpha+\beta=\dfrac{\pi}{4}$

79 (ア) $\dfrac{\pi}{2},\ \dfrac{7}{6}\pi,\ \dfrac{3}{2}\pi,\ \dfrac{11}{6}\pi$

(イ) $\dfrac{2}{3}\pi<\theta<\dfrac{4}{3}\pi$ (ウ) $\dfrac{\pi}{2}<\theta<\dfrac{7}{6}\pi$

解説 (1) 方程式を変形すると

$2\sin\theta\cos\theta+\cos\theta=0$

すなわち $\cos\theta(2\sin\theta+1)=0$

よって $\cos\theta=0$ または $2\sin\theta+1=0$

$\cos\theta=0$ を解くと $\theta=\dfrac{\pi}{2},\ \dfrac{3}{2}\pi$

$2\sin\theta+1=0$ から $\sin\theta=-\dfrac{1}{2}$

これを解くと $\theta=\dfrac{7}{6}\pi$, $\dfrac{11}{6}\pi$

以上から $\theta=\dfrac{\pi}{2}$, $\dfrac{7}{6}\pi$, $\dfrac{3}{2}\pi$, $\dfrac{11}{6}\pi$

(2) 不等式を変形すると
$$2\cos^2\theta-1>1+3\cos\theta$$
すなわち $2\cos^2\theta-3\cos\theta-2>0$

よって $(\cos\theta-2)(2\cos\theta+1)>0$

$\cos\theta-2<0$ であるから $2\cos\theta+1<0$

よって $\cos\theta<-\dfrac{1}{2}$

これを解いて $\dfrac{2}{3}\pi<\theta<\dfrac{4}{3}\pi$

(3) 左辺を変形すると $2\left(\dfrac{1}{2}\sin\theta-\dfrac{\sqrt{3}}{2}\cos\theta\right)>1$

よって $2\sin\left(\theta-\dfrac{\pi}{3}\right)>1$

ゆえに $\sin\left(\theta-\dfrac{\pi}{3}\right)>\dfrac{1}{2}$ …… ①

$0\leqq\theta<2\pi$ から $-\dfrac{\pi}{3}\leqq\theta-\dfrac{\pi}{3}<\dfrac{5}{3}\pi$ …… ②

①, ② から $\dfrac{\pi}{6}<\theta-\dfrac{\pi}{3}<\dfrac{5}{6}\pi$

ゆえに $\dfrac{\pi}{2}<\theta<\dfrac{7}{6}\pi$

80 (ア) $\dfrac{\pi}{2}$ (イ) 2 (ウ)(エ) $\dfrac{7}{6}\pi$, $\dfrac{11}{6}\pi$

(オ) $-\dfrac{5}{2}$ (カ) $\dfrac{2}{3}\pi$ (キ) 2 (ク) 0

(ケ) -1

解説 (1) $y=2\sin\theta-(1-2\sin^2\theta)-1$
$$=2\sin^2\theta+2\sin\theta-2$$
$\sin\theta=t$ とおくと, $0\leqq\theta<2\pi$
であるから
$$-1\leqq t\leqq 1 \quad\cdots\cdots ①$$
また $y=2t^2+2t-2$
$$=2\left(t+\dfrac{1}{2}\right)^2-\dfrac{5}{2}$$

ゆえに, ① の範囲において, y は
$t=1$ すなわち $\sin\theta=1$ で最大値 2 をとり,
$t=-\dfrac{1}{2}$ すなわち $\sin\theta=-\dfrac{1}{2}$ で最小値 $-\dfrac{5}{2}$ をとる。

よって, y は $\theta=\dfrac{\pi}{2}$ で最大値 2 をとり,
$$\theta=\dfrac{7}{6}\pi,\ \dfrac{11}{6}\pi \text{ で最小値 } -\dfrac{5}{2} \text{ をとる。}$$

(2) $y=\sqrt{3}\sin\theta-\cos\theta=2\sin\left(\theta-\dfrac{\pi}{6}\right)$

$0\leqq\theta\leqq\pi$ であるから $-\dfrac{\pi}{6}\leqq\theta-\dfrac{\pi}{6}\leqq\dfrac{5}{6}\pi$

よって $-\dfrac{1}{2}\leqq\sin\left(\theta-\dfrac{\pi}{6}\right)\leqq 1$

ゆえに $-1\leqq y\leqq 2$

$\sin\left(\theta-\dfrac{\pi}{6}\right)=1$ のとき, $\theta-\dfrac{\pi}{6}=\dfrac{\pi}{2}$ から $\theta=\dfrac{2}{3}\pi$

$\sin\left(\theta-\dfrac{\pi}{6}\right)=-\dfrac{1}{2}$ のとき, $\theta-\dfrac{\pi}{6}=-\dfrac{\pi}{6}$ から $\theta=0$

よって, y は $\theta=\dfrac{2}{3}\pi$ で最大値 2 をとり,
$$\theta=0 \text{ で最小値 } -1 \text{ をとる。}$$

81 $\dfrac{1}{2}$

解説 直線 $y=x$ が x 軸の正の向きとのなす角を α, 直線 $y=3x$ が x 軸の正の向きとのなす角を β とすると
$$\tan\alpha=1,\ \tan\beta=3$$
$\theta=\beta-\alpha$ であるから
$$\tan\theta=\tan(\beta-\alpha)=\dfrac{\tan\beta-\tan\alpha}{1+\tan\beta\tan\alpha}$$
$$=\dfrac{3-1}{1+3\cdot1}=\dfrac{1}{2}$$

82 (ア) ① (イ) $2\sin\left(\theta+\dfrac{\pi}{3}\right)$

解説 三角関数の合成は, $a\neq0$ または $b\neq0$ のとき
$$a\sin\theta+b\cos\theta=\sqrt{a^2+b^2}\sin(\theta+\alpha)$$
$\left(\text{ただし, } \sin\alpha=\dfrac{b}{\sqrt{a^2+b^2}},\ \cos\alpha=\dfrac{a}{\sqrt{a^2+b^2}}\right)$
が成り立つというものであり, $a\sin\theta+b\cos\theta'$ ($\theta\neq\theta'$) の形では合成できない。

$$-2\sin\theta+2\sqrt{3}\cos\left(\theta-\dfrac{\pi}{3}\right)$$
$$=-2\sin\theta+2\sqrt{3}\left(\cos\theta\cos\dfrac{\pi}{3}+\sin\theta\sin\dfrac{\pi}{3}\right)$$
$$=-2\sin\theta+\sqrt{3}\cos\theta+3\sin\theta$$
$$=\sin\theta+\sqrt{3}\cos\theta$$
$$=2\sin\left(\theta+\dfrac{\pi}{3}\right)$$

83 (ア) 6 (イ) $\dfrac{3}{2}$ (ウ) $5\sqrt[3]{3}$

解説 (1) $\sqrt[3]{54}\times\sqrt[3]{4}=\sqrt[3]{54\times4}=\sqrt[3]{2\cdot3^3\times2^2}=3\sqrt[3]{2^3}$
$$=3\cdot2=6$$

(2) $\left\{\left(\dfrac{8}{27}\right)^{\frac{5}{6}}\right\}^{-\frac{2}{5}}=\left(\dfrac{8}{27}\right)^{\frac{5}{6}\times\left(-\frac{2}{5}\right)}=\left(\dfrac{8}{27}\right)^{-\frac{1}{3}}=\left(\dfrac{27}{8}\right)^{\frac{1}{3}}$

$\qquad\qquad =\left(\dfrac{3^3}{2^3}\right)^{\frac{1}{3}}=\dfrac{3}{2}$

(3) $\dfrac{8}{3}\sqrt[6]{9}+\sqrt[3]{24}+\sqrt[3]{\dfrac{1}{9}}$

$=\dfrac{8}{3}\sqrt[3]{\sqrt{9}}+\sqrt[3]{2^3\cdot3}+\sqrt[3]{\dfrac{3}{3^3}}$

$=\dfrac{8}{3}\sqrt[3]{3}+2\sqrt[3]{3}+\dfrac{\sqrt[3]{3}}{3}=5\sqrt[3]{3}$

84 (ア) a^2-b^2　(イ) $a^{2x}+a^{-2x}-1$
(ウ) 7　(エ) 18

解説 (1) $\left(a^{\frac{1}{2}}-b^{\frac{1}{2}}\right)\left(a^{\frac{1}{2}}+b^{\frac{1}{2}}\right)(a+b)$
$\qquad =(a-b)(a+b)=a^2-b^2$

$(a^{3x}+a^{-3x})\div(a^x+a^{-x})=\dfrac{(a^x)^3+(a^{-x})^3}{a^x+a^{-x}}$

$=\dfrac{(a^x+a^{-x})\{(a^x)^2-a^x a^{-x}+(a^{-x})^2\}}{a^x+a^{-x}}$

$=a^{2x}+a^{-2x}-1$

(2) $4^x+4^{-x}=(2^x)^2+(2^{-x})^2=(2^x+2^{-x})^2-2=3^2-2=7$
$8^x+8^{-x}=(2^x)^3+(2^{-x})^3=(2^x+2^{-x})^3-3(2^x+2^{-x})$
$\qquad\qquad =3^3-3\cdot3=18$

85 (ア) 1　(イ) 1

解説 (1) $\log_{10}16+\log_{10}5-3\log_{10}2=\log_{10}\dfrac{16\times5}{2^3}$

$\qquad\qquad\qquad\qquad\qquad\qquad =\log_{10}10=1$

(2) $\log_2\sqrt{12}-\dfrac{1}{2}\log_2 18+\log_2 6^{\frac{1}{2}}$

$=\dfrac{1}{2}\log_2 12-\dfrac{1}{2}\log_2 18+\dfrac{1}{2}\log_2 6=\dfrac{1}{2}\log_2\dfrac{12\times6}{18}$

$=\dfrac{1}{2}\log_2 4=\dfrac{1}{2}\cdot2=1$

別解 (与式)$=\log_2\sqrt{12}-\log_2\sqrt{18}+\log_2\sqrt{6}$

$\qquad\qquad =\log_2\dfrac{\sqrt{12}\times\sqrt{6}}{\sqrt{18}}=\log_2 2=1$

86 (ア) 5　(イ) $1-a$　(ウ) $3a+2b$
(エ) $\dfrac{b}{a}$

解説 底の変換公式を用いる。
(1) $(\log_2 3+\log_4 9)(\log_3 8-\log_9 2)$

$=\left(\log_2 3+\dfrac{\log_2 9}{\log_2 4}\right)\left(\dfrac{\log_2 8}{\log_2 3}-\dfrac{\log_2 2}{\log_2 9}\right)$

$=\left(\log_2 3+\dfrac{2\log_2 3}{2\log_2 2}\right)\left(\dfrac{3\log_2 2}{\log_2 3}-\dfrac{1}{2\log_2 3}\right)$

$=(\log_2 3+\log_2 3)\left(\dfrac{3}{\log_2 3}-\dfrac{1}{2\log_2 3}\right)$

$=(2\log_2 3)\dfrac{5}{2\log_2 3}=5$

(2) $\log_{10}5=\log_{10}\dfrac{10}{2}=1-\log_{10}2=1-a$

$\log_{10}72=\log_{10}(2^3\times3^2)=3\log_{10}2+2\log_{10}3=3a+2b$

$\log_2 3=\dfrac{\log_{10}3}{\log_{10}2}=\dfrac{b}{a}$

87 (ア) 2　(イ) 2

解説 (1) $3^x=\sqrt{15}$, $5^y=\sqrt{15}$ から

$\qquad\qquad x=\log_3\sqrt{15}=\dfrac{1}{2}\log_3 15$

$\qquad\qquad y=\log_5\sqrt{15}=\dfrac{1}{2}\log_5 15$

ゆえに

$\dfrac{1}{x}+\dfrac{1}{y}=\dfrac{2}{\log_3 15}+\dfrac{2}{\log_5 15}=\dfrac{2}{\log_3 15}+\dfrac{2\log_3 5}{\log_3 15}$

$\qquad\qquad =\dfrac{2+2\log_3 5}{\log_3 15}=\dfrac{2(1+\log_3 5)}{1+\log_3 5}=2$

(2) 条件から　$a^3=x$, $b^8=x$, $c^{24}=x$
よって　$(abc)^{24}=(a^3)^8(b^8)^3 c^{24}=x^8\cdot x^3\cdot x=x^{12}$
ゆえに　　$\log_{abc}x^{12}=24$
したがって　$\log_{abc}x=2$

88 (ア) $\sqrt[3]{4}$　(イ) 2　(ウ) $\sqrt[5]{64}$　(エ) $\sqrt[3]{5}$
(オ) $\sqrt{3}$　(カ) $\sqrt[4]{10}$　(キ) $3\log_4 3$　(ク) 3
(ケ) $\log_2 9$

解説 (1) $\sqrt[3]{4}=2^{\frac{2}{3}}$, $\sqrt[5]{64}=2^{\frac{6}{5}}$ であるから
$2^{\frac{2}{3}}<2^1<2^{\frac{6}{5}}$ より　$\sqrt[3]{4}<2<\sqrt[5]{64}$

(2) $(\sqrt{3})^{12}=3^6=729$, $(\sqrt[3]{5})^{12}=5^4=625$,
$(\sqrt[4]{10})^{12}=10^3=1000$ であるから
$\qquad\qquad (\sqrt[3]{5})^{12}<(\sqrt{3})^{12}<(\sqrt[4]{10})^{12}$
ゆえに　$\sqrt[3]{5}<\sqrt{3}<\sqrt[4]{10}$

(3) $3\log_4 3=3\dfrac{\log_2 3}{\log_2 4}=\dfrac{3}{2}\log_2 3=\log_2 3^{\frac{3}{2}}=\log_2\sqrt{27}$

$3=\log_2 2^3=\log_2 8$

$\sqrt{27}<8<9$ であるから　$\log_2\sqrt{27}<\log_2 8<\log_2 9$
ゆえに　$3\log_4 3<3<\log_2 9$

89 (ア) ⓪　(イ) ①　(ウ) ①　(エ) ③

解説 (1) (左辺)$=\sqrt{a}\times\sqrt[3]{a}=a^{\frac{1}{2}}\times a^{\frac{1}{3}}$

$\qquad\qquad =a^{\frac{1}{2}+\frac{1}{3}}=a^{\frac{5}{6}}$

また　(右辺)$=a^{\frac{1}{6}}$

よって $a^{\frac{5}{6}}=a^{\frac{1}{6}}$

両辺を6乗すると $a^5=a$

したがって $a(a^4-1)=0$

これを満たす1でない正の実数は存在しない。

(2) (左辺)$=2^{2a}\div2^2=2^{2a-2}$

よって $2^{2a-2}=2^a$

すなわち $2a-2=a$

ゆえに $a=2$

したがって，与えられた式を満たす a の値はちょうど1つである。

(3) (左辺)$=\log_2a+\log_23=\log_23a$

よって $\log_23a=\log_2(a+3)$

すなわち $3a=a+3$

ゆえに $a=\dfrac{3}{2}$

したがって，与えられた式を満たす a の値はちょうど1つである。

(4) (左辺)$=\log_{\sqrt{3}}a=\dfrac{\log_3a}{\log_3\sqrt{3}}=\dfrac{\log_3a}{\log_33^{\frac{1}{2}}}$

$=2\log_3a=\log_3a^2$

したがって，与えられた式はどのような a の値を代入しても成り立つ式である。

90 (ア) $-\dfrac{1}{2}$ (イ) 0 (ウ) 1

(エ) $t^2-t-6>0$ (オ) $t>3$ (カ) $x<-1$

解説 (1) 方程式を変形すると $5^{2x}=5^{-1}$

よって $2x=-1$

これを解いて $x=-\dfrac{1}{2}$

(2) 方程式を変形すると $(2^x)^2-3\cdot2^x+2=0$

$2^x=t$ とおくと方程式は $t^2-3t+2=0$

よって $(t-1)(t-2)=0$

これを解いて $t=1,\ 2$

ゆえに $2^x=1,\ 2^x=2$

よって $x=0,\ 1$

(3) 不等式を変形すると $\left\{\left(\dfrac{1}{3}\right)^x\right\}^2-\left(\dfrac{1}{3}\right)^x-6>0$

$\left(\dfrac{1}{3}\right)^x=t$ とおくと，$t>0$ であり，不等式は

$t^2-t-6>0$

ゆえに $(t+2)(t-3)>0$

$t+2>0$ であるから $t-3>0$ すなわち $t>3$

ゆえに $\left(\dfrac{1}{3}\right)^x>\left(\dfrac{1}{3}\right)^{-1}$

底 $\dfrac{1}{3}$ は1より小さいから $x<-1$

91 (ア) 4 (イ) $3<x<7$

(ウ) $0<x<10,\ 100<x$

解説 (1) 真数は正であるから

$x>0$ かつ $x-2>0$

よって $x>2$

方程式を変形すると $\log_2x(x-2)=3$

ゆえに $x(x-2)=2^3$

よって $x^2-2x-8=0$

$(x+2)(x-4)=0$

$x>2$ であるから $x=4$

(2) 真数は正であるから

$7-x>0$ かつ $x-1>0$

ゆえに $1<x<7$ …… ①

与えられた不等式を変形すると

$\log_{\frac{1}{3}}(7-x)>\log_{\frac{1}{3}}(x-1)^2$

底 $\dfrac{1}{3}$ は1より小さいから $7-x<(x-1)^2$

ゆえに $x^2-x-6>0$

$(x+2)(x-3)>0$

よって $x<-2,\ 3<x$

これと①から $3<x<7$

(3) 真数は正であるから $x>0$ …… ①

$\log_{10}x=t$ とおくと，与えられた不等式は

$t^2-3t+2>0$

よって $(t-1)(t-2)>0$

これを解いて $t<1,\ 2<t$

ゆえに $\log_{10}x<1,\ 2<\log_{10}x$

すなわち $\log_{10}x<\log_{10}10,\ \log_{10}10^2<\log_{10}x$

底10は1より大きいから $x<10,\ 100<x$

これと①から $0<x<10,\ 100<x$

92 (ア) ⓪ (イ) ③ (ウ) ④ (エ) ①

(オ) ③ (カ) ④ (キ) ① (ク) ⓪

解説 (1) $f(x)=5^x$ とする。

(i) $\left(\dfrac{1}{5}\right)^{-x}=(5^{-1})^{-x}=5^x=f(x)$

よって，$y=5^x$ のグラフと $y=\left(\dfrac{1}{5}\right)^{-x}$ のグラフは，同一のものである。

(ii) $-\left(\dfrac{1}{5}\right)^x=-(5^{-1})^x$

$\qquad\qquad\;\; =-5^{-x}$

$\qquad\qquad\;\; =-f(-x)$

よって，$y=5^x$ のグラフと

$y=-\left(\dfrac{1}{5}\right)^x$ のグラフは，

原点に関して対称である。

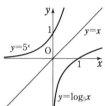

(iii) $y=5^x$ のグラフと

$y=\log_5 x$ のグラフは，

直線 $y=x$ に関して対称で

ある。

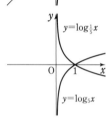

(iv) $g(x)=\log_5 x$ とする。

$\quad\log_{\frac{1}{5}} x=\dfrac{\log_5 x}{\log_5 \dfrac{1}{5}}$

$\qquad\qquad =\dfrac{\log_5 x}{\log_5 5^{-1}}$

$\qquad\qquad =-\log_5 x$

$\qquad\qquad =-g(x)$

よって，$y=\log_5 x$ のグラフと $y=\log_{\frac{1}{5}} x$ のグラフは，

x 軸に関して対称である。

(2) (i) $\log_3 2x=\log_3 x+\log_3 2$ より，$y=\log_3 2x$ のグラフは，$y=\log_3 x$ のグラフを，y 軸方向に $\log_3 2$ だけ平行移動したものである。

よって，最も適当なグラフは ③

(ii) $\log_3 \dfrac{x}{2}=\log_3 x-\log_3 2$ より，$y=\log_3 \dfrac{x}{2}$ のグラフは，$y=\log_3 x$ のグラフを，y 軸方向に $-\log_3 2$ だけ平行移動したものである。

よって，最も適当なグラフは ④

(iii) $\log_9 x=\dfrac{\log_3 x}{\log_3 9}=\dfrac{\log_3 x}{\log_3 3^2}=\dfrac{1}{2}\log_3 x$ より，

$y=\log_9 x$ のグラフは，$y=\log_3 x$ のグラフを，x 軸をもとにして y 軸方向へ $\dfrac{1}{2}$ 倍に縮小したものである。

よって，最も適当なグラフは ①

(iv) $\log_3 \dfrac{1}{x}=\log_3 x^{-1}=-\log_3 x$ より，$y=\log_3 \dfrac{1}{x}$ のグラフは，$y=\log_3 x$ のグラフを，x 軸に関して対称移動したものである。

よって，最も適当なグラフは ⓪

93 （ア） t^2-6t+1 （イ） 1 （ウ） 9

（エ） 9 （オ） 2 （カ） 28 （キ） 3

（ク） 1 （ケ） -8

解説 $3^x=t$ とおくと

$\qquad y=(3^x)^2-2\cdot3\cdot3^x+1$

$\qquad\quad =t^2-6t+1$

$\qquad\quad =(t-3)^2-8$

また，$0\le x\le 2$ から

$\qquad\quad 3^0\le 3^x\le 3^2$

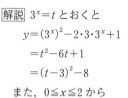

すなわち $1\le t\le 9$

よって

$t=9$ すなわち $x=2$ で最大値 28

$t=3$ すなわち $x=1$ で最小値 -8 をとる。

94 （ア） t^2-2t-1 （イ） 2 （ウ） 2

（エ） 0 （オ） -1

解説 $3^{2x}+3^{-2x}=(3^x)^2+(3^{-x})^2$

$\qquad\qquad\qquad\; =(3^x+3^{-x})^2-2\cdot3^x\cdot3^{-x}$

$\qquad\qquad\qquad\; =(3^x+3^{-x})^2-2=t^2-2$

よって $\quad y=(t^2-2)-2t+1$

ゆえに $\quad y=t^2-2t-1$

$3^x>0$，$3^{-x}>0$ であるから，相加平均と相乗平均の大小関係により

$\qquad\quad 3^x+3^{-x}\ge 2\sqrt{3^x\cdot3^{-x}}=2$

等号は，$3^x=3^{-x}$ すなわち $x=0$ のとき成り立つ。

よって $\quad t\ge 2$

ゆえに $\quad y=t^2-2t-1$

$\qquad\qquad =(t-1)^2-2$

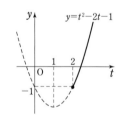

$t\ge 2$ の範囲において，y は $t=2$ で最小値 -1 をとる。

$t=2$ のとき $\quad x=0$

よって，y は $x=0$ で最小値 -1 をとる。

95 （ア） 100 （イ） 3 （ウ） $10\sqrt{10}$

（エ） $10\sqrt{10}$ （オ） $\dfrac{9}{4}$

解説 $xy=10^3$ から $\quad y=\dfrac{10^3}{x}$

$y\ge 10$ であるから $\quad \dfrac{10^3}{x}\ge 10$

ゆえに $\qquad 10\le x\le 100$

$\log_{10} x=t$ とおくと $1\le t\le 2$ ……①

$$(\log_{10}x)(\log_{10}y)=(\log_{10}x)\left(\log_{10}\frac{10^3}{x}\right)$$
$$=(\log_{10}x)(3-\log_{10}x)$$
$$=-(\log_{10}x)^2+3\log_{10}x$$
$$=-t^2+3t=-\left(t-\frac{3}{2}\right)^2+\frac{9}{4}$$

① の範囲において，$(\log_{10}x)(\log_{10}y)$ は $t=\dfrac{3}{2}$ で最大となる。

このとき，$\log_{10}x=\dfrac{3}{2}$ から $x=10^{\frac{3}{2}}=10\sqrt{10}$

$$y=\frac{10^3}{10\sqrt{10}}=10\sqrt{10}$$

すなわち，$x=10\sqrt{10}$，$y=10\sqrt{10}$ で最大値 $\dfrac{9}{4}$ をとる。

96 (ア) 15.050 (イ) 15 (ウ) 16 (エ) ④
(オ) 14

解説 $\log_{10}2^{50}=50\log_{10}2=50\times0.3010=15.050$
$15<15.050<15+1$ から $10^{15}<2^{50}<10^{16}$
よって，2^{50} は 16 桁の数である。

(1) $\log_{10}5=\log_{10}\dfrac{10}{2}=\log_{10}10-\log_{10}2=1-\log_{10}2$

したがって $\log_{10}5=1-\log_{10}2$

(2) $\log_{10}5^{20}=20\log_{10}5=20(1-\log_{10}2)$
$$=20(1-0.3010)=13.98$$
$13<13.98<14$ から $10^{13}<5^{20}<10^{14}$
よって，5^{20} は 14 桁の数である。

97 (ア) 3 (イ) 7 (ウ) 7

解説 (1) (ア) $\dfrac{f(3)-f(-1)}{3-(-1)}=\dfrac{16-4}{4}=3$

(イ) $f'(2)=\lim_{h\to0}\dfrac{f(2+h)-f(2)}{h}$
$$=\lim_{h\to0}\frac{2(2+h)^2-(2+h)+1-(2\cdot2^2-2+1)}{h}$$
$$=\lim_{h\to0}\frac{2h^2+7h}{h}=\lim_{h\to0}(2h+7)=7$$

(2) 条件から $\dfrac{f(11)-f(2)}{11-2}=f'(c)$ …… ①
$f(11)=1331+11a+b$，$f(2)=8+2a+b$
また，$f'(x)=3x^2+a$ から $f'(c)=3c^2+a$
これらを ① に代入すると $\dfrac{9a+1323}{9}=3c^2+a$
よって $c^2=49$
$2<c<11$ であるから $c=7$

98 (ア) $2x^2-3x+1$ (イ) 5

解説 $f(x)=ax^2+bx+c$ $(a\neq0)$ とおくと
$$f'(x)=2ax+b$$
$f(0)=1$ から $c=1$ …… ①
$f(1)=0$ から $a+b+c=0$
よって，① から $a+b+1=0$ …… ②
また，$f'(1)=1$ であるから $2a+b=1$ …… ③
②，③ を解いて $a=2$，$b=-3$
ゆえに $f(x)=2x^2-3x+1$
このとき，$f'(x)=4x-3$ であるから $f'(2)=5$

99 (ア) 9 (イ) $y=9x+27$ (ウ) 1
(エ) 4

解説 $f(x)=x^3+3x^2$ とおくと
$$f'(x)=3x^2+6x$$
$f'(-3)=9$ であるから，ℓ の傾きは 9 である。
よって，接線 ℓ の方程式は
$y=9(x+3)$ すなわち $y=9x+27$
また，$3x^2+6x=9$ から $x^2+2x-3=0$
ゆえに $(x-1)(x+3)=0$
よって $x=1,\ -3$
$x=1$ のとき $y=4$
したがって，点 $(1,\ 4)$ における接線は ℓ と平行である。

100 (ア)(イ) $y=-2x,\ y=6x-8$
(ウ)(エ) $y=0,\ y=-x$

解説 (1) $y'=2x$ であるから，
接点の座標を $(a,\ a^2+1)$ と
すると，接線の方程式は
$y-(a^2+1)=2a(x-a)$
すなわち $y=2ax-a^2+1$
これが点 A$(1,\ -2)$ を通る
から $-2=2a-a^2+1$
すなわち $a^2-2a-3=0$
よって $(a+1)(a-3)=0$
ゆえに $a=-1,\ 3$
よって，接線の方程式は $y=-2x,\ y=6x-8$

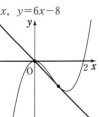

(2) $y'=3x^2-4x$ であるから，
接点の座標を
$(a,\ a^3-2a^2)$ とすると，接
線の方程式は

$$y-(a^3-2a^2)=(3a^2-4a)(x-a)$$
すなわち
$$y=(3a^2-4a)x-2a^3+2a^2$$
これが原点を通るから
$$0=-2a^3+2a^2$$
ゆえに $a^2(a-1)=0$
よって $a=0,\ 1$
ゆえに，求める接線の方程式は $y=0,\ y=-x$

101 (ア) 3 (イ) 1 (ウ) $y=-2x-1$

解説 $f(x)=x^3+ax^2+bx$, $g(x)=x^2$ とすると
$$f'(x)=3x^2+2ax+b,\ g'(x)=2x$$
条件から $f(-1)=g(-1)=1$
ゆえに $a-b=2$ ……①
点 $(-1,\ 1)$ で 2 曲線が共通
な接線 ℓ をもつから
$$f'(-1)=g'(-1)$$
よって $3-2a+b=-2$
ゆえに $2a-b=5$ ……②
①，② を解いて
$$a=3,\ b=1$$
接線 ℓ は，傾き $g'(-1)=-2$ で，点 $(-1,\ 1)$ を通るから，その方程式は $y-1=-2(x+1)$
すなわち $y=-2x-1$

102 (ア) $3x^2$ (イ) $x+h$ (ウ) x (エ) h
(オ) $(x+h)$ (カ) x (キ) h
(ク) $3x^2h+3xh^2+h^3$ (ケ) $3x^2+3xh+h^2$

解説 導関数の公式 $(x^n)'=nx^{n-1}$ から $f'(x)=3x^2$
関数 $f(x)$ の導関数 $f'(x)$ の定義は
$$f'(x)=\lim_{h\to0}\frac{f(x+h)-f(x)}{h}$$
であるから，$f(x)=x^3$ において
$$\begin{aligned}f'(x)&=\lim_{h\to0}\frac{(x+h)^3-x^3}{h}\\&=\lim_{h\to0}\frac{3x^2h+3xh^2+h^3}{h}\\&=\lim_{h\to0}(3x^2+3xh+h^2)\\&=3x^2\end{aligned}$$

103 (ア) 0 (イ) 2 (ウ) 0 (エ) 2
(オ) 0 (カ) 2 (キ) 2 (ク) -2

解説 $y'=3x^2-6x=3x(x-2)$ から，増減表は次のようになる。

よって，y は
$x=0$ で極大値 2
$x=2$ で極小値 -2
をとる。

x	$\cdots$	0	$\cdots$	2	$\cdots$
y'	$+$	0	$-$	0	$+$
y	$\nearrow$	2	$\searrow$	-2	$\nearrow$

104 (ア) $>$ (イ) $>$ (ウ) $>$ (エ) $<$
(オ) $>$ (カ) $=$

解説 $f(x)=ax^3+bx^2+cx+d$ とする。
$$f(0)=d>0,\quad f(1)=a+b+c+d>0$$
$f'(x)=3ax^2+2bx+c$ で
$$f'(0)=c,\qquad f'(1)=3a+2b+c$$
$$f'(-1)=3a-2b+c,\quad f'\left(\frac{1}{2}\right)=\frac{3a+4b+4c}{4}$$
$x=0$, $x=-1$ で $f(x)$ は増加の状態にあるから
$$c>0,\quad 3a-2b+c>0$$
$x=1$ で $f(x)$ は減少の状態にあるから
$$3a+2b+c<0$$
$x=\frac{1}{2}$ で $f(x)$ は極値をとるから $f'\left(\frac{1}{2}\right)=0$
ゆえに $3a+4b+4c=0$

105 (ア) 3 (イ) -9 (ウ) 7 (エ) -1
(オ) 3 (カ) 9

解説 (1) $f'(x)=3x^2+2ax+b$
$x=-3$ と $x=1$ で極値をとるから
$$f'(-3)=0,\ f'(1)=0$$
ゆえに $27-6a+b=0,\ 3+2a+b=0$
これを解いて $a=3,\ b=-9$
よって $f(x)=x^3+3x^2-9x+12$
極小値は $f(1)=7$
(2) $f'(x)=3ax^2+2bx+c$
$x=3$ と $x=-1$ で極値をとるから
$$f'(3)=0,\ f'(-1)=0$$
ゆえに $27a+6b+c=0$ ……①
$$3a-2b+c=0$$ ……②
$f(3)-f(-1)=32$ から
$$(27a+9b+3c)-(-a+b-c)=32$$
ゆえに $7a+2b+c=8$ ……③
①～③ を解いて $a=-1,\ b=3,\ c=9$

106 (ア)(イ) $1,\ a$ (ウ) 1 (エ) $3a-1$
(オ) $-a^3+3a^2$ (カ)(キ) $\dfrac{1}{3},\ 3$

解説 $y'=6x^2-6(a+1)x+6a=6(x-1)(x-a)$
(1) $y'=0$ を満たす x の値は $x=1,\ a$

(2) $a \neq 1$ のとき，この関数は極値をもつ。

$a<1$ のとき，$x=1$ で極小値 $3a-1$ をとる。

$1<a$ のとき，$x=a$ で極小値 $-a^3+3a^2$ をとる。

(3) $a<1$ のとき，$3a-1=0$ から $a=\dfrac{1}{3}$

これは，$a<1$ を満たす。

$1<a$ のとき，$-a^3+3a^2=0$ から $a=0,\ 3$

$1<a$ を満たすものは $a=3$

107 (ア) ⓪③ (イ) $a<-1,\ 1<a$

解説 (1) 3次関数 $f(x)$ が極値をもつための必要十分条件は，$f'(x)=0$ が異なる2つの実数解をもつことである。

よって，⓪，③は必要十分条件である。

参考 ②は，関数 $f(x)$ が極値をもつための十分条件でない。

例えば，$f(x)=x^3$ とすると $f'(x)=3x^2$

$f'(x)=0$ のとき $x=0$

よって，増減表は次のようになる。

x	$\cdots$	0	$\cdots$
$f'(x)$	$+$	0	$+$
$f(x)$	↗	0	↗

ゆえに，$f'(0)=0$ であるが，この関数は極値をもたない。

また，④は，関数 $f(x)$ が極値をもつための必要条件でない。

例えば，$f(x)=x^3-3x+3$ とすると
$$f'(x)=3x^2-3$$

$f'(x)=0$ のとき $x=\pm 1$

よって，増減表は次のようになる。

x	$\cdots$	-1	$\cdots$	1	$\cdots$
$f'(x)$	$+$	0	$-$	0	$+$
$f(x)$	↗	5	↘	1	↗

ゆえに，この関数のグラフは右の図のようになる。

したがって，この関数は極値をもつが，そのグラフは x 軸と1点のみで交わる。

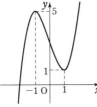

(2) $f'(x)=3x^2-6ax+3$

$f'(x)=0$ とすると $x^2-2ax+1=0$

$f(x)$ が極値をもつとき，$x^2-2ax+1=0$ の判別式 D について，$D>0$ が成り立つ。

$\dfrac{D}{4}=(-a)^2-1\cdot 1=a^2-1$

よって $a^2-1>0$

これを解いて $a<-1,\ 1<a$

108 (ア) -1 (イ) 3 (ウ) 1 (エ) -1
(オ) -1 (カ) 19 (キ) 3 (ク) 19
(ケ) -2 (コ) 1 (サ) -1

解説 $f'(x)=3x^2-3=3(x+1)(x-1)$

$-2\leqq x\leqq 3$ における $f(x)$ の増減表は次のようになる。

x	-2	$\cdots$	-1	$\cdots$	1	$\cdots$	3
$f'(x)$		$+$	0	$-$	0	$+$	
$f(x)$	-1	↗	3	↘	-1	↗	19

ゆえに，$-2\leqq x\leqq 3$ において，$f(x)$ は

$x=-1$ で極大値 3，

$x=1$ で極小値 -1 をとる。

また，$x=3$ で最大値 19，

$x=-2,\ 1$ で最小値 -1 をとる。

109 (ア) $4x^3+9x^2-12x$ (イ) $0\leqq x\leqq 1$
(ウ) 1 (エ) $\dfrac{\pi}{2}$ (オ) 1 (カ) $\dfrac{1}{2}$
(キ) $\dfrac{\pi}{6}$ (ク) $-\dfrac{13}{4}$

解説 $y=4\sin^3\theta-9(1-\sin^2\theta)-12\sin\theta+9$
$$=4\sin^3\theta+9\sin^2\theta-12\sin\theta$$

$\sin\theta=x$ とおくと，$0\leqq\theta\leqq\dfrac{\pi}{2}$ であるから $0\leqq x\leqq 1$

$$y=4x^3+9x^2-12x$$
$$y'=12x^2+18x-12=6(x+2)(2x-1)$$

$y'=0$ とすると，$0\leqq x\leqq 1$ から $x=\dfrac{1}{2}$

$0\leqq x\leqq 1$ における y の増減表は次のようになる。

x	0	$\cdots$	$\dfrac{1}{2}$	$\cdots$	1
y'		$-$	0	$+$	
y	0	↘	$-\dfrac{13}{4}$	↗	1

したがって，y は

$x=1$ すなわち $\theta=\dfrac{\pi}{2}$ で最大値 1，

$x=\dfrac{1}{2}$ すなわち $\theta=\dfrac{\pi}{6}$ で最小値 $-\dfrac{13}{4}$

をとる。

110 (ア) $0 \leq x \leq 3$　(イ) $\dfrac{1}{2}(3-x)$

(ウ) $-\dfrac{1}{2}(x^3-3x^2)$　(エ) $\left(2, \dfrac{1}{2}\right)$　(オ) 2

(カ) $\left(0, \dfrac{3}{2}\right)$　(キ) $(3, 0)$　(ク) 0

解説 (1) $x+2y=3$ から　$2y=3-x$

$3-x \geq 0$ かつ $x \geq 0$ から　$0 \leq x \leq 3$

(2) $y=\dfrac{1}{2}(3-x)$ であるから

$$x^2 y = -\dfrac{1}{2}(x^3-3x^2)$$

$f(x) = -\dfrac{1}{2}(x^3-3x^2)$ とすると

$$f'(x) = -\dfrac{1}{2}(3x^2-6x) = -\dfrac{3}{2}x(x-2)$$

$f'(x)=0$ とすると　$x=0,\ 2$

$f(x)$ の増減表は次のようになる。

x	0	$\cdots$	2	$\cdots$	3
$f'(x)$	0	$+$	0	$-$	
$f(x)$	0	↗	2	↘	0

ゆえに，$x^2 y$ は $(x, y)=\left(2, \dfrac{1}{2}\right)$ で最大値 2 をとり，

$(x, y)=\left(0, \dfrac{3}{2}\right)$，$(3, 0)$ で最小値 0 をとる。

111 (ア) $3x^2-10x+7$　(イ) 1　(ウ) $\dfrac{7}{3}$

(エ) 0　(オ) $-\dfrac{32}{27}$　(カ) ②　(キ) 3

(ク) 0　(ケ) -3　(コ) $f(a)$　(サ) -3

解説 $f'(x)=3x^2-10x+7$
$\qquad\qquad =(3x-7)(x-1)$

$f'(x)=0$ とすると　$x=1,\ \dfrac{7}{3}$

よって，増減表は次のようになる。

x	0	$\cdots$	1	$\cdots$	$\dfrac{7}{3}$	$\cdots$	a
$f'(x)$		$+$	0	$-$	0	$+$	
$f(x)$	-3	↗	0	↘	$-\dfrac{32}{27}$	↗	$f(a)$

(1) 増減表から，$f(x)$ は

$\qquad x=1$ で極大値 0

$\qquad x=\dfrac{7}{3}$ で極小値 $-\dfrac{32}{27}$

$\qquad x=0$ で最小値 -3

をとる。

最大値については，増減表からは判断できない。

(2) 0 と $f(a)$ の大小を考えて

$f(a) \geq 0$ とすると　$a^3-5a^2+7a-3 \geq 0$

すなわち　$(a-1)^2(a-3) \geq 0$

よって　$a \geq 3$

$\dfrac{8}{3}<a<4$ より　$3 \leq a<4$

したがって，下の図から

$\qquad \dfrac{8}{3}<a<3$ のとき最大値 0，最小値 -3

$\qquad 3 \leq a<4$ のとき最大値 $f(a)$，最小値 -3

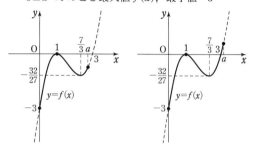

112 C は積分定数とする。

(ア) $\dfrac{1}{3}x^3-\dfrac{5}{2}x^2+6x+C$

(イ) $-2t^3+\dfrac{13}{2}t^2-6t+C$

(ウ) $\dfrac{4}{3}x^3+6x^2+9x+C$

解説 C は積分定数とする。

(1) $\displaystyle\int (x-2)(x-3)\,dx = \int (x^2-5x+6)\,dx$
$$\qquad\qquad = \dfrac{1}{3}x^3-\dfrac{5}{2}x^2+6x+C$$

(2) $\displaystyle\int (3-2t)(3t-2)\,dt = \int (-6t^2+13t-6)\,dt$
$$\qquad\qquad = -2t^3+\dfrac{13}{2}t^2-6t+C$$

(3) $\displaystyle\int (2x+3)^2\,dx = \int (4x^2+12x+9)\,dx$
$$\qquad\qquad = \dfrac{4}{3}x^3+6x^2+9x+C$$

113 (ア) $3x^2-2x+1$　(イ) x^3-x^2+x
(ウ) 1　(エ) x^3-x^2+x+1

解説 点 $(x, f(x))$ における接線の傾きが $3x^2-2x+1$
であるから　$f'(x)=3x^2-2x+1$

ゆえに　$f(x)=\displaystyle\int (3x^2-2x+1)\,dx$

$$= x^3 - x^2 + x + C \quad (C \text{ は積分定数})$$

$f(1)=2$ から $\qquad 1+C=2$

ゆえに $\qquad\qquad C=1$

よって $\qquad f(x)=x^3-x^2+x+1$

114 (ア) 24 (イ) 36

解説 (1) $\displaystyle\int_1^3 (3x^2-x+1)\,dx = \left[x^3-\dfrac{x^2}{2}+x\right]_1^3 = 24$

(2) $\displaystyle\int_{-2}^2 (x^3+6x^2-2x+1)\,dx$

$\displaystyle = \int_{-2}^2 (x^3-2x)\,dx + \int_{-2}^2 (6x^2+1)\,dx$

$\displaystyle = 0 + 2\int_0^2 (6x^2+1)\,dx$

$\displaystyle = 2\Big[2x^3+x\Big]_0^2 = 36$

115 (ア) -3 (イ) $-\dfrac{125}{6}$

解説 (1) $\displaystyle\int_{-1}^2 (3x^3+x+1)\,dx - \int_{-1}^2 (x^3+2x+4)\,dx$

$\displaystyle = \int_{-1}^2 (2x^3-x-3)\,dx = \left[\dfrac{x^4}{2}-\dfrac{x^2}{2}-3x\right]_{-1}^2 = -3$

(2) $\displaystyle\int_{-3}^{-1} (x^2+x-6)\,dx + \int_{-1}^2 (x^2+x-6)\,dx$

$\displaystyle = \int_{-3}^2 (x^2+x-6)\,dx = \left[\dfrac{x^3}{3}+\dfrac{x^2}{2}-6x\right]_{-3}^2 = -\dfrac{125}{6}$

別解 $\displaystyle\int_{-3}^2 (x^2+x-6)\,dx = \int_{-3}^2 (x+3)(x-2)\,dx$

$\displaystyle = -\dfrac{1}{6}\{2-(-3)\}^3 = -\dfrac{125}{6}$

116 (ア) -2 (イ) $\dfrac{49}{3}$

解説 (1) $\displaystyle\int_0^3 f(x)\,dx = \int_0^1 2x^2\,dx + \int_1^3 (3-x^2)\,dx$

$\displaystyle \qquad\qquad = \left[\dfrac{2}{3}x^3\right]_0^1 + \left[3x-\dfrac{x^3}{3}\right]_1^3 = -2$

(2) $|x^2+x-6| = \begin{cases} x^2+x-6 & (x\leqq-3,\ 2\leqq x) \\ -x^2-x+6 & (-3\leqq x\leqq 2) \end{cases}$

であるから

$\displaystyle\int_{-1}^3 |x^2+x-6|\,dx$

$\displaystyle = \int_{-1}^2 (-x^2-x+6)\,dx + \int_2^3 (x^2+x-6)\,dx$

$\displaystyle = \left[-\dfrac{x^3}{3}-\dfrac{x^2}{2}+6x\right]_{-1}^2 + \left[\dfrac{x^3}{3}+\dfrac{x^2}{2}-6x\right]_2^3 = \dfrac{49}{3}$

117 (ア) x^2+4x+3

解説 $f(x)=ax^2+bx+c \ (a\neq0)$ とすると

$\qquad f'(x)=2ax+b$

$f(-1)=0$ から $\qquad a-b+c=0 \quad\cdots\cdots$ ①

$f'(-2)=0$ から $\qquad -4a+b=0 \quad\cdots\cdots$ ②

$\displaystyle\int_{-1}^2 f(x)\,dx = \int_{-1}^2 (ax^2+bx+c)\,dx$

$\displaystyle = \left[\dfrac{a}{3}x^3+\dfrac{b}{2}x^2+cx\right]_{-1}^2 = 3a+\dfrac{3}{2}b+3c$

よって $\quad 3a+\dfrac{3}{2}b+3c=18 \quad\cdots\cdots$ ③

①～③ を解いて $\quad a=1,\ b=4,\ c=3$

したがって $\quad f(x)=x^2+4x+3$

118 ① ⑤

解説 ⓪について，変数を表す文字が違うだけの定積分の値は等しいから

$$\int_{-1}^1 f(t)\,dt = \int_{-1}^1 f(x)\,dx = 4$$

よって，正しい。

①について，$\displaystyle\int_1^{-1} f(x)\,dx = -\int_{-1}^1 f(x)\,dx$ であるから

$\displaystyle\int_1^{-1} f(x)\,dx = -4$

よって，誤りである。

②について

$$\int_{-1}^1 2f(x)\,dx = 2\int_{-1}^1 f(x)\,dx = 2\cdot4 = 8$$

よって，正しい。

③について

$$\int_{-1}^1 \{f(x)+x\}\,dx = \int_{-1}^1 f(x)\,dx + \int_{-1}^1 x\,dx$$
$$= 4+0 = 4$$

よって，正しい。

④について，定積分の上端と下端が等しいから

$$\int_1^1 f(x)\,dx = 0$$

よって，正しい。

⑤について，$\displaystyle\int_{-1}^0 f(x)\,dx + \int_0^1 f(x)\,dx = \int_{-1}^1 f(x)\,dx$ であるから

$$\int_{-1}^0 f(x)\,dx + \int_0^1 f(x)\,dx = 4$$

よって，誤りである。

したがって，誤りであるものは ① ⑤

119 (ア) x^2-2x-1 (イ) 1 (ウ) -2

解説 $\displaystyle f(x)=\int_0^1 (x^2-4xt-3t^2)\,dt$

$\displaystyle \qquad = \Big[x^2t-2xt^2-t^3\Big]_0^1 = x^2-2x-1$

$\qquad = (x-1)^2-2$

よって，$f(x)$ は $x=1$ で最小値 -2 をとる。

120 （ア）-4 （イ）$2x-4$ （ウ）-2

（エ）-4 （オ）$-6x-1$

解説 (1) $\displaystyle\int_0^2 f(t)\,dt=a$ とおくと $f(x)=2x+a$

ゆえに $\displaystyle\int_0^2 f(t)\,dt=\int_0^2(2t+a)\,dt=\Big[t^2+at\Big]_0^2$
$$=4+2a$$

$4+2a=a$ を解くと $a=-4$

よって $f(x)=2x-4$

(2) 与式から
$$f(x)=3x\int_{-1}^{1}f(t)\,dt+\int_{-1}^{1}tf(t)\,dt+3$$

$\displaystyle\int_{-1}^{1}f(t)\,dt=a,\ \int_{-1}^{1}tf(t)\,dt=b$ とおくと
$$f(x)=3ax+b+3$$

ゆえに $\displaystyle a=\int_{-1}^{1}(3at+b+3)\,dt=2\int_0^1(b+3)\,dt$
$$=2\Big[(b+3)t\Big]_0^1=2(b+3)=2b+6$$

よって $a=2b+6$ …… ①

また $\displaystyle b=\int_{-1}^{1}t(3at+b+3)\,dt=\int_{-1}^{1}\{3at^2+(b+3)t\}\,dt$
$$=2\int_0^1 3at^2\,dt=2\Big[at^3\Big]_0^1=2a$$

よって $b=2a$ …… ②

①，② を解いて $a=-2,\ b=-4$

したがって $f(x)=-6x-1$

121 （ア）x^2-2x-3 （イ）$\dfrac{1}{3}x^3-x^2-3x$

（ウ）-1 （エ）$\dfrac{5}{3}$ （オ）3 （カ）-9

（キ）$-2x+2$ （ク）（ケ）$0,\ 2$

解説 (1) $f'(x)=\dfrac{d}{dx}\displaystyle\int_0^x(t^2-2t-3)\,dt=x^2-2x-3$
$$=(x+1)(x-3)$$

$f'(x)=0$ とすると $x=-1,\ 3$

$f(x)=\displaystyle\int_0^x(t^2-2t-3)\,dt=\Big[\dfrac{1}{3}t^3-t^2-3t\Big]_0^x$
$$=\dfrac{1}{3}x^3-x^2-3x$$

$f(x)$ の増減表は次のようになる。

x	$\cdots$	-1	$\cdots$	3	$\cdots$
$f'(x)$	$+$	0	$-$	0	$+$
$f(x)$	$\nearrow$	$\dfrac{5}{3}$	$\searrow$	-9	$\nearrow$

よって，$x=-1$ で極大値 $\dfrac{5}{3}$

$\qquad\qquad x=3$ で極小値 -9 をとる。

(2) $\displaystyle\int_x^a f(t)\,dt=-\int_a^x f(t)\,dt$ から
$$\int_a^x f(t)\,dt=-x^2+2x \quad\cdots\cdots ①$$

① の両辺を x で微分すると $f(x)=-2x+2$

① で $x=a$ とすると $0=-a^2+2a$

よって $a(a-2)=0$

これを解いて $a=0,\ 2$

122 （ア）$-2x+2$ （イ）x^2-2x+2

（ウ）$2x-2$ （エ）1 （オ）1 （カ）$\dfrac{26}{3}$

解説 $x\leqq0$ のとき
$$f(x)=\int_0^2(t-x)\,dt=\Big[\dfrac{t^2}{2}-xt\Big]_0^2=-2x+2$$

$0\leqq x\leqq2$ のとき
$$f(x)=-\int_0^x(t-x)\,dt+\int_x^2(t-x)\,dt$$
$$=-\Big[\dfrac{t^2}{2}-xt\Big]_0^x+\Big[\dfrac{t^2}{2}-xt\Big]_x^2=x^2-2x+2$$

$2\leqq x$ のとき
$$f(x)=-\int_0^2(t-x)\,dt=-\Big[\dfrac{t^2}{2}-xt\Big]_0^2=2x-2$$

$y=f(x)$ のグラフをかくと
図のようになる。

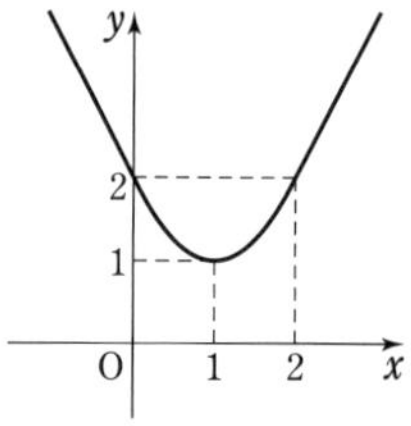

よって，$f(x)$ は
$x=1$ で最小値 1 をとる。
また

$$\int_{-1}^{3}f(x)\,dx$$
$$=\int_{-1}^{0}(-2x+2)\,dx$$
$$\quad+\int_0^2(x^2-2x+2)\,dx+\int_2^3(2x-2)\,dx$$
$$=\Big[-x^2+2x\Big]_{-1}^0+\Big[\dfrac{x^3}{3}-x^2+2x\Big]_0^2+\Big[x^2-2x\Big]_2^3$$
$$=\dfrac{26}{3}$$

123 （ア）① （イ）0 （ウ）-2

解説 (1) $g'(x)=\dfrac{d}{dx}g(x)$
$$=\dfrac{d}{dx}\Big\{\int_0^1 f(t)\,dt\Big\}+\dfrac{d}{dx}\Big\{\int_0^x f(t)\,dt\Big\}$$

ここで，$\displaystyle\int_0^1 f(t)\,dt$ は定数であるから

$$\frac{d}{dx}\left\{\int_0^1 f(t)\,dt\right\}=0$$

また $\quad\dfrac{d}{dx}\left\{\displaystyle\int_0^x f(t)\,dt\right\}=f(x)$

したがって $\quad g'(x)=f(x)$

(2) (1)より，$g'(x)=3x^2-6x=3x(x-2)$ であるから，

$g'(x)=0$ とすると $\quad x=0,\ 2$

ゆえに，関数 $g(x)$ の増減表は次のようになる。

x	$\cdots$	0	$\cdots$	2	$\cdots$
$g'(x)$	$+$	0	$-$	0	$+$
$g(x)$	↗	極大	↘	極小	↗

$g(0)=\displaystyle\int_0^1 f(t)\,dt+\int_1^0 f(t)\,dt=\int_0^1 f(t)\,dt$ であるから

$$g(0)=\int_0^1 (3t^2-6t)\,dt=\Big[t^3-3t^2\Big]_0^1=-2$$

したがって，$g(x)$ は $x=0$ で極大値 -2 をとる。

124 (ア) $\dfrac{32}{3}$ （イ） $\dfrac{37}{12}$

解説 求める面積を S とする。

(1) 曲線 $y=x^2-2x-3$ と x 軸の交点の x 座標は，

$(x+1)(x-3)=0$ から $\quad x=-1,\ 3$

$-1\leqq x\leqq 3$ では $\quad y\leqq 0$

ゆえに $\quad S=-\displaystyle\int_{-1}^3 (x^2-2x-3)\,dx$

$$=-\Big[\frac{x^3}{3}-x^2-3x\Big]_{-1}^3=\frac{32}{3}$$

(2) 曲線 $y=x^3+x^2-2x$ と x 軸の交点の x 座標は，

$x(x+2)(x-1)=0$ から $\quad x=-2,\ 0,\ 1$

$-2\leqq x\leqq 0$ では $\quad y\geqq 0$,

$0\leqq x\leqq 1$ では $\quad y\leqq 0$ であるから

$S=\displaystyle\int_{-2}^0 (x^3+x^2-2x)\,dx-\int_0^1 (x^3+x^2-2x)\,dx$

$$=\Big[\frac{x^4}{4}+\frac{x^3}{3}-x^2\Big]_{-2}^0-\Big[\frac{x^4}{4}+\frac{x^3}{3}-x^2\Big]_0^1=\frac{37}{12}$$

(1) 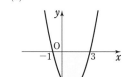 (2)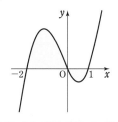

125 (ア) $\dfrac{4}{3}$ （イ） 9

解説 求める面積を S とする。

(1) 曲線と直線の交点の x 座標は

$x^2-4x+5=2x-3$ から $\quad x^2-6x+8=0$

$(x-2)(x-4)=0$ より $\quad x=2,\ 4$

$2\leqq x\leqq 4$ のとき $x^2-4x+5\leqq 2x-3$ であるから

$S=\displaystyle\int_2^4 \{(2x-3)-(x^2-4x+5)\}\,dx$

$$=\int_2^4 (-x^2+6x-8)\,dx$$

$$=\Big[-\frac{x^3}{3}+3x^2-8x\Big]_2^4=\frac{4}{3}$$

別解 $S=-\displaystyle\int_2^4 (x-2)(x-4)\,dx=\frac{1}{6}(4-2)^3=\frac{4}{3}$

(2) 2曲線の交点の x 座標は

$x^2-6x+4=-(x-2)^2$ から $\quad 2x^2-10x+8=0$

$2(x-1)(x-4)=0$ より $\quad x=1,\ 4$

$1\leqq x\leqq 4$ のとき $x^2-6x+4\leqq -(x-2)^2$ であるから

$S=\displaystyle\int_1^4 \{-(x-2)^2-(x^2-6x+4)\}\,dx$

$$=\int_1^4 (-2x^2+10x-8)\,dx=\Big[-\frac{2}{3}x^3+5x^2-8x\Big]_1^4=9$$

別解 $S=-\displaystyle\int_1^4 2(x-1)(x-4)\,dx=\frac{2}{6}(4-1)^3=9$

(1) (2)

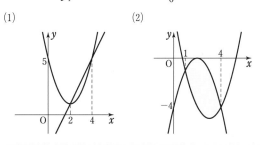

126 (ア)(ウ) $y=-2x,\ (-1,\ 2)$

（イ)(エ) $y=6x-8,\ (3,\ 10)$ （オ） $\dfrac{16}{3}$

解説 $y=x^2+1$ から $\quad y'=2x$

接点の座標を $(a,\ a^2+1)$ とすると，接線の方程式は

$$y-(a^2+1)=2a(x-a)$$

ゆえに $\quad y=2ax-a^2+1$

これが点 $(1,\ -2)$ を通るから

$-2=2a-a^2+1$ より $\quad a^2-2a-3=0$

これを解いて $\quad a=-1,\ 3$

よって，接線の方程式と接点の座標はそれぞれ

$a=-1$ のとき $\quad y=-2x,\ (-1,\ 2)$

$a=3$ のとき $\quad y=6x-8,\ (3,\ 10)$

求める面積は

$$\int_{-1}^1 \{(x^2+1)-(-2x)\}\,dx+\int_1^3 \{(x^2+1)-(6x-8)\}\,dx$$

$$=\int_{-1}^1 (x^2+2x+1)\,dx+\int_1^3 (x^2-6x+9)\,dx$$

$$=2\int_0^1 (x^2+1)\,dx+\int_1^3 (x^2-6x+9)\,dx$$

$$=2\left[\frac{x^3}{3}+x\right]_0^1+\left[\frac{x^3}{3}-3x^2+9x\right]_1^3=\frac{16}{3}$$

127 （ア） 4 （イ） $\dfrac{32}{3}$ （ウ） 2

解説 C と ℓ が接するとき，方程式 $4x-x^2=mx$

すなわち $x^2+(m-4)x=0$ の判別式を D とすると

$$D=(m-4)^2=0$$

よって $\qquad m=4$

C と x 軸の交点の x 座標を求めると

$$4x-x^2=0 \text{ から } x(x-4)=0$$

ゆえに $\qquad x=0,\ 4$

よって $\displaystyle S_1=\int_0^4 (4x-x^2)\,dx=-\int_0^4 x(x-4)\,dx$

$$=\frac{1}{6}(4-0)^3=\frac{32}{3} \quad\cdots\cdots\text{①}$$

C と ℓ の交点の x 座標を求めると

$$4x-x^2=mx \text{ から } x\{x-(4-m)\}=0$$

これを解いて $x=0,\ 4-m$

よって $\displaystyle S_2=\int_0^{4-m}\{(4x-x^2)-mx\}\,dx$

$$=-\int_0^{4-m} x\{x-(4-m)\}\,dx$$

$$=\frac{1}{6}(4-m)^3 \quad\cdots\cdots\text{②}$$

①，②から，$S_1=8S_2$ のとき $\dfrac{32}{3}=8\cdot\dfrac{1}{6}(4-m)^3$

ゆえに $\qquad (4-m)^3=8$

$0<m<4$ であるから $4-m=2$

よって $\qquad m=2$

128 （ア） $S-T$ （イ） $-S$ （ウ） $S+T$

解説 $0\leqq x\leqq a$ のとき，$f(x)\geqq 0$ であるから

$$S=\int_0^a f(x)\,dx$$

$a\leqq x\leqq b$ のとき，$f(x)\leqq 0$ であるから

$$T=-\int_a^b f(x)\,dx$$

よって $\displaystyle \int_a^b f(x)\,dx=-T$

(1) $\displaystyle \int_0^b f(x)\,dx=\int_0^a f(x)\,dx+\int_a^b f(x)\,dx=S-T$

(2) $\displaystyle \int_a^0 f(x)\,dx=-\int_0^a f(x)\,dx=-S$

(3) $\displaystyle \int_0^b |f(x)|\,dx=\int_0^a f(x)\,dx+\int_a^b \{-f(x)\}\,dx$

$$=\int_0^a f(x)\,dx-\int_a^b f(x)\,dx=S+T$

129 （ア） $-2\vec{a}+3\vec{b}$ （イ） $5\vec{a}-4\vec{b}$ （ウ） $\vec{0}$

解説 (1) $(\vec{a}+2\vec{b})+(-3\vec{a}+\vec{b})=(1-3)\vec{a}+(2+1)\vec{b}$
$$=-2\vec{a}+3\vec{b}$$

(2) $2(\vec{a}+\vec{b})+3(\vec{a}-2\vec{b})=(2+3)\vec{a}+(2-6)\vec{b}=5\vec{a}-4\vec{b}$

(3) $2\left(\vec{a}-\dfrac{\vec{b}}{4}\right)+\dfrac{1}{2}(\vec{b}-4\vec{a})=(2-2)\vec{a}+\left(-\dfrac{1}{2}+\dfrac{1}{2}\right)\vec{b}=\vec{0}$

130 （ア） $\vec{a}-4\vec{b}$ （イ） $\dfrac{3}{5}\vec{a}-\dfrac{2}{5}\vec{b}$

（ウ） $\dfrac{2}{5}\vec{a}-\dfrac{3}{5}\vec{b}$

解説 (1) $3\vec{x}-\vec{a}=2\vec{x}-4\vec{b}$ から $\vec{x}=\vec{a}-4\vec{b}$

(2) $3\vec{x}-2\vec{y}=\vec{a}$ ……①
$\vec{x}+\vec{y}=\vec{a}-\vec{b}$ ……② とする。

①$+2\times$② から $5\vec{x}=3\vec{a}-2\vec{b}$

よって $\vec{x}=\dfrac{3}{5}\vec{a}-\dfrac{2}{5}\vec{b}$

①$-3\times$② から $-5\vec{y}=-2\vec{a}+3\vec{b}$

よって $\vec{y}=\dfrac{2}{5}\vec{a}-\dfrac{3}{5}\vec{b}$

131 （ア） $\dfrac{1}{2}\vec{a}+\dfrac{1}{2}\vec{b}$ （イ） $-\vec{a}+\vec{b}$

（ウ） $2\vec{a}+\vec{b}$ （エ） $-\vec{a}-2\vec{b}$

解説 (1) 点 G は線分 BF の中点であるから

$$\overrightarrow{AG}=\frac{\overrightarrow{AB}+\overrightarrow{AF}}{2}=\frac{1}{2}\vec{a}+\frac{1}{2}\vec{b}$$

(2) $\overrightarrow{BF}=\overrightarrow{AF}-\overrightarrow{AB}=\vec{b}-\vec{a}=-\vec{a}+\vec{b}$

(3) $\overrightarrow{FD}=\overrightarrow{FC}+\overrightarrow{CD}=2\overrightarrow{AB}+\overrightarrow{AF}=2\vec{a}+\vec{b}$

(4) $\overrightarrow{DB}=\overrightarrow{DE}+\overrightarrow{EB}=-\overrightarrow{AB}-2\overrightarrow{AF}=-\vec{a}-2\vec{b}$

132 （ア）（イ） $\vec{d},\ \vec{e}$ （ウ） $\vec{c}$ （エ） $\vec{b}$
（オ）（カ） $\vec{a},\ \vec{b}$ （キ） $\vec{d}$ （ク） $\vec{c}$

解説 下の図から

$$\vec{x}=\vec{d}+\vec{e},\ \ \vec{x}=\vec{c}-\vec{b},\ \ \vec{y}=\vec{a}+\vec{b},\ \ \vec{y}=\vec{d}-\vec{c}$$

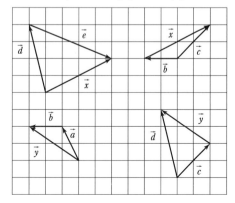

133 (ア) $-11\vec{a}-19\vec{b}$ (イ) $5\vec{a}+6\vec{b}$

解説 $s\vec{a}+t\vec{b}=(-2s,\ 3s)+(t,\ -2t)$
$\qquad\qquad\quad=(-2s+t,\ 3s-2t)$

(1) $\vec{p}=s\vec{a}+t\vec{b}$ とすると $(3,\ 5)=(-2s+t,\ 3s-2t)$
ゆえに $\quad-2s+t=3,\ 3s-2t=5$
これを解いて $\quad s=-11,\ t=-19$
よって $\quad\vec{p}=-11\vec{a}-19\vec{b}$

(2) $\vec{q}=s\vec{a}+t\vec{b}$ とすると $(-4,\ 3)=(-2s+t,\ 3s-2t)$
ゆえに $\quad-2s+t=-4,\ 3s-2t=3$
これを解いて $s=5,\ t=6$ よって $\vec{q}=5\vec{a}+6\vec{b}$

134 (ア)(イ)(ウ) $(0,\ 7),\ (8,\ -5),\ (-4,\ -1)$

解説 条件を満たす平行四辺形について，次の[1]～[3]
の場合が考えられる。

[1] 平行四辺形 ABCD のとき
$\overrightarrow{AB}=\overrightarrow{DC}$ から $\quad(4,\ -6)=(4-x,\ 1-y)$
よって $\quad4=4-x,\ -6=1-y$
これを解いて $\quad x=0,\ y=7$
したがって $\ D(0,\ 7)$

[2] 平行四辺形 ABDC のとき
$\overrightarrow{AB}=\overrightarrow{CD}$ から $\quad(4,\ -6)=(x-4,\ y-1)$
よって $\quad4=x-4,\ -6=y-1$
これを解いて $\quad x=8,\ y=-5$
したがって $\ D(8,\ -5)$

[3] 平行四辺形 ADBC のとき
$\overrightarrow{AD}=\overrightarrow{CB}$ から $\quad(x+2,\ y-3)=(-2,\ -4)$
よって $\quad x+2=-2,\ y-3=-4$
これを解いて $\quad x=-4,\ y=-1$
したがって $\ D(-4,\ -1)$

135 (ア) $\dfrac{3}{5}$ (イ) $\dfrac{4}{5}$ (ウ) $-\dfrac{12}{13}$ (エ) $\dfrac{5}{13}$

解説 (1) $2\vec{a}+\vec{b}=2(3,\ 1)+(-3,\ 2)$
$\qquad\qquad\quad=(6,\ 2)+(-3,\ 2)=(3,\ 4)$
ゆえに $\quad|2\vec{a}+\vec{b}|=\sqrt{3^2+4^2}=\sqrt{25}=5$
よって，求めるベクトルは
$$\frac{2\vec{a}+\vec{b}}{|2\vec{a}+\vec{b}|}=\frac{1}{5}(3,\ 4)=\left(\frac{3}{5},\ \frac{4}{5}\right)$$

(2) $\vec{a}-3\vec{b}=(3,\ 1)-3(-3,\ 2)$
$\qquad\qquad=(3,\ 1)+(9,\ -6)=(12,\ -5)$
ゆえに $\quad|\vec{a}-3\vec{b}|=\sqrt{12^2+(-5)^2}=\sqrt{169}=13$
よって，求めるベクトルは
$$-\frac{\vec{a}-3\vec{b}}{|\vec{a}-3\vec{b}|}=-\frac{1}{13}(12,\ -5)=\left(-\frac{12}{13},\ \frac{5}{13}\right)$$

136 (ア)(イ) $1,\ -2$ (ウ) $-\dfrac{1}{2}$ (エ) 2

解説 (1) $\vec{p}=(2,\ 1)+t(0,\ 2)=(2,\ 1+2t)$ であるから
$\qquad|\vec{p}|^2=2^2+(1+2t)^2=4t^2+4t+5$
$|\vec{p}|^2=13$ であるから $\quad4t^2+4t+5=13$
整理すると $\quad t^2+t-2=0$
これを解いて $\quad t=1,\ -2$

(2) $|\vec{p}|^2=4\left(t+\dfrac{1}{2}\right)^2+4$

したがって，$|\vec{p}|^2$ は $t=-\dfrac{1}{2}$ で最小値 4 をとる。

ゆえに，$t=-\dfrac{1}{2}$ のとき，$|\vec{p}|$ の最小値は 2 である。

137 (ア) 平行 (イ) ②

解説 $\vec{a}=(9,\ -6),\ \vec{b}=(-6,\ 4)$ のとき，$\vec{b}=-\dfrac{2}{3}\vec{a}$ で
あるから $\quad\vec{a}$ と $\vec{b}$ は平行である。
このとき，$s\vec{a}+t\vec{b}=s\vec{a}+t\left(-\dfrac{2}{3}\vec{a}\right)=\left(s-\dfrac{2}{3}t\right)\vec{a}$ である
から，$\vec{a}$ と平行でない $\vec{p}$ は $s\vec{a}+t\vec{b}$ の形で表すことが
できない。
よって，$\vec{p}=(3,\ 2)$ と $\vec{a}$ は平行でないから，表すこと
ができない。

参考 他の選択肢については，すべて $\vec{p}$ と $\vec{a}$ は平行であ
る。

138 (ア) 0 (イ) $90°$ (ウ) 29 (エ) $45°$

解説 (1) $\vec{a}\cdot\vec{b}=3\times(-3)+1\times9=0$
$\vec{a}\cdot\vec{b}=0,\ \vec{a}\neq\vec{0},\ \vec{b}\neq\vec{0}$ であるから $\quad\theta=90°$

(2) $\vec{a}\cdot\vec{b}=7\times5+3\times(-2)=29$
$\quad|\vec{a}|=\sqrt{7^2+3^2}=\sqrt{58},\ |\vec{b}|=\sqrt{5^2+(-2)^2}=\sqrt{29}$
ゆえに $\quad\cos\theta=\dfrac{\vec{a}\cdot\vec{b}}{|\vec{a}||\vec{b}|}=\dfrac{29}{\sqrt{58}\sqrt{29}}=\dfrac{1}{\sqrt{2}}$

$0°\leqq\theta\leqq180°$ であるから $\quad\theta=45°$

139 (ア) -2 (イ) $\dfrac{1}{\sqrt{10}}$ (ウ) $\dfrac{3}{\sqrt{10}}$

(エ) $-\dfrac{1}{\sqrt{10}}$ (オ) $-\dfrac{3}{\sqrt{10}}$

解説 (1) $(2\vec{a}+3\vec{b})/\!/(\vec{a}-2\vec{b})$ であるとき，
$2\vec{a}+3\vec{b}=k(\vec{a}-2\vec{b})$ となる実数 k が存在する。
$\qquad2\vec{a}+3\vec{b}=2(-1,\ 2)+3(1,\ x)=(1,\ 4+3x)$
$\qquad\vec{a}-2\vec{b}=(-1,\ 2)-2(1,\ x)=(-3,\ 2-2x)$
であるから $\quad1=-3k$ …… ①
$\qquad\qquad\qquad4+3x=k(2-2x)$ …… ②

① から $k=-\dfrac{1}{3}$　　② に代入して　$x=-2$

別解 $1\cdot(2-2x)-(4+3x)(-3)=0$ から　$x=-2$

(2) 求める単位ベクトルを $\vec{e}=(x,\ y)$ とする。

$\vec{a}\perp\vec{e}$ から　　$\vec{a}\cdot\vec{e}=0$

ゆえに　　$3x-y=0$　……①

$|\vec{e}|=1$ より $|\vec{e}|^2=1$ であるから

　　　　　$x^2+y^2=1$　……②

①，② から y を消去して整理すると　　$10x^2=1$

よって，$x^2=\dfrac{1}{10}$ から　$x=\pm\dfrac{1}{\sqrt{10}}$

$x=\dfrac{1}{\sqrt{10}}$　のとき　$y=\dfrac{3}{\sqrt{10}}$

$x=-\dfrac{1}{\sqrt{10}}$ のとき　$y=-\dfrac{3}{\sqrt{10}}$

よって　$\vec{e}=\left(\dfrac{1}{\sqrt{10}},\ \dfrac{3}{\sqrt{10}}\right),\ \left(-\dfrac{1}{\sqrt{10}},\ -\dfrac{3}{\sqrt{10}}\right)$

140 (ア) $\sqrt{7}$　(イ) $60°$

解説 (1) $|\vec{a}-\vec{b}|^2=|\vec{a}|^2-2\vec{a}\cdot\vec{b}+|\vec{b}|^2=3^2-2\cdot3+2^2=7$

$|\vec{a}-\vec{b}|\geqq0$ であるから　$|\vec{a}-\vec{b}|=\sqrt{7}$

(2) $|\vec{a}+\vec{b}|^2=|\vec{a}|^2+2\vec{a}\cdot\vec{b}+|\vec{b}|^2=10+2\vec{a}\cdot\vec{b}$

$|\vec{a}+\vec{b}|^2=13$ であるから　$\vec{a}\cdot\vec{b}=\dfrac{3}{2}$

よって　$\cos\theta=\dfrac{\vec{a}\cdot\vec{b}}{|\vec{a}||\vec{b}|}=\dfrac{3}{2}\cdot\dfrac{1}{3\times1}=\dfrac{1}{2}$

$0°\leqq\theta\leqq180°$ であるから　　$\theta=60°$

141 (ア) $\sqrt{5}$　(イ) $\sqrt{3}$　(ウ) $\dfrac{2}{\sqrt{15}}$

　　　(エ) $\dfrac{\sqrt{11}}{2}$

解説 (1) $|\vec{a}+\vec{b}|=2\sqrt{3}$ から　$|\vec{a}+\vec{b}|^2=12$

ゆえに　$|\vec{a}|^2+2\vec{a}\cdot\vec{b}+|\vec{b}|^2=12$　……①

$|\vec{a}-\vec{b}|=2$ から　$|\vec{a}-\vec{b}|^2=4$

ゆえに　$|\vec{a}|^2-2\vec{a}\cdot\vec{b}+|\vec{b}|^2=4$　……②

①+② から　$|\vec{a}|^2+|\vec{b}|^2=8$　……③

$(\vec{a}+\vec{b})\cdot(\vec{a}-\vec{b})=2$ から　$|\vec{a}|^2-|\vec{b}|^2=2$　……④

③，④ から　$|\vec{a}|^2=5,\ |\vec{b}|^2=3$

$|\vec{a}|\geqq0,\ |\vec{b}|\geqq0$ から　$|\vec{a}|=\sqrt{5},\ |\vec{b}|=\sqrt{3}$

(2) (1)において，①−② から　$4\vec{a}\cdot\vec{b}=8$

ゆえに　$\vec{a}\cdot\vec{b}=2$

よって　$\cos\theta=\dfrac{\vec{a}\cdot\vec{b}}{|\vec{a}||\vec{b}|}=\dfrac{2}{\sqrt{5}\sqrt{3}}=\dfrac{2}{\sqrt{15}}$

(3) $0°<\theta<180°$ であるから

$\sin\theta=\sqrt{1-\cos^2\theta}=\sqrt{1-\dfrac{4}{15}}=\sqrt{\dfrac{11}{15}}$

ゆえに　$\triangle\mathrm{OAB}=\dfrac{1}{2}|\vec{a}||\vec{b}|\sin\theta$

$$=\dfrac{1}{2}\cdot\sqrt{5}\cdot\sqrt{3}\cdot\sqrt{\dfrac{11}{15}}=\dfrac{\sqrt{11}}{2}$$

142 (ア) $-\dfrac{4}{9}$　(イ) $\dfrac{2\sqrt{5}}{3}$

解説 $|\vec{a}+t\vec{b}|^2=|\vec{a}|^2+2t\vec{a}\cdot\vec{b}+t^2|\vec{b}|^2=4+8t+9t^2$

$$=9\left(t+\dfrac{4}{9}\right)^2+\dfrac{20}{9}$$

ゆえに，$|\vec{a}+t\vec{b}|^2$ は $t=-\dfrac{4}{9}$ で最小となり，このとき，

$|\vec{a}+t\vec{b}|$ も最小となる。

よって，$t=-\dfrac{4}{9}$ で最小値 $\dfrac{2\sqrt{5}}{3}$ をとる。

143 (ア) $(s-1)\vec{a}+t\vec{b}$　(イ) $s\vec{a}+(t-1)\vec{b}$

　　　(ウ) ⓪④　(エ) $\dfrac{2}{5}$　(オ) $\dfrac{1}{5}$

解説 (1) $\overrightarrow{\mathrm{AH}}=\overrightarrow{\mathrm{OH}}-\overrightarrow{\mathrm{OA}}=s\vec{a}+t\vec{b}-\vec{a}=(s-1)\vec{a}+t\vec{b}$

$\overrightarrow{\mathrm{BH}}=\overrightarrow{\mathrm{OH}}-\overrightarrow{\mathrm{OB}}=s\vec{a}+t\vec{b}-\vec{b}=s\vec{a}+(t-1)\vec{b}$

(2) $\overrightarrow{\mathrm{AH}}\perp\overrightarrow{\mathrm{OB}}$ から $\{(s-1)\vec{a}+t\vec{b}\}\cdot\vec{b}=0$

ゆえに　$(s-1)\vec{a}\cdot\vec{b}+t|\vec{b}|^2=0$

$\vec{a}\cdot\vec{b}=1,\ |\vec{b}|=\sqrt{3}$ より　$(s-1)+3t=0$

すなわち　$s+3t-1=0$

また，$\overrightarrow{\mathrm{BH}}\perp\overrightarrow{\mathrm{OA}}$ から $\{s\vec{a}+(t-1)\vec{b}\}\cdot\vec{a}=0$

ゆえに　$s|\vec{a}|^2+(t-1)\vec{a}\cdot\vec{b}=0$

$|\vec{a}|=\sqrt{2},\ \vec{a}\cdot\vec{b}=1$ より　$2s+(t-1)=0$

すなわち　$2s+t-1=0$

(3) $s+3t-1=0,\ 2s+t-1=0$ から

$$s=\dfrac{2}{5},\ t=\dfrac{1}{5}$$

144 (ア) $\dfrac{3}{4}$　(イ) $\dfrac{1}{4}$　(ウ) $-\dfrac{2}{3}$　(エ) $\dfrac{5}{3}$

　　　(オ) $\dfrac{1}{5}$　(カ) $\dfrac{1}{5}$

解説 (1) $\dfrac{3\vec{a}+\vec{b}}{1+3}=\dfrac{3}{4}\vec{a}+\dfrac{1}{4}\vec{b}$

$$\dfrac{-2\vec{a}+5\vec{b}}{5-2}=-\dfrac{2}{3}\vec{a}+\dfrac{5}{3}\vec{b}$$

(2) $\overrightarrow{\mathrm{AM}}=\dfrac{1}{2}\vec{b},\ \overrightarrow{\mathrm{AN}}=\dfrac{1}{3}\vec{c}$ である

から

$$\overrightarrow{\mathrm{AP}}=\dfrac{2\overrightarrow{\mathrm{AM}}+3\overrightarrow{\mathrm{AN}}}{3+2}$$

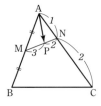

$$=\frac{1}{5}\left(2\cdot\frac{1}{2}\vec{b}+3\cdot\frac{1}{3}\vec{c}\right)$$
$$=\frac{1}{5}\vec{b}+\frac{1}{5}\vec{c}$$

145 (ア) $\dfrac{3}{5}$　(イ) $\dfrac{2}{5}$　(ウ) $\dfrac{1}{3}$　(エ) $\dfrac{2}{9}$

解説 (1) AD は ∠A の二等分線であるから
　　　BD：DC＝AB：AC＝2：3

ゆえに　$\overrightarrow{AD}=\dfrac{3\vec{b}+2\vec{c}}{2+3}=\dfrac{3}{5}\vec{b}+\dfrac{2}{5}\vec{c}$

(2) $BD=\dfrac{2}{2+3}BC=\dfrac{8}{5}$ であり，BI は ∠B の二等分線で
あるから

　　　$AI：ID=BA：BD=2：\dfrac{8}{5}=5：4$

ゆえに　$AI=\dfrac{5}{9}AD$

よって　$\overrightarrow{AI}=\dfrac{5}{9}\overrightarrow{AD}=\dfrac{5}{9}\left(\dfrac{3}{5}\vec{b}+\dfrac{2}{5}\vec{c}\right)=\dfrac{1}{3}\vec{b}+\dfrac{2}{9}\vec{c}$

146 (ア) $\sqrt{2}$　(イ) $\dfrac{1}{2}$

解説 (1) $s=1-t$ であるから
$$\overrightarrow{OP}=(1-t)\overrightarrow{OA}+t\overrightarrow{OB}=\overrightarrow{OA}+t(\overrightarrow{OB}-\overrightarrow{OA})$$
$$=\overrightarrow{OA}+t\overrightarrow{AB}$$
$s=1-t\geqq0,\ t\geqq0$ から
　　　$0\leqq t\leqq1$

また，$\overrightarrow{OA}\cdot\overrightarrow{OB}=0$，
$|\overrightarrow{OA}|=|\overrightarrow{OB}|=1$ から，
点 P は図の線分 AB 上を動く。
よって，線分の長さは $\sqrt{2}$

(2) $s+t=k$ とおくと
　　　$s+t\leqq1,\ s\geqq0,\ t\geqq0$ から　$0\leqq k\leqq1$

[1] $k\neq0$ のとき　$\dfrac{s}{k}+\dfrac{t}{k}=1$

$$\overrightarrow{OP}=s\overrightarrow{OA}+t\overrightarrow{OB}=\dfrac{s}{k}(k\overrightarrow{OA})+\dfrac{t}{k}(k\overrightarrow{OB})$$

$\dfrac{s}{k}=s',\ \dfrac{t}{k}=t'$ とおくと

$$\overrightarrow{OP}=s'(k\overrightarrow{OA})+t'(k\overrightarrow{OB})$$

$s'+t'=1,\ s'\geqq0,\ t'\geqq0$
$k\overrightarrow{OA}=\overrightarrow{OA'},\ k\overrightarrow{OB}=\overrightarrow{OB'}$ とする
と，P は辺 AB に平行な線分
A'B' 上を動く。
ゆえに，$0<k\leqq1$ のとき，P は
△OAB の周および内部を動く。（点 O を除く）

[2] $k=0$ のとき，$s=0$，$t=0$ であるから　$\overrightarrow{OP}=\vec{0}$
ゆえに，P は点 O に一致する。
したがって，点 P が存在する範囲は，△OAB の周お
よび内部である。

よって，その面積は　$\dfrac{1}{2}\cdot1\cdot1=\dfrac{1}{2}$

147 (ア) $\dfrac{5}{6}$　(イ) $\dfrac{2}{5}$　(ウ) $\dfrac{3}{5}$　(エ) 3

(オ) 2　(カ) 5　(キ) 1　(ク) AC

(ケ) BE

解説 方法① について，始点が A となるように（＊）を
変形すると
$$-\overrightarrow{AP}+2(\overrightarrow{AB}-\overrightarrow{AP})+3(\overrightarrow{AC}-\overrightarrow{AP})=\vec{0}$$
整理すると　$6\overrightarrow{AP}=2\overrightarrow{AB}+3\overrightarrow{AC}$

ゆえに　$\overrightarrow{AP}=\dfrac{5}{6}\left(\dfrac{2}{5}\overrightarrow{AB}+\dfrac{3}{5}\overrightarrow{AC}\right)$

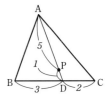

よって，辺 BC を 3：2 に内
分する点を D とすると
$$\overrightarrow{AP}=\dfrac{5}{6}\overrightarrow{AD}$$

したがって，点 P は線分 AD
を 5：1 に内分する点である。

方法② について，始点が B となるように（＊）を変形
すると
$$(\overrightarrow{BA}-\overrightarrow{BP})-2\overrightarrow{BP}+3(\overrightarrow{BC}-\overrightarrow{BP})=\vec{0}$$
整理すると　$6\overrightarrow{BP}=\overrightarrow{BA}+3\overrightarrow{BC}$

ゆえに　$\overrightarrow{BP}=\dfrac{2}{3}\left(\dfrac{1}{4}\overrightarrow{BA}+\dfrac{3}{4}\overrightarrow{BC}\right)$

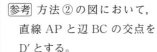

よって，辺 AC を 3：1 に内
分する点を E とすると
$$\overrightarrow{BP}=\dfrac{2}{3}\overrightarrow{BE}$$

したがって，点 P は線分 BE
を 2：1 に内分する点である。

参考 方法② の図において，
直線 AP と辺 BC の交点を
D' とする。
△BCE と直線 AD' にメネラ
ウスの定理を用いると

　　　$\dfrac{CA}{AE}\cdot\dfrac{EP}{PB}\cdot\dfrac{BD'}{D'C}=1$

すなわち　$\dfrac{4}{3}\cdot\dfrac{1}{2}\cdot\dfrac{BD'}{D'C}=1$

$\dfrac{BD'}{D'C}=\dfrac{3}{2}$ より　　BD'：D'C＝3：2

よって，点 D′ は方法 ① における点 D と一致する。

さらに，△ACD′ と直線 BE にメネラウスの定理を用いると $\dfrac{CB}{BD}\cdot\dfrac{D'P}{PA}\cdot\dfrac{AE}{EC}=1$

すなわち $\dfrac{5}{3}\cdot\dfrac{D'P}{PA}\cdot\dfrac{3}{1}=1$

$\dfrac{D'P}{PA}=\dfrac{1}{5}$ より AP：PD′＝5：1

したがって，方法 ① で求めた点 P の位置と，方法 ② で求めた点 P の位置は一致する。

148 (ア) $(3, -2, -1)$ (イ) $(-3, 2, -1)$
(ウ) $(-3, -2, -1)$ (エ) $(1, 4, 3)$

解説 (ア) xy 平面に関して対称な点は，z 座標の符号が変わるから $(3, -2, -1)$

(イ) 原点に関して対称な点は，すべての座標の符号が変わるから $(-3, 2, -1)$

(ウ) y 軸に関して対称な点は，x 座標，z 座標の符号が変わるから $(-3, -2, -1)$

(エ) A$(2, 1, 2)$，P$(3, -2, 1)$ とし，A に関して，P と対称な点を Q(x, y, z) とすると，線分 PQ の中点が A であるから

$$\dfrac{x+3}{2}=2, \quad \dfrac{y-2}{2}=1, \quad \dfrac{z+1}{2}=2$$

よって $(x, y, z)=(1, 4, 3)$

149 (ア) $\vec{a}+2\vec{b}-\vec{c}$ (イ) $-2\vec{a}+3\vec{b}$

解説 $s\vec{a}+t\vec{b}+u\vec{c}=(3s+5t+u, 2s+2t+3u, s+u)$

(1) $\vec{p}=s\vec{a}+t\vec{b}+u\vec{c}$ とすると

$3s+5t+u=12, \quad 2s+2t+3u=3, \quad s+u=0$

これを解いて $s=1, t=2, u=-1$

よって $\vec{p}=\vec{a}+2\vec{b}-\vec{c}$

(2) $\vec{q}=s\vec{a}+t\vec{b}+u\vec{c}$ とすると

$3s+5t+u=9, \quad 2s+2t+3u=2, \quad s+u=-2$

これを解いて $s=-2, t=3, u=0$

よって $\vec{q}=-2\vec{a}+3\vec{b}$

150 (ア)(イ) $-1, 3$ (ウ) 2 (エ) $\sqrt{2}$

解説 (1) $\vec{x}=\vec{a}+t\vec{b}=(-1, -5, 1)+t(2, 4, 1)$
$\qquad\qquad =(2t-1, 4t-5, t+1)$

$|\vec{x}|^2=(2t-1)^2+(4t-5)^2+(t+1)^2$
$\qquad =21t^2-42t+27$

$|\vec{x}|=3\sqrt{10}$ から $|\vec{x}|^2=90$

ゆえに $21t^2-42t+27=90$

整理すると $t^2-2t-3=0$

これを解いて $t=-1, 3$

(2) $\vec{x}=\vec{a}+t\vec{b}=(2, 5, -3)+t(-1, -2, 2)$
$\qquad\qquad =(2-t, 5-2t, -3+2t)$

$|\vec{x}|^2=(2-t)^2+(5-2t)^2+(-3+2t)^2=9t^2-36t+38$
$\qquad =9(t-2)^2+2$

$|\vec{x}|\geqq0$ であるから，$|\vec{x}|^2$ が最小のとき $|\vec{x}|$ も最小となる。

よって，$|\vec{x}|$ は $t=2$ のとき最小となり最小値は $\sqrt{2}$ である。

151 (ア) $\sqrt{2}$ (イ) $\sqrt{5}$ (ウ) $\sqrt{5}$ (エ) ⓪
(オ) ② (カ) ③

解説 $\overrightarrow{AB}=(-1, 1, 0)$ から
$\qquad |\overrightarrow{AB}|=\sqrt{(-1)^2+1^2+0^2}=\sqrt{2}$

$\qquad \overrightarrow{BC}=(0, -1, 2)$ から
$\qquad |\overrightarrow{BC}|=\sqrt{0^2+(-1)^2+2^2}=\sqrt{5}$

$\qquad \overrightarrow{CA}=(1, 0, -2)$ から
$\qquad |\overrightarrow{CA}|=\sqrt{1^2+0^2+(-2)^2}=\sqrt{5}$

(1) $|\overrightarrow{AB}|\neq|\overrightarrow{BC}|=|\overrightarrow{CA}|$ から，3 点 A，B，C でできる図形は二等辺三角形である。

(2) 線分 AC の中点の座標は $\left(\dfrac{1}{2}, 0, 1\right)$ であり，線分 BD の中点の座標は $\left(\dfrac{1}{2}, 1, 1\right)$ となり，一致しない。

したがって，4 点 A，B，C，D は同一平面上にないから，4 点でできる図形は平行四辺形でない。

(3) (2) から，4 点 A，B，C，D は同一平面上にないから，4 点 A，B，C，D でできる図形は四面体である。

参考 4 点 A，B，C，D は右の図のような位置にある。

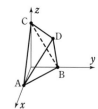

152 (ア)(イ) $-\dfrac{1}{2}, 2$
(ウ)(エ) $(\sqrt{6}, -2\sqrt{6}, \sqrt{6})$，
$(-\sqrt{6}, 2\sqrt{6}, -\sqrt{6})$ (オ) $\dfrac{\sqrt{2}}{3}$

解説 (1) $t\vec{a}+\vec{b}=(2t+2, 2t-2, -2t-1)$
$\qquad \vec{a}-t\vec{b}=(2-2t, 2+2t, -2+t)$

$(t\vec{a}+\vec{b})\perp(\vec{a}-t\vec{b})$ であるとき $(t\vec{a}+\vec{b})\cdot(\vec{a}-t\vec{b})=0$ であるから

$(2t+2)(2-2t)+(2t-2)(2+2t)+(-2t-1)(-2+t)=0$

ゆえに $(t-2)(2t+1)=0$

よって $t=-\dfrac{1}{2},\ 2$

(2) 求めるベクトルを $\vec{c}=(x,\ y,\ z)$ とする。

$\vec{a}\perp\vec{c}$ より $\vec{a}\cdot\vec{c}=0$ であるから

$\quad x+2y+3z=0$ ……①

$\vec{b}\perp\vec{c}$ より $\vec{b}\cdot\vec{c}=0$ であるから

$\quad 2x+3y+4z=0$ ……②

$|\vec{c}|=6$ から $x^2+y^2+z^2=36$ ……③

①，②から $x=z,\ y=-2z$

③に代入して整理すると $z^2=6$

ゆえに $z=\pm\sqrt{6}$

$z=\sqrt{6}$ のとき $x=\sqrt{6},\ y=-2\sqrt{6}$

$z=-\sqrt{6}$ のとき $x=-\sqrt{6},\ y=2\sqrt{6}$

よって，求めるベクトルは

$\quad (\sqrt{6},\ -2\sqrt{6},\ \sqrt{6}),\ (-\sqrt{6},\ 2\sqrt{6},\ -\sqrt{6})$

(3) $\vec{a}$ と $\vec{c}$ のなす角と $\vec{b}$ と $\vec{c}$ のなす角が等しくなると

き $\quad \dfrac{\vec{a}\cdot\vec{c}}{|\vec{a}||\vec{c}|}=\dfrac{\vec{b}\cdot\vec{c}}{|\vec{b}||\vec{c}|}$

$|\vec{a}|=\sqrt{2},\ |\vec{b}|=3$ であるから

$\quad 3(\vec{a}\cdot\vec{c})=\sqrt{2}(\vec{b}\cdot\vec{c})$ ……①

$\vec{a}\cdot\vec{b}=3$ から

$\quad \vec{a}\cdot\vec{c}=\vec{a}\cdot(\vec{a}+t\vec{b})=|\vec{a}|^2+t\vec{a}\cdot\vec{b}=2+3t$

$\quad \vec{b}\cdot\vec{c}=\vec{b}\cdot(\vec{a}+t\vec{b})=\vec{a}\cdot\vec{b}+t|\vec{b}|^2=3+9t$

①に代入して $3(2+3t)=\sqrt{2}(3+9t)$

これを解いて $t=\dfrac{\sqrt{2}}{3}$

153 (ア) 1 (イ) $\dfrac{7}{2}$ (ウ) 1 (エ) $\dfrac{6}{7}$

解説 (1) $\overrightarrow{AB}=(-1,\ 3,\ 0),\ \overrightarrow{AC}=(-1,\ 0,\ 2)$

であるから $\overrightarrow{AB}\cdot\overrightarrow{AC}=(-1)\cdot(-1)+3\cdot0+0\cdot2=1$

(2) $\cos A=\dfrac{\overrightarrow{AB}\cdot\overrightarrow{AC}}{|\overrightarrow{AB}||\overrightarrow{AC}|}=\dfrac{1}{\sqrt{10}\sqrt{5}}=\dfrac{1}{\sqrt{50}}$

$0°<A<180°$ であるから $\sin A>0$

よって $\sin A=\sqrt{1-\cos^2 A}=\sqrt{1-\dfrac{1}{50}}=\dfrac{7}{\sqrt{50}}$

ゆえに，$\triangle ABC$ の面積 S は

$\quad S=\dfrac{1}{2}|\overrightarrow{AB}||\overrightarrow{AC}|\sin A=\dfrac{1}{2}\sqrt{10}\sqrt{5}\ \dfrac{7}{\sqrt{50}}=\dfrac{7}{2}$

(3) 四面体の体積 V は

$\quad V=\dfrac{1}{3}\triangle OAB\cdot OC=\dfrac{1}{3}\cdot\dfrac{1}{2}\cdot1\cdot3\cdot2=1$

また，$V=\dfrac{1}{3}S\cdot OH$ と表されるから，(2)より

$\dfrac{1}{3}\cdot\dfrac{7}{2}OH=1$ ゆえに $OH=\dfrac{6}{7}$

154 (ア) ① (イ)(ウ) ⓪③ (エ)(オ) ②③

解説 (1) 正四面体 ABCD は

条件(∗)を満たすが，ひし形

ではない。

参考 正方形 ABCD は条件

(∗)を満たし，ひし形である。

台形 ABCD は条件(∗)を満

たしているとは限らない。

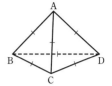

(2) 下の図より，$\overrightarrow{AD}=\overrightarrow{BC}$ または $\overrightarrow{AC}=\overrightarrow{AB}+\overrightarrow{AD}$ のと

き，図形 ABCD は平行四辺形となる。

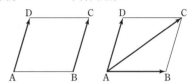

(3) 図形 ABCD が平行四辺形であるとき，ひし形とな

るための条件は，「対角線が直交する」または「隣り

合う辺の長さが等しい」である。

対角線が直交するとき，$AC\perp BD$ であるから

$\quad \overrightarrow{AC}\cdot\overrightarrow{BD}=0$

隣り合う辺の長さが等しいとき

$\quad |\overrightarrow{AB}|=|\overrightarrow{AD}|$

155 (ア) $\dfrac{3}{5}$ (イ) $\dfrac{2}{5}$ (ウ) $\dfrac{2}{5}$ (エ) $\dfrac{4}{15}$

(オ) $\dfrac{1}{3}$

解説 条件から

$\quad \overrightarrow{OQ}=\dfrac{3\overrightarrow{OA}+2\overrightarrow{OB}}{2+3}=\dfrac{3}{5}\overrightarrow{OA}+\dfrac{2}{5}\overrightarrow{OB}$

$\quad \overrightarrow{OP}=\dfrac{\overrightarrow{OC}+2\overrightarrow{OQ}}{2+1}=\dfrac{1}{3}\overrightarrow{OC}+\dfrac{2}{3}\overrightarrow{OQ}$

$\quad\quad =\dfrac{1}{3}\overrightarrow{OC}+\dfrac{2}{3}\left(\dfrac{3}{5}\overrightarrow{OA}+\dfrac{2}{5}\overrightarrow{OB}\right)$

$\quad\quad =\dfrac{2}{5}\overrightarrow{OA}+\dfrac{4}{15}\overrightarrow{OB}+\dfrac{1}{3}\overrightarrow{OC}$

156 (ア) 1 (イ) 2 (ウ) -6

解説 (1) $\overrightarrow{AB}=(3-a,\ b+2,\ -12)$

$\quad\quad \overrightarrow{AC}=(4-a,\ 6,\ -18)$

3点 A，B，C が同じ直線上にあるとき，$\overrightarrow{AC}=k\overrightarrow{AB}$

となる実数 k がある。

ゆえに

$\quad 4-a=k(3-a),\ 6=k(b+2),\ -18=-12k$

第3式から　$k=\dfrac{3}{2}$

よって，第1式，第2式から　$a=1,\ b=2$

(2)　$\overrightarrow{CP}=(-5,\ -2,\ p-2)$，$\overrightarrow{CA}=(1,\ 1,\ 1)$，
　　$\overrightarrow{CB}=(2,\ 1,\ 3)$

$\overrightarrow{CA}\neq\vec{0}$，$\overrightarrow{CB}\neq\vec{0}$，$\overrightarrow{CA}$ と $\overrightarrow{CB}$ は平行でないから，P が
3点 A，B，C の定める平面上にあるとき
$\overrightarrow{CP}=s\overrightarrow{CA}+t\overrightarrow{CB}$ となる実数 s，t がある。

ゆえに　$(-5,\ -2,\ p-2)=(s+2t,\ s+t,\ s+3t)$

よって　$-5=s+2t,\ -2=s+t,\ p-2=s+3t$

これを解いて　$s=1,\ t=-3,\ p=-6$

157 （ア）　$-\dfrac{1}{2}\vec{a}+\vec{b}$　（イ）　$-\dfrac{1}{2}\vec{a}+\vec{c}$　（ウ）　$\dfrac{k}{3}$

　　（エ）　$\dfrac{k}{3}$　（オ）　$\dfrac{k}{3}$　（カ）　$\dfrac{1}{2}$　（キ）　$\dfrac{2}{3}k$

　　（ク）　$\dfrac{k}{3}$　（ケ）　$\dfrac{k}{3}$　（コ）　$\dfrac{2}{3}k$　（サ）　$\dfrac{k}{3}$

　　（シ）　$\dfrac{k}{3}$　（ス）　$\dfrac{3}{4}$　（セ）　$\dfrac{1}{4}$　（ソ）　$\dfrac{1}{4}$

　　（タ）　$\dfrac{1}{4}$

解説　(1)　$\overrightarrow{OM}=\dfrac{1}{2}\vec{a}$ であるから

　　$\overrightarrow{MB}=\overrightarrow{OB}-\overrightarrow{OM}=\vec{b}-\dfrac{1}{2}\vec{a}=-\dfrac{1}{2}\vec{a}+\vec{b}$

　　$\overrightarrow{MC}=\overrightarrow{OC}-\overrightarrow{OM}=\vec{c}-\dfrac{1}{2}\vec{a}=-\dfrac{1}{2}\vec{a}+\vec{c}$

(2)　$\overrightarrow{OG}=\dfrac{1}{3}\vec{a}+\dfrac{1}{3}\vec{b}+\dfrac{1}{3}\vec{c}$ であるから，3点 O，P，G が
同じ直線上にあるとき

　　$\overrightarrow{OP}=k\overrightarrow{OG}=\dfrac{k}{3}\vec{a}+\dfrac{k}{3}\vec{b}+\dfrac{k}{3}\vec{c}$　……①

$\vec{m}=\dfrac{1}{2}\vec{a}$ であるから　$\vec{a}=2\vec{m}$

よって　$\overrightarrow{OP}=\dfrac{2}{3}k\vec{m}+\dfrac{k}{3}\vec{b}+\dfrac{k}{3}\vec{c}$

点 P は平面 MBC 上にあるから　$\dfrac{2}{3}k+\dfrac{k}{3}+\dfrac{k}{3}=1$

これを解いて　$k=\dfrac{3}{4}$

これを ① に代入して　$\overrightarrow{OP}=\dfrac{1}{4}\vec{a}+\dfrac{1}{4}\vec{b}+\dfrac{1}{4}\vec{c}$

158 （ア）　③　（イ）　②　（ウ）　①　（エ）　⓪

解説　(1)　$\overrightarrow{OP}=\dfrac{1}{2}\vec{a}+\dfrac{1}{3}\vec{b}$ より点 P は平面 OAB 上にある。

さらに，係数について，$\dfrac{1}{2}>0$，$\dfrac{1}{3}>0$，$\dfrac{1}{2}+\dfrac{1}{3}=\dfrac{5}{6}<1$
であるから，点 P は三角形 OAB の内部にある。

(2)　$\overrightarrow{OP}=\dfrac{1}{2}\vec{a}+\dfrac{1}{3}\vec{b}+\dfrac{1}{6}\vec{c}$ の係数について，$\dfrac{1}{2}>0$，$\dfrac{1}{3}>0$，
$\dfrac{1}{6}>0$，$\dfrac{1}{2}+\dfrac{1}{3}+\dfrac{1}{6}=1$ であるから，点 P は三角形 ABC
の内部にある。

(3)　直線 OP 上の点 Q に対して，$\overrightarrow{OQ}=k\overrightarrow{OP}$ とする。
　　（k は実数）

$\overrightarrow{OQ}=\dfrac{k}{2}\vec{a}+\dfrac{k}{3}\vec{b}+\dfrac{k}{3}\vec{c}$ であるから，点 Q が平面 ABC

上にあるとき　$\dfrac{k}{2}+\dfrac{k}{3}+\dfrac{k}{3}=1$

すなわち　$k=\dfrac{6}{7}$

$0<k<1$ より，3点 O，P，Q は O，Q，P の順で一
直線上にある。

したがって，点 P は四面体 OABC の外部にある。

(4)　直線 OP 上の点 Q に対して，$\overrightarrow{OQ}=k\overrightarrow{OP}$ とする。
　　（k は実数）

$\overrightarrow{OQ}=\dfrac{k}{2}\vec{a}+\dfrac{k}{3}\vec{b}+\dfrac{k}{9}\vec{c}$ であるから，点 Q が平面 ABC

上にあるとき　$\dfrac{k}{2}+\dfrac{k}{3}+\dfrac{k}{9}=1$

すなわち　$k=\dfrac{18}{17}$

$1<k$ より，3点 O，P，Q はこの順で一直線上にある。

さらに，$k=\dfrac{18}{17}$ のとき $\overrightarrow{OQ}=\dfrac{9}{17}\vec{a}+\dfrac{6}{17}\vec{b}+\dfrac{2}{17}\vec{c}$ であり，

$\dfrac{9}{17}>0$，$\dfrac{6}{17}>0$，$\dfrac{2}{17}>0$ であるから，点 Q は三角形
ABC の内部にある。

したがって，点 P は四面体 OABC の内部にある。

159 （ア）　-17　（イ）　4　（ウ）　$4n-21$
　　（エ）　19　（オ）　58　（カ）　31

解説　(1)　条件から　$a+4d=-1,\ a+12d=31$

これを解いて　$a=-17,\ d=4$

ゆえに　$a_n=-17+(n-1)\cdot4=4n-21$

(2)　$a_{10}=4\cdot10-21=19$

$4n-21=211$ とすると　$n=58$

(3)　$4n-21>100$ とすると　$n>\dfrac{121}{4}=30.25$

ゆえに，初めて 100 を超えるのは第 31 項である。

160 （ア）　5　（イ）　17　（ウ）　21

解説 (1) $x-1$, $3x+2$, 30 の順で等差数列となるから

$$2(3x+2)=(x-1)+30$$

よって　　$x=5$

(2) 13, a, b の順で等差数列，また，a, b, 25 の順で等差数列となるから

$$2a=13+b,\ 2b=a+25$$

これを解いて　$a=17$，$b=21$

別解 13, a, b, 25 の順で等差数列となるから，公差を d とすると　　$3d=25-13$

すなわち　　$d=4$

よって　　$a=17$，$b=21$

161 (ア) 2　(イ) 3　(ウ) 67　(エ) 2

(オ) 5　(カ) 40

解説 3 で割って 2 余る自然数は $3(n-1)+2$ と表されるから，初項 2，公差 3 の等差数列である。

$3(n-1)+2\leqq200$ を解くと　$n\leqq67$

よって，この等差数列の末項は第 67 項である。

また，5 で割って 2 余る自然数は $5(n-1)+2$ と表されるから，初項 2，公差 5 の等差数列である。

$5(n-1)+2\leqq200$ を解くと　$n\leqq\dfrac{203}{5}=40.6$

よって，この等差数列の末項は第 40 項である。

162 (ア) $\dfrac{2}{3}$　(イ) $\dfrac{2}{5}$　(ウ) $\dfrac{2}{n+1}$

解説 数列 1, $\dfrac{1}{x}$, 2, $\dfrac{1}{y}$, …… が等差数列になる。

この等差数列の公差を d とすると　$2d=2-1=1$

よって　$d=\dfrac{1}{2}$

ゆえに　$\dfrac{1}{x}=1+\dfrac{1}{2}=\dfrac{3}{2}$，$\dfrac{1}{y}=2+\dfrac{1}{2}=\dfrac{5}{2}$

よって　$x=\dfrac{2}{3}$，$y=\dfrac{2}{5}$

この等差数列の一般項は　$1+(n-1)\cdot\dfrac{1}{2}=\dfrac{n+1}{2}$

よって，もとの数列の一般項は　$\dfrac{2}{n+1}$

参考 数列 $\{a_n\}$ において，各項が 0 でなく，各項の逆数をとった数列 $\left\{\dfrac{1}{a_n}\right\}$ が等差数列となるとき，もとの数列 $\{a_n\}$ を調和数列という。

163 (ア) $6n-11$　(イ) -5　(ウ) 6

解説 数列 $\{a_n\}$ は初項 -5，公差 2 の等差数列であるから　$a_n=-5+(n-1)\cdot2$

すなわち　$a_n=2n-7$

また，数列 $\{b_n\}$ に対して，

$$b_n=a_{3n-2}\quad(n=1,\ 2,\ 3,\ \cdots\cdots)\quad\cdots\cdots(*)$$

が成り立つ。

よって　$b_n=2(3n-2)-7=6n-11$

$b_n=6n-11$ であるから　　$b_1=6\cdot1-11=-5$

また　$b_{n+1}-b_n=\{6(n+1)-11\}-(6n-11)=6$

隣り合う 2 項の差が 6 で一定であるから，数列 $\{b_n\}$ は公差 6 の等差数列である。

したがって，数列 $\{b_n\}$ は初項 -5，公差 6 の等差数列である。

参考 $(*)$ は次のように考えるとわかりやすい。

数列 $\{b_n\}$ は，a_1, a_4, a_7, a_{10}, …… であり，その添え字の数列 1, 4, 7, 10, …… は初項 1，公差 3 の等差数列である。

よって，数列 1, 4, 7, 10, …… の一般項は，

$$1+(n-1)\cdot3\quad\text{すなわち}\quad3n-2$$

したがって　　$b_n=a_{3n-2}$

また，数列 $\{b_n\}$ の公差について，数列 $\{a_n\}$ は公差 2 の等差数列であり，添え字の数列は 3 ずつ増える。

よって，数列 $\{b_n\}$ は公差 $2\times3=6$ の等差数列である。

164 (ア) 3　(イ) -1　(ウ) 4　(エ) -4

解説 [1]　3 が真ん中の数となるとき

$2\cdot3=7+a$ が成り立つ。

よって　$a=-1$

-1, 3, 7 の順で等差数列となるとき　$d=4$

7, 3, -1 の順に等差数列となるとき　$d=-4$

[2]　7 が真ん中の数となるとき

$2\cdot7=3+a$ が成り立つ。

よって　$a=11$

3, 7, 11 の順に等差数列となるとき　$d=4$

11, 7, 3 の順に等差数列となるとき　$d=-4$

[3]　a が真ん中の数となるとき

$2a=3+7$ が成り立つ。

よって　$a=5$

3, 5, 7 の順に等差数列となるとき　$d=2$

7, 5, 3 の順に等差数列となるとき　$d=-2$

[1]，[2]，[3]から

a の値として考えられる数は 3 個あり，そのうち a の

値が最小となるのは $a=-1$ である。

さらに，d の値として考えられる数は 4 個あり，そのうち d の値が最小となるのは $d=-4$ である。

165 （ア） 100 （イ） 26050 （ウ） 21

解説 (1) この等差数列の初項は 13，公差は 5 であるから，末項 508 が第 n 項であるとすると
$$13+(n-1)\cdot5=508$$
これを解くと $n=100$

よって，求める和は $\frac{1}{2}\cdot100(13+508)=26050$

(2) この等差数列の初項は 39，公差は -4 であるから，初項から第 n 項までの和を S_n とすると
$$S_n=\frac{1}{2}n\{2\cdot39-(n-1)\cdot4\}=n(41-2n)$$
$S_n<0$ とすると $n(41-2n)<0$

$n>0$ であるから $41-2n<0$

ゆえに $n>\frac{41}{2}=20.5$

よって，第 21 項までの和が初めて負となる。

166 （ア） 11 （イ） 99 （ウ） 23 （エ） 1265
（オ） 816 （カ） 3417 （キ） 1633

解説 (1) 4 で割ると 3 余る自然数は $4(n-1)+3$ すなわち $4n-1$ と表される。

$4n-1\geqq10$ を解くと $n\geqq\frac{11}{4}=2.75$

$4n-1\leqq99$ を解くと $n\leqq25$

よって，初項は $n=3$ のときで $4\cdot3-1=11$

末項は $n=25$ のときで 99

項数は $25-3+1=23$

その和は $\frac{1}{2}\cdot23(11+99)=1265$

(2) $100=2\cdot50=3\cdot33+1=6\cdot16+4$ より

1 から 100 までの自然数について，

2 の倍数は 50 個で，その和は $\frac{1}{2}\cdot50(2+100)=2550$

3 の倍数は 33 個で，その和は $\frac{1}{2}\cdot33(3+99)=1683$

2 の倍数かつ 3 の倍数，すなわち 6 の倍数は 16 個で，

その和は $\frac{1}{2}\cdot16(6+96)=816$

よって，2 の倍数または 3 の倍数である数の和は
$$2550+1683-816=3417$$
2 でも 3 でも割り切れない数の和は

$$\frac{1}{2}\cdot100(1+100)-3417=1633$$

167 （ア） $6n-1$ （イ） 4267

解説 等差数列 $\{a_n\}$ の初項を a，公差を d とする。

第 3 項が 17 であるから
$$a+2d=17 \quad\cdots\cdots①$$
初項から第 6 項までの和が 120 であるから
$$\frac{1}{2}\cdot6(2a+5d)=120$$
すなわち $2a+5d=40 \quad\cdots\cdots②$

①，② を連立させて解くと $a=5$，$d=6$

よって，数列 $\{a_n\}$ の一般項は $a_n=5+(n-1)\cdot6$

すなわち $a_n=6n-1$

次に，$200<6n-1<300$ とすると
$$201<6n<301$$
ゆえに $33.5<n<50.1\cdots$

n は整数であるから $34\leqq n\leqq50$

ゆえに，$200<a_n<300$ を満たす項の数は
$$50-34+1=17$$
また，第 34 項は $6\cdot34-1=203$

　　　　第 50 項は $6\cdot50-1=299$

したがって，$200<a_n<300$ を満たす項の和を S とすると $S=\frac{1}{2}\cdot17(203+299)=4267$

168 （ア） $-n^2+14n$ （イ） $-2n+15$
（ウ） ⓪ （エ） ① （オ） 8 （カ） 7
（キ） 49

解説 （太郎さんの考え方）
$$S_n=\frac{1}{2}n\{2\cdot13+(n-1)(-2)\}$$
$$=-n^2+14n$$
よって，$S_n=-(n-7)^2+49$ であるから，S_n は $n=7$ のとき最大となる。

（花子さんの考え方）

一般項は $a_n=13+(n-1)(-2)=-2n+15$

$a_n>0$ のとき，常に $S_n>S_{n-1}$ が成り立ち，

$a_n<0$ のとき，常に $S_n<S_{n-1}$ が成り立つから，

項が初めて負の数となる自然数 n を求める。

$a_n<0$ とすると $-2n+15<0$

これを解くと $n>\frac{15}{2}=7.5$

よって，項が初めて負の数となる自然数 n は $n=8$ である。

$n \geqq 8$ のとき $a_n < 0$ であるから，S_n が最大となる自然数 n は $n=7$ である。

したがって，どちらの考え方でも S_n は $n=7$ で最大となる。

また，太郎さんの考え方から，S_n の最大値は 49

参考 $0 > a_n > a_{n-1}$ のとき，$S_n < S_{n-1}$ であるから，$a_n > a_{n-1}$ のとき，常に $S_n > S_{n-1}$ が成り立つとは限らない。

$0 < a_n < a_{n-1}$ のとき，$S_n > S_{n-1}$ であるから，$a_n < a_{n-1}$ のとき，常に $S_n < S_{n-1}$ が成り立つとは限らない。

169 （ア） 5 （イ） 6 （ウ） 3 （エ） −2
（オ） −384

解説 (1) 初項を a とすると $a \cdot 2^{9-1} = 1280$

したがって $a=5$

(2) $2(-3)^{n-1} = -486$ から $(-3)^{n-1} = (-3)^5$

ゆえに $n-1=5$ よって $n=6$

(3) 初項を a，公比を r とすると
$$ar = -6, \quad ar^4 = 48$$

ゆえに $r^3 = -8$

r は実数であるから $r = -2$

このとき，$a(-2) = -6$ から $a=3$

第8項は $3(-2)^7 = -384$

170 （ア）（イ）$(2, -2), \left(-\dfrac{2}{3}, 2\right)$

解説 条件から $a + ar = -2$ …… ①
$ar^2 + ar^3 = -8$ …… ②

② から $(a+ar)r^2 = -8$

これに ① を代入して $-2r^2 = -8$

$r^2 = 4$ から $r = \pm 2$

① より $r=2$ のとき，$3a = -2$ から $a = -\dfrac{2}{3}$

$r = -2$ のとき，$-a = -2$ から $a=2$

171 （ア）（イ）（ウ） 5，−10，20
（エ）（オ）$(4, 6), \left(\dfrac{1}{4}, -\dfrac{3}{2}\right)$

解説 (1) 3つの実数を a，ar，ar^2 とする。

3つの実数の和が 15 であるから
$$a + ar + ar^2 = 15$$

ゆえに $a(1+r+r^2) = 15$ …… ①

3つの実数の積が −1000 であるから
$$a \cdot ar \cdot ar^2 = -1000$$

ゆえに $(ar)^3 = (-10)^3$

ar は実数であるから $ar = -10$ …… ②

$ar \neq 0$ であるから，①÷② より
$$\frac{1+r+r^2}{r} = -\frac{3}{2}$$

ゆえに $2r^2 + 5r + 2 = 0$

これを解いて $r = -\dfrac{1}{2}, -2$

② に代入すると $r = -\dfrac{1}{2}$ のとき $a = 20$
$r = -2$ のとき $a = 5$

いずれの場合も3つの実数は 5，−10，20 である。

(2) 条件から $2a = 2 + b$ …… ①
$b^2 = 9a$ …… ②

①，② から $(2a-2)^2 = 9a$

ゆえに $4a^2 - 17a + 4 = 0$

これを解いて $a = 4, \dfrac{1}{4}$

したがって $a=4$ のとき $b = 2 \cdot 4 - 2 = 6$
$a = \dfrac{1}{4}$ のとき $b = 2 \cdot \dfrac{1}{4} - 2 = -\dfrac{3}{2}$

172 （ア）ar （イ）$a(1+r)$ （ウ）$a(1+r)r$
（エ）$a(1+r)^2$ （オ）$1+r$ （カ）$a(1+r)^n$
（キ）51520

解説 年度初めに a 円貯金したとき，1年度末の利息は
ar 円

よって，1年度末の元利合計は $a + ar = a(1+r)$ （円）

さらに，2年度末の利息は $a(1+r)r$ 円であるから，2年度末の元利合計は
$$a(1+r) + a(1+r)r = a(1+r) \cdot (1+r)$$
$$= a(1+r)^2 \text{（円）}$$

n 年度末の元利合計は，初項が $a(1+r)$，公比が $1+r$ の等比数列の第 n 項であるから，n 年度末の元利合計は $a(1+r) \cdot (1+r)^{n-1} = a(1+r)^n$ （円）

年利率 0.3％，1年ごとの複利で，年度初めに5万円貯金したとき，10年後の元利合計は
$$50000(1+0.003)^{10} = 50000 \times 1.003^{10}$$
$$= 50000 \times 1.0304$$
$$= 51520 \text{（円）}$$

173 （ア）$\dfrac{1}{2}$ （イ）63 （ウ）6 （エ）6

解説 (1) 公比を r とすると $32r^3 = 4$

ゆえに $r^3 = \dfrac{1}{8}$

r は実数であるから $r=\dfrac{1}{2}$

よって $S_6=\dfrac{32\left\{1-\left(\dfrac{1}{2}\right)^6\right\}}{1-\dfrac{1}{2}}=63$

(2) 項数を n とすると $\dfrac{4(2^n-1)}{2-1}=252$

ゆえに $2^n=64$ すなわち $2^n=2^6$

よって $n=6$

(3) 初項から第 n 項までの和を S_n とすると

$S_n=\dfrac{1\cdot(3^n-1)}{3-1}=\dfrac{3^n-1}{2}>250$ から $3^n>501$

$3^5=243,\ 3^6=729$ であるから，第6項までの和が初めて 250 を超える。

174 (ア) 20 (イ) 1240 (ウ) 16

(エ) 2340

解説 (1) $2^4\cdot3^3$ の正の約数の個数は

$(4+1)(3+1)=20$

また，$2^4\cdot3^3$ の正の約数全体の和 S は，次のように表される。

$S=(1+2^1+2^2+2^3+2^4)(1+3^1+3^2+3^3)$

よって，等比数列の和の公式を用いて

$S=\dfrac{1\cdot(2^5-1)}{2-1}\times\dfrac{1\cdot(3^4-1)}{3-1}=31\times40=1240$

(2) 1000 を素因数分解すると $1000=2^3\cdot5^3$

$2^3\cdot5^3$ の正の約数の個数は $(3+1)(3+1)=16$

また，$2^3\cdot5^3$ の正の約数全体の和 S は，次のように表される。

$S=(1+2^1+2^2+2^3)(1+5^1+5^2+5^3)$

よって，等比数列の和の公式を用いて

$S=\dfrac{1\cdot(2^4-1)}{2-1}\times\dfrac{1\cdot(5^4-1)}{5-1}=15\times156=2340$

175 (ア) 2 (イ) 6 (ウ) 2 (エ) 2

(オ) 14 (カ) 30

解説 $S_{10}=2,\ S_{20}=6$ であるから

$\dfrac{a(r^{10}-1)}{r-1}=2$ …… ①, $\dfrac{a(r^{20}-1)}{r-1}=6$ …… ②

②÷① から $\dfrac{r^{20}-1}{r^{10}-1}=3$

$\dfrac{(r^{10}+1)(r^{10}-1)}{r^{10}-1}=3$

$r^{10}+1=3$

したがって $r^{10}=2$

これを ① に代入すると $\dfrac{a}{r-1}=2$

よって

$S_{30}=\dfrac{a(r^{30}-1)}{r-1}=\dfrac{a}{r-1}\{(r^{10})^3-1\}=2(2^3-1)=14$

$S_{40}=\dfrac{a(r^{40}-1)}{r-1}=\dfrac{a}{r-1}\{(r^{10})^4-1\}=2(2^4-1)=30$

176 (ア) 8 (イ) 8 (ウ) $\dfrac{1}{2}$ (エ) ③

(オ) 47

解説 (1) ボールは常に落ちる高さの $\dfrac{1}{2}$ まではね返るから，16 m の高さから落としたとき，1回目に床に着いてから2回目に床に着くまでの間に，はね返ったボールの高さの最大値は $16\times\dfrac{1}{2}=8$ (m) である。n 回目に床に着いてから $n+1$ 回目に床に着くまでの間に，はね返ったボールの高さの最大値を a_n とすると，数列 $\{a_n\}$ は初項が 8，公比が $\dfrac{1}{2}$ の等比数列である。

(2) 1回目に床に着くまでに，ボールは 16 m 落下し，n 回目に床に着いてから $n+1$ 回目に床に着くまでの間に，ボールが上下する距離は $2a_n$ m であるから，6回目に床に着くまでに，ボールが上下した距離の総和 L m は

$L=16+2a_1+2a_2+2a_3+2a_4+2a_5$

$=16+\displaystyle\sum_{k=1}^{5}2a_k$

(3) (1)から，数列 $\{a_n\}$ の一般項は $a_n=8\left(\dfrac{1}{2}\right)^{n-1}$

(2)より $L=16+\displaystyle\sum_{k=1}^{5}2a_k$ であるから

$L=16+\displaystyle\sum_{k=1}^{5}2\cdot8\left(\dfrac{1}{2}\right)^{k-1}$

$=16+\displaystyle\sum_{k=1}^{5}16\left(\dfrac{1}{2}\right)^{k-1}$

$\displaystyle\sum_{k=1}^{5}16\left(\dfrac{1}{2}\right)^{k-1}$ は，初項が 16，公比が $\dfrac{1}{2}$ の等比数列の初項から第5項までの和であるから

$L=16+\dfrac{16\left\{1-\left(\dfrac{1}{2}\right)^5\right\}}{1-\dfrac{1}{2}}=16+31=47$

177 (ア) k^2+k (イ) $\dfrac{1}{3}n(n+1)(n+2)$

(ウ) $(2k-1)(k+2)$ (エ) $\dfrac{1}{6}n(4n^2+15n-1)$

$\boxed{解説}$ (1) $\displaystyle\sum_{k=1}^{n} k(k+1) = \sum_{k=1}^{n}(k^2+k) = \sum_{k=1}^{n} k^2 + \sum_{k=1}^{n} k$

$\qquad = \dfrac{1}{6}n(n+1)(2n+1) + \dfrac{1}{2}n(n+1)$

$\qquad = \dfrac{1}{6}n(n+1)\{(2n+1)+3\} = \dfrac{1}{6}n(n+1)(2n+4)$

$\qquad = \dfrac{1}{3}n(n+1)(n+2)$

(2) $a_k = (2k-1)(k+2)$

$\qquad \displaystyle\sum_{k=1}^{n} a_k = \sum_{k=1}^{n}(2k-1)(k+2) = \sum_{k=1}^{n}(2k^2+3k-2)$

$\qquad = 2\displaystyle\sum_{k=1}^{n} k^2 + 3\sum_{k=1}^{n} k - \sum_{k=1}^{n} 2$

$\qquad = 2 \cdot \dfrac{1}{6}n(n+1)(2n+1) + 3 \cdot \dfrac{1}{2}n(n+1) - 2n$

$\qquad = \dfrac{1}{6}n\{2(n+1)(2n+1) + 9(n+1) - 12\}$

$\qquad = \dfrac{1}{6}n(4n^2+15n-1)$

178 (ア) $\dfrac{1}{5}$ (イ) $\dfrac{1}{7}$ (ウ) $\dfrac{n}{2n+1}$

$\boxed{解説}$ $\dfrac{1}{(2k-1)(2k+1)} = \dfrac{1}{2}\left(\dfrac{1}{2k-1} - \dfrac{1}{2k+1}\right)$

であるから

$\dfrac{1}{1 \cdot 3} + \dfrac{1}{3 \cdot 5} + \dfrac{1}{5 \cdot 7} + \cdots\cdots + \dfrac{1}{(2n-1)(2n+1)}$

$= \dfrac{1}{2}\left(\dfrac{1}{1} - \dfrac{1}{3}\right) + \dfrac{1}{2}\left(\dfrac{1}{3} - \dfrac{1}{5}\right) + \dfrac{1}{2}\left(\dfrac{1}{5} - \dfrac{1}{7}\right) + \cdots\cdots$

$\qquad\qquad\qquad\qquad + \dfrac{1}{2}\left(\dfrac{1}{2n-1} - \dfrac{1}{2n+1}\right)$

$= \dfrac{1}{2}\left\{\left(\dfrac{1}{1} - \dfrac{1}{3}\right) + \left(\dfrac{1}{3} - \dfrac{1}{5}\right) + \left(\dfrac{1}{5} - \dfrac{1}{7}\right) + \cdots\cdots\right.$

$\qquad\qquad\qquad\qquad \left. + \left(\dfrac{1}{2n-1} - \dfrac{1}{2n+1}\right)\right\}$

$= \dfrac{1}{2}\left(1 - \dfrac{1}{2n+1}\right) = \dfrac{n}{2n+1}$

179 $4n-1$

$\boxed{解説}$ $n=1$ のとき $\quad a_1 = S_1 = 3$ $\quad\cdots\cdots$ ①

$n \geqq 2$ のとき

$\quad a_n = S_n - S_{n-1} = 2n^2+n-\{2(n-1)^2+(n-1)\}$

よって $\quad a_n = 4n-1$ $\quad\cdots\cdots$ ②

②で $n=1$ とすると①に一致するから，②は $n=1$ のときにも成り立つ。

ゆえに $\quad a_n = 4n-1$

180 (ア) $2x^2$ (イ) $(n-1)x^{n-1}$ (ウ) nx^n

(エ) $1+x+x^2+\cdots\cdots+x^{n-1}-nx^n$

(オ) $\dfrac{1-(n+1)x^n+nx^{n+1}}{(1-x)^2}$

$\boxed{解説}$ $S_n = 1+2x+3x^2+\cdots\cdots+nx^{n-1}$

$\quad xS_n = \qquad x+2x^2+\cdots\cdots+(n-1)x^{n-1}+nx^n$

辺々引いて

$\quad S_n - xS_n = 1+x+x^2+\cdots\cdots+x^{n-1}-nx^n$

$1+x+x^2+\cdots\cdots+x^{n-1}$ は初項が 1，公比が x である等比数列の初項から第 n 項までの和であり，$x \neq 1$ であるから

$\quad (1-x)S_n = \dfrac{1-x^n}{1-x} - nx^n = \dfrac{1-(n+1)x^n+nx^{n+1}}{1-x}$

ゆえに $\qquad S_n = \dfrac{1-(n+1)x^n+nx^{n+1}}{(1-x)^2}$

181 (ア) 5 (イ) 11 (ウ) 17

(エ) $6n-1$ (オ) ③ (カ) $3n^2-4n+3$

(キ) 1 (ク) 2

$\boxed{解説}$ $b_n = a_{n+1} - a_n$ より

$\quad b_1 = a_2 - a_1 = 7-2 = 5$

$\quad b_2 = a_3 - a_2 = 18-7 = 11$

$\quad b_3 = a_4 - a_3 = 35-18 = 17$

$\quad b_4 = a_5 - a_4 = 58-35 = 23$

$\quad b_5 = a_6 - a_5 = 87-58 = 29$

数列 $\{b_n\}$ は，初項が 5，公差が 6 の等差数列であるから，一般項は $\quad b_n = 5+(n-1) \cdot 6 = 6n-1$

よって，$n \geqq 2$ のとき

$\quad a_n = 2+\displaystyle\sum_{k=1}^{n-1} b_k = 2+\sum_{k=1}^{n-1}(6k-1)$

$\qquad = 2+6\displaystyle\sum_{k=1}^{n-1} k - \sum_{k=1}^{n-1} 1$

$\qquad = 2+6 \cdot \dfrac{1}{2}(n-1)n - (n-1)$

$\qquad = 3n^2-4n+3$

$a_n = 3n^2-4n+3$ のとき，$n=1$ とすると $a_1 = 2$ であるから，$n=1$ のときも成り立つ。

182 (ア) $\dfrac{3}{2}n^2 - \dfrac{3}{2}n+2$ (イ) $\dfrac{3^n+5}{2}$

$\boxed{解説}$ (1) 漸化式を変形すると $\quad a_{n+1} - a_n = 3n$

よって，$n \geqq 2$ のとき

$\quad a_n = a_1 + \displaystyle\sum_{k=1}^{n-1} 3k = 2+3 \cdot \dfrac{1}{2}(n-1)n$

$\qquad = \dfrac{3}{2}n^2 - \dfrac{3}{2}n+2$

この式で $n=1$ とすると，$a_1=2$ となり，$n=1$ のとき
にも成り立つ。

(2) 漸化式を変形すると　$a_{n+1}-a_n=3^n$

よって，$n \geqq 2$ のとき

$$a_n=a_1+\sum_{k=1}^{n-1}3^k=4+\frac{3(3^{n-1}-1)}{3-1}=\frac{3^n+5}{2}$$

この式で $n=1$ とすると，$a_1=4$ となり，$n=1$ のとき
にも成り立つ。

183 (ア)　1　(イ)　$3b_n+1$　(ウ)　$\dfrac{1}{2}$　(エ)　$\dfrac{3}{2}$

(オ)　3　(カ)　$\dfrac{3^n-1}{2}$　(キ)　$\dfrac{2}{3^n-1}$

$\boxed{解説}$ $b_n=\dfrac{1}{a_n}$ とおくと　$b_1=\dfrac{1}{a_1}=1$

漸化式の逆数をとると　$\dfrac{1}{a_{n+1}}=\dfrac{3+a_n}{a_n}$

ゆえに　$\dfrac{1}{a_{n+1}}=\dfrac{3}{a_n}+1$

よって　$b_{n+1}=3b_n+1$

これを変形すると　$b_{n+1}+\dfrac{1}{2}=3\left(b_n+\dfrac{1}{2}\right)$

ゆえに，数列 $\left\{b_n+\dfrac{1}{2}\right\}$ は，初項 $b_1+\dfrac{1}{2}=1+\dfrac{1}{2}=\dfrac{3}{2}$，

公比 3 の等比数列である。

よって，$b_n+\dfrac{1}{2}=\dfrac{3}{2}\cdot 3^{n-1}$ から　$b_n=\dfrac{3^n-1}{2}$

したがって　$a_n=\dfrac{1}{b_n}=\dfrac{2}{3^n-1}$

184 (ア)　2　(イ)　4　(ウ)　-1　(エ)　4

(オ)　$-4^{n-1}+2$　(カ)　4　(キ)　$4b_n$

(ク)　-3　(ケ)　4　(コ)　$-3\cdot 4^{n-1}$　(サ)　1

(シ)　$n-1$　(ス)　$-4^{n-1}+2$

$\boxed{解説}$ 方法① について，$(*)$ を変形すると

$$a_{n+1}-2=4(a_n-2)$$

よって，数列 $\{a_n-2\}$ は，初項が $a_1-2=-1$，公比が
4 の等比数列である。

ゆえに　$a_n-2=-1\cdot 4^{n-1}$

したがって　$a_n=-4^{n-1}+2$

方法② について，$(*)$ より

$a_{n+2}=4a_{n+1}-6$　……$(**)$ であり，$(**)-(*)$
から

$$a_{n+2}-a_{n+1}=(4a_{n+1}-6)-(4a_n-6)$$
$$=4(a_{n+1}-a_n)$$

この式を b_{n+1}，b_n を用いて表すと

$$b_{n+1}=4b_n$$

ここで，$(*)$ から $a_2=4a_1-6=4\cdot 1-6=-2$

ゆえに　$b_1=a_2-a_1=-2-1=-3$

よって，数列 $\{b_n\}$ は，初項が -3，公比が 4 の等比
数列である。

ゆえに，数列 $\{b_n\}$ の一般項は　$b_n=-3\cdot 4^{n-1}$

したがって，$n \geqq 2$ のとき

$$a_n=1+\sum_{k=1}^{n-1}b_k$$
$$=1+\sum_{k=1}^{n-1}(-3\cdot 4^{k-1})$$
$$=1+\frac{-3(4^{n-1}-1)}{4-1}$$

すなわち　$a_n=-4^{n-1}+2$

$a_n=-4^{n-1}+2$ のとき，$n=1$ とすると $a_1=1$ であるか
ら，$n=1$ のときも成り立つ。

1 （ア） ③ （イ） ⑦ （ウ） ① （エ） ⑤ （オ） 3 （カ） ④

解答の指針

(1) $A<0<B$ または $B<0<A$ を示すときは，A と B が異符号であること，すなわち $AB<0$ を示せばよい。

(2) (1)の結果が任意の正の有理数 x に対しても成り立つか，調べる問題。
(1)と同様に式変形をすることができるが，最終的な式から結論を導く際に注意が必要である。

解説

(1) 示す式は $a-\sqrt{7}<0<\dfrac{a+7}{a+1}-\sqrt{7}$ または $\dfrac{a+7}{a+1}-\sqrt{7}<0<a-\sqrt{7}$ であり，いずれ

の場合も $a-\sqrt{7}$ と $\dfrac{a+7}{a+1}-\sqrt{7}$ の符号は異なるから，$\left(a-\sqrt{7}\right)\left(\dfrac{a+7}{a+1}-\sqrt{7}\right)<0$ で

あることを示せばよい。（ア③）

$$\left(a-\sqrt{7}\right)\left(\dfrac{a+7}{a+1}-\sqrt{7}\right)=\left(a-\sqrt{7}\right)\cdot\dfrac{a+7-\sqrt{7}\,(a+1)}{a+1}$$
$$=\left(a-\sqrt{7}\right)\cdot\dfrac{(1-\sqrt{7})\,a+(7-\sqrt{7})}{a+1}$$
$$=\left(a-\sqrt{7}\right)\cdot\dfrac{(1-\sqrt{7})\,a+\sqrt{7}\,(\sqrt{7}-1)}{a+1}$$
$$=\left(a-\sqrt{7}\right)\cdot\dfrac{(\sqrt{7}-1)(-a+\sqrt{7})}{a+1}$$
$$=-\dfrac{\sqrt{7}-1}{a+1}\left(a-\sqrt{7}\right)^2$$

←$7-\sqrt{7}=\sqrt{7}\,(\sqrt{7}-1)$

a は正の有理数であるから $\quad-\dfrac{\sqrt{7}-1}{a+1}\left(a-\sqrt{7}\right)^2<0$ （イ⑦，ウ①，エ⑤）

←したがって，$\sqrt{7}$ は a と $\dfrac{a+7}{a+1}$ の間の数である。

(2) 問題 における 7 を正の有理数 x におきかえて，(1)と同様に

$\left(a-\sqrt{x}\right)\left(\dfrac{a+x}{a+1}-\sqrt{x}\right)$ を計算すると

$$\left(a-\sqrt{x}\right)\left(\dfrac{a+x}{a+1}-\sqrt{x}\right)=-\dfrac{\sqrt{x}-1}{a+1}\left(a-\sqrt{x}\right)^2$$

$\sqrt{x}-1$ について，$0<x\leqq1$ のとき，$\sqrt{x}-1$ は正の数ではない。

このとき，$\sqrt{x}-1\leqq0$，$a+1>0$，$\left(a-\sqrt{x}\right)^2\geqq0$ であるから，$-\dfrac{\sqrt{x}-1}{a+1}\left(a-\sqrt{x}\right)^2$

は負の数ではない。

←$-\dfrac{(0\text{以下の数})}{(\text{正の数})}$
$\qquad\qquad\times(0\text{以上の数})$
は 0 以上の数である。

よって，$x=\dfrac{1}{2}$，1 のとき $\sqrt{x}$ は a と $\dfrac{a+x}{a+1}$ の間の数であるとはいえない。

また，$\left(a-\sqrt{x}\right)^2$ について，$\sqrt{x}$ が有理数のとき，$\left(a-\sqrt{x}\right)^2$ は正の数とは限らない。

$a=\sqrt{x}$ のとき，$-\dfrac{\sqrt{x}-1}{a+1}\left(a-\sqrt{x}\right)^2=0$ であるから，$-\dfrac{\sqrt{x}-1}{a+1}\left(a-\sqrt{x}\right)^2$ は負の数

ではない。

←例えば，$x=4$ のとき，
$a=2$ とすると $\sqrt{x}=2$，
$\dfrac{a+x}{a+1}=\dfrac{6}{3}=2$ となり，
$\sqrt{x}$ は a と $\dfrac{a+x}{a+1}$ の間の数
ではない。

よって，$x=1$，4 のとき $\sqrt{x}$ は a と $\dfrac{a+x}{a+1}$ の間の数であるとはいえない。

したがって，$x=\dfrac{1}{2}$，1，4 のとき $\sqrt{x}$ は a と $\dfrac{a+x}{a+1}$ の間の数であるとはいえない。

（オ 3，カ④）

2 （ア）　1　（イ）　3　（ウ）　1　（エ）　2　（オ）　3　（カ）　3　（キ）　2　（ク）　2　（ケ）　③
（コ）　⑤　（サ）　⑥　（シス）　−3　（セ）　2　（ソ）　①

解説

　① の左辺を a について整理すると　　（左辺）$=(2x-2)a^2+(3x^2-3)a+x^3-x$

　よって　　（左辺）$=2(x-1)a^2+3(x+1)(x-1)a+x(x+1)(x-1)$

　　　　　　　　　$=(x-1)\{2a^2+3(x+1)a+x(x+1)\}$

　　　　　　　　　$=(x-1)\{x^2+(3a+1)x+2a^2+3a\}$

　ゆえに，方程式 ① は a の値によらず，$x={}^{ア}1$ を解にもち，

　　　　$(x-1)\{x^2+({}^{イ}3a+{}^{ウ}1)x+{}^{エ}2a^2+{}^{オ}3a\}=0$

と表せる。

　ここで，$x^2+(3a+1)x+2a^2+3a=0$ …… ② とする。

　このとき，方程式 ① の解がすべて 0 以上の実数であるための条件は，方程式 ② の解がすべて 0 以上の実数であることである。

　したがって，方程式 ② の判別式を D とし，解を α, β とすると，求める条件は

　　　　　$D\geqq0$ かつ $\alpha\geqq0$ かつ $\beta\geqq0$

　② より　$D=(3a+1)^2-4(2a^2+3a)=a^2-6a+1$

　$D\geqq0$ のとき　　$a^2-6a+1\geqq0$

　よって　　$a\leqq{}^{カ}3-{}^{キ}2\sqrt{{}^{ク}2}$, $3+2\sqrt{2}\leqq a$ …… ③

　また，$\alpha\geqq0$ かつ $\beta\geqq0$ から　　$\alpha+\beta\geqq0$ かつ $\alpha\beta\geqq0$ （${}^{ケ}③$）

　α, β は方程式 ② の解であるから，解と係数の関係により

　　　　　$\alpha+\beta=-(3a+1)$ （${}^{コ}⑤$）　　$\alpha\beta=2a^2+3a$ （${}^{サ}⑥$）

　$\alpha+\beta\geqq0$ から　　$-(3a+1)\geqq0$　　よって　$a\leqq-\dfrac{1}{3}$ …… ④

　$\alpha\beta\geqq0$ から　　$2a^2+3a\geqq0$

　よって　$a\leqq-\dfrac{3}{2}$, $0\leqq a$ …… ⑤

　④，⑤ の共通範囲を求めると

　　　　　$a\leqq\dfrac{{}^{シス}-3}{{}^{セ}2}$

　これと ③ の共通範囲を求めて

　　　　　$a\leqq\dfrac{-3}{2}$ （${}^{ソ}①$）

←① の左辺を $P(x)$ とおいて，$P(1)=0$ から $P(x)$ を $x-1$ で割って，因数分解してもよい。

←2次方程式 $ax^2+bx+c=0$ の解を α, β とすると $\alpha+\beta=-\dfrac{b}{a}$, $\alpha\beta=\dfrac{c}{a}$

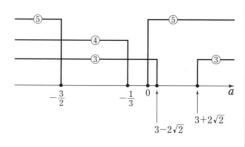

3 （ア） 3 （イ） 2 （ウ） 6 （エ） 9 （オ） 6 （カ） ② （キ） 4 （ク） 3 （ケ） 2
（コ） 9 （サシ） 35 （ス） 4 （セ） 6 （ソタ） 34 （チ） 6 （ツ） 3 （テト） 30

解答の指針

(1) 1日に製品Xを x kg，製品Yを y kg 製造することから，x，y についての不等式を作り，その不等式が表す領域を図示する。

(2)～(4)について，利益の合計を k 万円とすると，$k = px + qy$ の形に表されるから，この方程式が表す直線が領域内の点を通過するときの k の最大値を調べる。調べるときは直線の傾きに注目する。

<u>解説</u>

各原料の1日に仕入れ可能な量の条件から

原料 a について $0 \leqq {}^{\text{ア}}3x + {}^{\text{イ}}2y \leqq 24$ …… ①

原料 b について $0 \leqq 5x \leqq 30$ すなわち $0 \leqq x \leqq {}^{\text{ウ}}6$ …… ②

原料 c について $0 \leqq 3y \leqq 27$ すなわち $0 \leqq y \leqq {}^{\text{エ}}9$ …… ③

(1) ① から

$$-\frac{3}{2}x \leqq y \leqq -\frac{3}{2}x + 12$$

よって，領域 D は図の青く塗られた部分のようになる。

ただし，境界線を含む。

よって，与えられた10個の点のうち

点 $(1, 8)$，点 $(2, 9)$，

点 $(3, 7)$，点 $(4, 6)$，

点 $\left(\dfrac{16}{3}, 4\right)$，点 $(6, 3)$

の ${}^{\text{オ}}6$ 個は領域 D 内に含まれる。

そのうち，x 座標と y 座標の和が最大となるものは 点 $(2, 9)$ ${}^{(\text{カ}}②)$

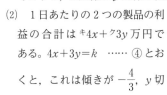

← 選択肢のうち，②，③ を満たさないもの
（⑩，⑧，⑨）は，すぐ除外することができる。
残った選択肢で，① を満たすものを求めれば，速く解くことができる。

(2) 1日あたりの2つの製品の利益の合計は ${}^{\text{キ}}4x + {}^{\text{ク}}3y$ 万円である。$4x + 3y = k$ …… ④ とおくと，これは傾きが $-\dfrac{4}{3}$，y 切片が $\dfrac{k}{3}$ の直線を表す。

直線④が領域 D と共有点をもつような k の値の最大値が利益の合計の最大値である。よって，直線④が領域 D 内の点 $(2, 9)$ を通るとき，その y 切片は最大となり，

$k = 4 \cdot 2 + 3 \cdot 9 = 35$ である。

したがって，製品Xを ${}^{\text{ケ}}2$ kg，製品Yを ${}^{\text{コ}}9$ kg 製造するとき，利益の合計は最大となり，${}^{\text{サシ}}35$ 万円である。

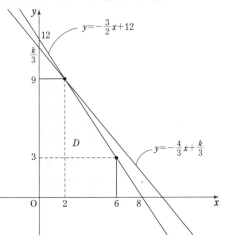

← $y = -\dfrac{4}{3}x + \dfrac{k}{3}$ の傾きは
$y = -\dfrac{3}{2}x + 12$ の傾き
$-\dfrac{3}{2}$ より大きい。

(3) 原料 c が 18 kg しか仕入れられないとき

$$0 \leqq 3y \leqq 18$$

よって　　$0 \leqq y \leqq 6$　……⑤

このとき，連立不等式①，②，⑤を表す領域は右の図のようになる。

ただし，境界線を含む。

よって，直線④が領域 D 内の点 (4, 6) を通るとき，その y 切片は最大となり，

$k = 4 \cdot 4 + 3 \cdot 6 = 34$ である。

したがって，製品 X を ^ス4 kg，製品 Y を ^セ6 kg 製造するとき，利益の合計は最大となり，^{ソタ}34 万円である。

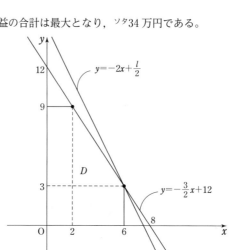

(4) 製品 Y の 1 kg あたりの利益が 2 万円となるとき，1 日あたりの 2 つの製品の利益の合計は $4x + 2y$ 万円である。$4x + 2y = l$ ……⑥ とおくと，これは傾きが -2，y 切片が $\dfrac{l}{2}$ の直線を表す。

直線⑥が領域 D と共有点をもつような l の値の最大値が利益の合計の最大値である。よって，直線⑥が領域 D 内の点 (6, 3) を通るとき，その y 切片は最大となり，$l = 4 \cdot 6 + 2 \cdot 3 = 30$ である。

したがって，製品 X を ^チ6 kg，製品 Y を ^ツ3 kg 製造するとき，利益の合計は最大となり，^{テト}30 万円である。

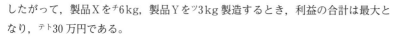

←$y = -2x + \dfrac{k}{2}$ の傾きは $y = -\dfrac{3}{2}x + 12$ の傾き $-\dfrac{3}{2}$ より小さい。

4 (ア) ⓪ (イウ) −2 (エ) 3 (オ) ③ (カ) 9 (キ) 8 (クケ) −5 (コ) 1 (サ) 2
(シ) 1 (ス) 2 (セ) 1 (ソ) 3

sin, cos が混在した式や，θ, 2θ が混在した式では，まず，1 種類の三角関数で表すのが基本。このとき，三角関数の相互関係（$\sin^2\theta + \cos^2\theta = 1$ など）や 2 倍角の公式（$\cos 2\theta = 1 - 2\sin^2\theta = 2\cos^2\theta - 1$ など）を利用すれば，1 種類の三角関数で表せることが多い。

また，$\sin\theta$ や $\cos\theta$ を t などとおいたときは，必ず t の変域を忘れずに確認する。

今回のように，$0 \leqq \theta < 2\pi$ のとき，$\sin\theta = t$ とおくと $-1 \leqq t \leqq 1$ となる。

さらに，$0 \leqq \theta < 2\pi$ のとき，$t = \pm 1$ のときに対応する θ の値はそれぞれ 1 つだが，$-1 < t < 1$ のときは，t の値 1 つにつき，θ の値は 2 つある。（右図参照）

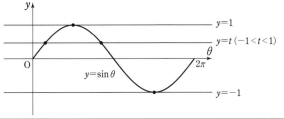

解説

$\cos^2\theta = 1 - \sin^2\theta$, $\cos 2\theta = 1 - 2\sin^2\theta$ であるから，$f(\theta)$ を $\sin\theta$ で表すことができる。（ア ⓪）

$$f(\theta) = -2(1 - \sin^2\theta) + 2(1 - 2\sin^2\theta) + 3\sin\theta$$
$$= -2\sin^2\theta + 3\sin\theta$$

$\sin\theta = t$ とおくと $f(\theta) = -2t^2 + 3t$

よって $g(t) = {}^{イウ}-2t^2 + {}^{エ}3t$

さらに，$0 \leqq \theta < 2\pi$ であるから $-1 \leqq t \leqq 1$ （オ ③）

$g(t) = -2\left(t - \dfrac{3}{4}\right)^2 + \dfrac{9}{8}$ より，$-1 \leqq t \leqq 1$ において，$g(t)$ は $t = \dfrac{3}{4}$ のとき最大値 $\dfrac{{}^{カ}9}{{}^{キ}8}$ をとり，$t = -1$ のとき最小値 $g(-1) = -2 \cdot (-1)^2 + 3 \cdot (-1) = {}^{クケ}-5$ をとる。

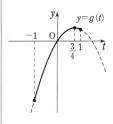

したがって，$f(\theta)$ の最大値は $\dfrac{9}{8}$，最小値は -5 となる。

$g(t) = 1$ から $-2t^2 + 3t = 1$

よって $2t^2 - 3t + 1 = 0$

すなわち $(2t - 1)(t - 1) = 0$

ゆえに $t = \dfrac{{}^{コ}1}{{}^{サ}2}$, ${}^{シ}1$

$t = \dfrac{1}{2}$ のとき $\sin\theta = \dfrac{1}{2}$ であるから，$0 \leqq \theta < 2\pi$ の範囲でこれを満たす θ は

$\theta = \dfrac{\pi}{6}$, $\dfrac{5}{6}\pi$ の ${}^{ス}2$ 個である。

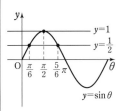

$t = 1$ のとき $\sin\theta = 1$ であるから，$0 \leqq \theta < 2\pi$ の範囲でこれを満たす θ は $\theta = \dfrac{\pi}{2}$ の ${}^{セ}1$ 個である。

したがって，方程式 $f(\theta) = 1$ の異なる解は全部で ${}^{ソ}3$ 個である。

5 （ア）② （イ）② （ウ）② （エ）①

|解答の指針|

(3) 対数尺を2つ組み合わせて，比例式を満たす x を求める手順を答えさせる問題。(2)までで確認した，対数
尺の性質（目盛りの差が等しい $\iff$ 真数の比が等しい）を実際の数値計算に応用して考える。

比例式を $\dfrac{b}{a}=\dfrac{d}{c}$ の形に変形すると，対応がわかりやすい。

|解説|

(1) 目盛り8と目盛り11の間隔は $\quad \log_{10}11-\log_{10}8=\log_{10}\dfrac{11}{8}$

目盛り4と目盛り7の間隔は $\quad \log_{10}7-\log_{10}4=\log_{10}\dfrac{7}{4}$

$\dfrac{11}{8}<\dfrac{7}{4}$ であるから，目盛り8と目盛り11の間隔は，目盛り4と目盛り7の間隔
より小さい。（ア②）

$\Leftarrow a>0,\ a\neq1,\ M>0,$
$N>0$ のとき
$\log_a M-\log_a N$
$=\log_a \dfrac{M}{N}$

(2) ①において，目盛り a と目盛り b の間隔は $\quad \log_{10}b-\log_{10}a=\log_{10}\dfrac{b}{a}$

②において，目盛り c と目盛り d の間隔は $\quad \log_{10}d-\log_{10}c=\log_{10}\dfrac{d}{c}$

ゆえに $\quad \log_{10}\dfrac{b}{a}=\log_{10}\dfrac{d}{c}$

よって $\quad \dfrac{b}{a}=\dfrac{d}{c} \quad$ すなわち $\quad ad=bc$ （イ②）

(3) (2)において，$ad=bc$ であるから $\quad \dfrac{a}{c}=\dfrac{b}{d}$

よって，対数尺①，②について，向かい合った目盛りの比が一定である。
このことを利用して，(A), (B)の比例式について考える。
(A)について

$\quad 2:12=6:x$ より $\quad \dfrac{2}{12}=\dfrac{6}{x}$

よって，①の目盛り2に②の目盛り12を合わせたときの，①の目盛り6に対応
する②の目盛りが x である。（ウ②）
(B)について

$\quad 6:12=2:x$ より $\quad \dfrac{6}{2}=\dfrac{12}{x}$

よって，①の目盛り6に②の目盛り2を合わせたときの，①の目盛り12に対応
する②の目盛りが x である。（エ①）

$\Leftarrow$ ⓪は比例式 $12:2=6:x$ を
満たす x を求めるときの方
法である。

6 （ア）③　（イ）⑥　（ウ）⑦　（エ）②　（オ）①

解答の指針

　積分区間に変数がある定積分で表された関数と，積分の中にある関数の関係を問う問題。積分の計算が微分の計算の逆とみることができるということをしっかり理解していれば，関数とその導関数の関係の問題として，解くことができる。

　3次関数 $S(x)$ と2次関数 $f(x)$ が $S'(x)=f(x)$ を満たすとき

$S(x)$ の x^3 の係数が正　　　$\Longleftrightarrow$　$f(x)$ の x^2 の係数が正

$y=S(x)$ のグラフが極値をもつ　$\Longleftrightarrow$　$y=f(x)$ のグラフが x 軸と交点をもつ

$\alpha<x<\beta$ の範囲で $S(x)$ が増加する　$\Longleftrightarrow$　$\alpha<x<\beta$ の範囲で $f(x)>0$

解説

(1)　$S(x)=\displaystyle\int_0^x f(t)\,dt$ の両辺を x で微分すると　　$S'(x)=f(x)$

よって，関数 $S(x)$ の導関数が $f(x)$ である。

さらに，$S(x)$ は3次関数であるから，$f(x)$ は2次関数である。

(i)　$y=S(x)$ のグラフから，関数 $S(x)$ は x^3 の係数が正であり，$x<0$ の範囲で極大値をもち，$x>0$ の範囲で極小値をもつ。

　　よって，$y=f(x)$ のグラフは下に凸の放物線であり，x 軸と $x<0$ の範囲で1つ，$x>0$ の範囲で1つ共有点をもつ。

　　したがって　ア③

$\leftarrow$$S(x)$ の x^3 の係数が正であるから，$f(x)=S'(x)$ の x^2 の係数も正である。

(ii)　$y=S(x)$ のグラフから，関数 $S(x)$ は x^3 の係数が負であり，$x<0$ の範囲で極小値をもち，$x>0$ の範囲で極大値をもつ。

　　よって，$y=f(x)$ のグラフは上に凸の放物線であり，x 軸と $x<0$ の範囲で1つ，$x>0$ の範囲で1つ共有点をもつ。

　　したがって　イ⑥

$\leftarrow$$S(x)$ の x^3 の係数が負であるから，$f(x)=S'(x)$ の x^2 の係数も負である。

(iii)　$y=S(x)$ のグラフから，関数 $S(x)$ は x^3 の係数が負であり，$x<0$ の範囲で導関数の値が0となる x の値がただ1つ存在する。

　　よって，$y=f(x)$ のグラフは上に凸の放物線であり，x 軸と $x<0$ の範囲で接する。

　　したがって　ウ⑦

$\leftarrow$$S'(x)=0$ を満たす x がただ1つ存在する。
　$\Longleftrightarrow f(x)=0$ を満たす x がただ1つ存在する。

(iv)　$y=S(x)$ のグラフから，関数 $S(x)$ は x^3 の係数が正であり，導関数の値が常に正である。

　　よって，$y=f(x)$ のグラフは下に凸の放物線であり，x 軸と共有点をもたない。

　　したがって　エ②

$\leftarrow$常に $S'(x)>0$ である。
　$\Longleftrightarrow$ 常に $f(x)>0$ である。

(2)　$y=S(x)$ のグラフが(1)の(iv)のようになるとき，関数 $f(x)$ の値は常に正である。

　このとき　$S(x)=\displaystyle\int_0^x f(t)\,dt=\int_0^2 f(t)\,dt+\int_2^x f(t)\,dt=\int_0^2 f(t)\,dt+T(x)$

　よって　　$T(x)=S(x)-\displaystyle\int_0^2 f(t)\,dt$

ここで，$0\leqq x\leqq 2$ で $f(x)>0$ であるから，$\displaystyle\int_0^2 f(x)\,dx$ は曲線 $y=f(x)$ と x 軸，および2直線 $x=0$，$x=2$ で囲まれた図形の面積であり，これは0でない定数である。

したがって，$y=S(x)$ のグラフを y 軸方向に平行移動させたグラフである。（オ①）

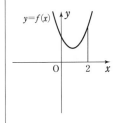

7 (ア) 1 (イ) 2 (ウ) 5 (エ) 7 (オ) ⓪② (カ) 7 (キ) 9 (ク) 4 (ケ) 9

(コ) 2 (サ) 9 (シ) 5 (ス) 9 (セ) 2 (ソ) 7 (タ) 5 (チ) 1 (ツ) 2 (テ) 9

(ト) 5 (ナ) 9

解答の指針

交点の位置ベクトルを2通りの方法で求める問題。

(方法(ⅰ))：点Eを線分BC，ADの内分点とみて，$\overrightarrow{OE}$ を $\overrightarrow{OA}$ と $\overrightarrow{OB}$ を用いた2通りの表し方で求め，係数を比較する方法。係数を比較するときは，$\overrightarrow{OA} \neq \vec{0}$，$\overrightarrow{OB} \neq \vec{0}$，$\overrightarrow{OA} \not\parallel \overrightarrow{OB}$ であることを必ず確認する。

(方法(ⅱ))：点Eが線分BC上の点であるから，$\overrightarrow{OE}$ を $\overrightarrow{OB}$，$\overrightarrow{OC}$ で表し，係数の和が1となることを利用する方法。(同様に点Eは線分AD上の点でもあるから，$\overrightarrow{OE}$ を $\overrightarrow{OA}$，$\overrightarrow{OD}$ で表し，係数の和が1となる)

解説

(方針(ⅰ))

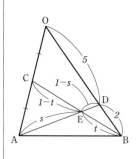

$\overrightarrow{OC} = \dfrac{1}{2}\overrightarrow{OA}$ から $\overrightarrow{OE} = t\overrightarrow{OC} + (1-t)\overrightarrow{OB}$

$$= \dfrac{\textsf{ア}1}{\textsf{イ}2}t\overrightarrow{OA} + (1-t)\overrightarrow{OB} \quad \cdots\cdots ①$$

$\overrightarrow{OD} = \dfrac{5}{7}\overrightarrow{OB}$ から $\overrightarrow{OE} = (1-s)\overrightarrow{OA} + s\overrightarrow{OD}$

$$= (1-s)\overrightarrow{OA} + \dfrac{\textsf{ウ}5}{\textsf{エ}7}s\overrightarrow{OB} \quad \cdots\cdots ②$$

①，② から $\dfrac{1}{2}t\overrightarrow{OA} + (1-t)\overrightarrow{OB} = (1-s)\overrightarrow{OA} + \dfrac{5}{7}s\overrightarrow{OB}$

$\overrightarrow{OA} \neq \vec{0}$，$\overrightarrow{OB} \neq \vec{0}$，$\overrightarrow{OA} \not\parallel \overrightarrow{OB}$ であるから

$$\dfrac{1}{2}t = 1-s, \quad 1-t = \dfrac{5}{7}s \quad (\textsf{オ}⓪②)$$

← $\overrightarrow{OA}$，$\overrightarrow{OB}$ の係数を比較

これを解くと $s = \dfrac{\textsf{カ}7}{\textsf{キ}9}$，$t = \dfrac{\textsf{ク}4}{\textsf{ケ}9}$

したがって，① から $\overrightarrow{OE} = \dfrac{1}{2} \cdot \dfrac{4}{9}\overrightarrow{OA} + \left(1 - \dfrac{4}{9}\right)\overrightarrow{OB}$

$$= \dfrac{\textsf{コ}2}{\textsf{サ}9}\overrightarrow{OA} + \dfrac{\textsf{シ}5}{\textsf{ス}9}\overrightarrow{OB}$$

(方針(ⅱ))

$\overrightarrow{OA} = 2\overrightarrow{OC}$ から $\overrightarrow{OE} = \textsf{セ}2x\overrightarrow{OC} + y\overrightarrow{OB}$

点Eは直線BC上の点であるから $2x + y = \textsf{チ}1 \quad \cdots\cdots ③$

← (係数の和)＝1

$\overrightarrow{OB} = \dfrac{7}{5}\overrightarrow{OD}$ から $\overrightarrow{OE} = x\overrightarrow{OA} + \dfrac{\textsf{ソ}7}{\textsf{タ}5}y\overrightarrow{OD}$

点Eは直線AD上の点であるから $x + \dfrac{7}{5}y = 1 \quad \cdots\cdots ④$

← (係数の和)＝1

③，④ を解くと $x = \dfrac{\textsf{ツ}2}{\textsf{テ}9}$，$y = \dfrac{\textsf{ト}5}{\textsf{ナ}9}$

したがって $\overrightarrow{OE} = \dfrac{2}{9}\overrightarrow{OA} + \dfrac{5}{9}\overrightarrow{OB}$

8 (ア) ① (イ) ① (ウ) 1 (エ) 4 (オ) 1 (カ) 4 (キ) 6 (ク) 1 (ケ) 2

(コ) 1 (サ) 2 (シ) ② (ス) 1 (セ) 3 (ソ) 1 (タ) 2

解答の指針

(1) 空間内の点 C からその点を含まない平面 OAB へ垂線 CH を下ろすとき，次の ①，② に注目する。

　① 点 H が平面 OAB 上にある　⟺　$\overrightarrow{OH}=s\overrightarrow{OA}+t\overrightarrow{OB}$ となる実数 s，t がある

　② $\overrightarrow{CH}\perp\overrightarrow{OA}$ かつ $\overrightarrow{CH}\perp\overrightarrow{OB}$　⟺　$\overrightarrow{CH}\cdot\overrightarrow{OA}=0$ かつ $\overrightarrow{CH}\cdot\overrightarrow{OB}=0$

　補足：② について，$\overrightarrow{OA}$，$\overrightarrow{OB}$ は平面 OAB に含まれるベクトル（$\overrightarrow{AB}$，$\overrightarrow{OA}+\overrightarrow{OB}$ など）に，おきかえてもよいが，計算が楽になるように，ここでは $\overrightarrow{OA}$ と $\overrightarrow{OB}$ を用いている。

(2) 空間内のベクトルにおいて，$\overrightarrow{OR}$ を $\overrightarrow{OA}$，$\overrightarrow{OB}$，$\overrightarrow{OC}$ を用いて 2 通りに表して係数比較をするときは，4 点 O，A，B，C が同じ平面上にないことを必ず確認する。

解説

(1)　点 H が平面 OAB 上にあるから

$$\overrightarrow{OH}=s\vec{a}+t\vec{b} \quad (\text{ただし，} s, t \text{ は実数}) \quad \cdots\cdots (a) \quad (ア①)$$

と表すことができる。

また，直線 CH と平面 OAB が垂直であるから

$$CH\perp OA \quad \text{かつ} \quad CH\perp OB$$

ゆえに　$\overrightarrow{CH}\cdot\overrightarrow{OA}=0$　かつ　$\overrightarrow{CH}\cdot\overrightarrow{OB}=0$

$\overrightarrow{CH}=\overrightarrow{OH}-\overrightarrow{OC}=\overrightarrow{OH}-\vec{c}$，$\overrightarrow{OA}=\vec{a}$，$\overrightarrow{OB}=\vec{b}$ であるから

$$(\overrightarrow{OH}-\vec{c})\cdot\vec{a}=0 \text{ かつ } (\overrightarrow{OH}-\vec{c})\cdot\vec{b}=0 \quad \cdots\cdots (b) \quad (イ①)$$

(a), (b) から　$(s\vec{a}+t\vec{b}-\vec{c})\cdot\vec{a}=0$，$(s\vec{a}+t\vec{b}-\vec{c})\cdot\vec{b}=0$

よって　$s|\vec{a}|^2+t\vec{a}\cdot\vec{b}-\vec{c}\cdot\vec{a}=0$，$s\vec{a}\cdot\vec{b}+t|\vec{b}|^2-\vec{c}\cdot\vec{b}=0$

$|\vec{a}|=|\vec{b}|=4$，$|\vec{c}|=3$，$\vec{a}\cdot\vec{b}=8$，$\vec{b}\cdot\vec{c}=\vec{c}\cdot\vec{a}=6$ から

$$16s+8t-6=0, \quad 8s+16t-6=0$$

これを解くと　$s=\dfrac{^{ウ}1}{^{エ}4}$，$t=\dfrac{^{オ}1}{^{カ}4}$

ゆえに，$\overrightarrow{CH}=\dfrac{1}{4}\vec{a}+\dfrac{1}{4}\vec{b}-\vec{c}$ であるから

$$|\overrightarrow{CH}|^2=\left|\frac{1}{4}\vec{a}+\frac{1}{4}\vec{b}-\vec{c}\right|^2$$

$$=\frac{1}{16}|\vec{a}|^2+\frac{1}{16}|\vec{b}|^2+|\vec{c}|^2+\frac{1}{8}\vec{a}\cdot\vec{b}-\frac{1}{2}\vec{b}\cdot\vec{c}-\frac{1}{2}\vec{c}\cdot\vec{a}$$

$$=\frac{1}{16}\cdot4^2+\frac{1}{16}\cdot4^2+3^2+\frac{1}{8}\cdot8-\frac{1}{2}\cdot6-\frac{1}{2}\cdot6=6$$

$|\overrightarrow{CH}|>0$ から　$|\overrightarrow{CH}|=\sqrt{^{キ}6}$

（右側注）$\vec{a}\cdot\vec{a}=|\vec{a}|^2$，$\vec{b}\cdot\vec{b}=|\vec{b}|^2$

(2)　(1) から　$\overrightarrow{OH}=\dfrac{1}{4}\vec{a}+\dfrac{1}{4}\vec{b}$

点 R は線分 CH 上にあるから

$$\overrightarrow{OR}=(1-l)\overrightarrow{OC}+l\overrightarrow{OH}$$

$$=(1-l)\vec{c}+l\left(\frac{1}{4}\vec{a}+\frac{1}{4}\vec{b}\right)$$

$$=\frac{1}{4}l\vec{a}+\frac{1}{4}l\vec{b}+(1-l)\vec{c} \quad \cdots\cdots (c)$$

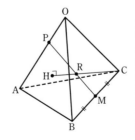

（右側注）点 R が線分 CH を $l:(1-l)$ に内分しているとみている。

また，点 R は線分 PM 上にあるから　　$\overrightarrow{\mathrm{OR}}=(1-m)\overrightarrow{\mathrm{OP}}+m\overrightarrow{\mathrm{OM}}$

←点 R が線分 PM を
$m:(1-m)$ に内分してい
るとみている。

$\overrightarrow{\mathrm{OP}}=k\vec{a}$，$\overrightarrow{\mathrm{OM}}=\dfrac{1}{2}(\vec{b}+\vec{c})$ であるから

$$\overrightarrow{\mathrm{OR}}=(1-m)\,k\vec{a}+\dfrac{1}{2}m(\vec{b}+\vec{c})$$

$$=(1-m)\,k\vec{a}+\overset{\text{ク}}{\dfrac{1}{2}}m\vec{b}+\overset{\text{コ}}{\dfrac{1}{2}}m\vec{c}\quad\cdots\cdots\text{(d)}$$

4 点 O，A，B，C が同じ平面上にない（シ②）から，(c)，(d) の $\vec{a}$，$\vec{b}$，$\vec{c}$ の係数を比較して

$$\dfrac{1}{4}l=(1-m)\,k,\quad \dfrac{1}{4}l=\dfrac{1}{2}m,\quad 1-l=\dfrac{1}{2}m$$

これを解くと　　$k=\overset{\text{ス}}{\dfrac{1}{3}}$，$l=\dfrac{4}{5}$，$m=\dfrac{2}{5}$

よって，$\overrightarrow{\mathrm{OP}}=\dfrac{1}{3}\vec{a}$ であるから，点 P は線分 OA を ソ1：タ2 に内分する点である。

9　（ア）②　（イ）⓪　（ウ）⓪　（エ）1　（オカ）10

解答の指針

　平面上に配置された数を異なる方法で 1 列に並べて，それぞれの群の特徴から，項の位置を求める問題。それぞれの数列において，分母や分子の変化をよく見れば，第 k 群の先頭から i 番目がどうなるかを推測することができる。さらに，(1) の前半で，$\dfrac{4}{91}$ がそれぞれの数列の第何群に含まれているかがわかるが，群の分け方が異なるため，後半の p と q の大小関係は，初項から何番目かをそれぞれ具体的に計算して求める必要がある。

解説

(1) 数列 $\{a_n\}$ において，第 k 群は分母が k であり，分子は初項 1，公差 1，項数 $100-k$ の等差数列である。

　よって，第 k 群の先頭から i 番目（$1\leqq i\leqq 100-k$）は

$$\dfrac{1+(i-1)\cdot 1}{k}=\dfrac{i}{k}$$

ゆえに，$\dfrac{4}{91}$ は第 91 群の先頭から 4 番目である。（ア②）

数列 $\{b_n\}$ において，第 k 群は分母と分子の数の和が $k+1$ であり，分母は初項 1，公差 1，項数 k の等差数列である。

　よって，第 k 群の先頭から i 番目（$1\leqq i\leqq k$）は

$$\dfrac{k+(i-1)\cdot(-1)}{1+(i-1)\cdot 1}=\dfrac{k-i+1}{i}$$

←数列 $\{b_n\}$ の第 k 群に含まれる数は，分母と分子の和が $k+1$ となる分数である。

$k-i+1=4$，$i=91$ のとき　　$k=94$

ゆえに，$\dfrac{4}{91}$ は第 94 群の先頭から 91 番目である。（イ⓪）

また，$\{a_n\}$ において $a_p=\dfrac{4}{91}$ のとき，a_p は第 91 群の先頭から 4 番目の項であるから

$$p=\sum_{k=1}^{90}(100-k)+4$$

$$=100\cdot 90-\dfrac{1}{2}\cdot 90\cdot 91+4=4909$$

←$\displaystyle\sum_{k=1}^{90}(100-k)$ は，数列 $\{a_n\}$ の第 1 群から第 90 群までに含まれる項の数を表す。

$\{b_n\}$ において $b_q = \dfrac{4}{91}$ のとき，b_q は第94群の先頭から91番目であるから

$$q = \sum_{k=1}^{93} k + 91$$

$$= \frac{1}{2} \cdot 93 \cdot 94 + 91 = 4462$$

←$\displaystyle\sum_{k=1}^{93} k$ は，数列 $\{b_n\}$ の第1群から第93群までに含まれる項の数を表す。

したがって　　$p > q$ （ウ⓪）

(2)　数列 $\{b_n\}$ において，第 k 群に含まれる項は

$$\frac{k}{1}, \ \frac{k-1}{2}, \ \frac{k-2}{3}, \ \cdots\cdots, \ \frac{3}{k-2}, \ \frac{2}{k-1}, \ \frac{1}{k}$$

よって，第 k 群に含まれる項の数をすべて掛けると

$$\frac{k}{\cancel{1}} \cdot \frac{\cancel{k-1}}{\cancel{2}} \cdot \frac{\cancel{k-2}}{\cancel{3}} \cdot \cdots\cdots \cdot \frac{\cancel{3}}{\cancel{k-2}} \cdot \frac{\cancel{2}}{\cancel{k-1}} \cdot \frac{1}{\cancel{k}} = 1$$

←1から k までの整数が，分母と分子にそれぞれ1回ずつ現れる。

さらに，数列 $\{b_n\}$ は第99群まであるから，数列 $\{b_n\}$ に現れる数をすべて掛けると $1^{99} = 1$ である。

したがって，表に現れる数をすべて掛けると $^{エ}1$ である。

また，数列 $\{a_n\}$ の第 k 群において，最大の項は $\dfrac{100-k}{k}$ である。

ここで，$\dfrac{100-k}{k} \geqq 18$ とすると　　$k \leqq \dfrac{100}{19} = 5.2\cdots$

よって，第6群以降には18の倍数は現れない。

←第1群から第5群までを調べればよいことがわかった。

第1群に含まれる18の倍数は，$\dfrac{18}{1}$ $(=18)$，$\dfrac{36}{1}$ $(=36)$，$\dfrac{54}{1}$ $(=54)$，

$\dfrac{72}{1}$ $(=72)$，$\dfrac{90}{1}$ $(=90)$ の5個。

第2群に含まれる18の倍数は，$\dfrac{36}{2}$ $(=18)$，$\dfrac{72}{2}$ $(=36)$ の2個。

第3群に含まれる18の倍数は，$\dfrac{54}{3}$ $(=18)$ の1個。

第4群に含まれる18の倍数は，$\dfrac{72}{4}$ $(=18)$ の1個。

第5群に含まれる18の倍数は，$\dfrac{90}{5}$ $(=18)$ の1個。

したがって，表に現れる数のうち，18の倍数は $5+1+1+1+1 = ^{オカ}10$ （個）である。

ISBN978-4-410-13691-7

13691A 210304